高等职业教育“十二五”规划教材

高职高专机械设计与制造专业理实一体化系列教材

机械制造工艺与夹具课程设计指导

主　编　关月华

副主编　何敏红　祁　倩　林　放　贾林玲

主　审　邢　丽

国防工業出版社

·北京·

内 容 简 介

本书详细介绍了最新版本机床夹具设计国家标准。以图例方式将部分标准件与实际应用相结合,同时将作者多年来从事机械制造工艺及夹具设计实践经验融入教材。通过查阅本教材标准件,在机械零件工艺编制及夹具设计过程中可轻松进行夹具设计标准件选用及夹具CAD图的绘制,本教材内容简洁全面,实用性强。

本书既可作为高等学校机械专业的实训教材,也可供机械制造工艺及夹具设计技术人员参考。

图书在版编目(CIP)数据

机械制造工艺与夹具课程设计指导/关月华主编.—北京:国防工业出版社,2015.9

高等职业教育"十二五"规划教材　高职高专机械设计与制造专业理实一体化系列教材

ISBN 978-7-118-10432-5

Ⅰ.①机…　Ⅱ.①关…　Ⅲ.①机械制造工艺—课程设计—高等职业教育—教学参考资料②机床夹具—课程设计—高等职业教育—教学参考资料　Ⅳ.①TH16-41　②TG75-41

中国版本图书馆CIP数据核字(2015)第218588号

※

国防工业出版社出版发行

(北京市海淀区紫竹院南路23号　邮政编码100048)

北京奥鑫印刷厂印刷

新华书店经售

*

开本 787×1092　1/16　**印张** 11¼　**字数** 275千字

2015年9月第1版第1次印刷　**印数** 1—3000册　**定价** 26.00元

(本书如有印装错误,我社负责调换)

国防书店:(010)88540777　　发行邮购:(010)88540776

发行传真:(010)88540755　　发行业务:(010)88540717

前言

为了降低机床夹具设计技术人员繁重的工作量，往往引入标准件的应用，涉及标准件的图形结构、尺寸规格选用等方面的问题。另外，高校机械专业夹具设计实训课程中学生也会遇到标准件选用方面的问题，针对这些情况编写了本书。

本书作者在机械行业从业多年，熟悉夹具设计标准件选用，在写作时融合了自己的工作经验和体会，同时结合职业院校机械专业夹具设计实训课程情况，结合实例来说明工厂一线机械零件加工工艺卡编制过程和方法，以夹具设计案例和夹具标准件应用图为例，通过查表及标准件规格标识方式完成标准件的选用。学生所学知识与技能与今后就业岗位紧密相关，学习本书后可较快地提高应用知识解决技术问题的能力。

本书收集了100多种最新版国家标准件图，且按定位元件、夹紧元件、铣床专用对刀元件、钻床专用导向元件、铣床及钻床夹具与机床的定位元件等将国家标准件分类，查阅方便快捷。

本书编写分工为第1章由贾林玲编写；第2章由林放编写；第3章和第5章由关月华编写；第4章由祁倩编写；第6章由何敏红编写。广东江门格威精密机械有限公司谢家晨工程师提供项目资料并对本书进行了标准化校对，关月华负责全书统稿，南昌航空大学邢丽教授对此教材进行了审核。本书在编写时参阅了一些同类教材、资料和文献，并得到了广东江门格威精密机械有限公司的大力支持，在此深表感谢。

本书既可作为高等学校机械专业实训教材，也可供机械制造工艺及夹具设计技术人员参考。

由于编者水平有限，编写过程中难免有疏漏之处，欢迎读者和同行批评指正，以便及时修改和相互交流。

编 者

2015年3月

目录

检索

1 第1章 机械制造工艺过程卡编制步骤及机床夹具设计过程

1.1 机械制造工艺过程卡编制步骤

1. 分析加工对象,确定工艺原则

掌握零件在产品中的作用,研究零件结构、材料和技术要求,分析零件的结构工艺性。根据年产量确定生产类型,结合零件结构特征和主要技术要求,综合考虑:①工件的安装方式;②重要表面的加工方法;③加工阶段的划分;④工艺过程中工序集中与分散程度;⑤热处理工序的安排;⑥设备与工艺装备的先进程;⑦关键工序质量保证方法。最终确定工件加工工艺原则。

2. 毛坯选择

据工件生产类型、零件结构尺寸及材料和受力要求,选择毛坯制造方法,用查表法确定各加工表面总加工余量,画出毛坯草图,并标注毛坯尺寸和外形尺寸。

3. 拟定加工工艺路线

(1) 选择零件的定位基准。根据零件的结构特点、技术要求及毛坯情况,遵循基准选择原则,确定零件加工的粗、精基准(注意基准统一),要符合“六点定则”。

(2) 初拟各主要表面从粗加工到精加工各工序的加工方法,对不同加工方法进行比较,择优选取。

(3) 确定各次要表面的加工方法。

(4) 确定热处理工序、检验工序和辅助工序。

(5) 分析和论证主要工序和关键工序的质量和生产率保证的方法,检查工序的衔接及相互间的影响,修正初拟的加工工艺路线。

参考工厂现行的加工方法和工艺规程,依上述分析,拟定工件全部加工表面由粗到精的加工顺序,经分析比较,确定工件完整、合理、先进的加工工艺路线。

4. 选择各工序所需要的设备、工艺装备

据工艺路线确定各加工工序所需加工机床、刀具、量具及夹具。

5. 查表确定工序(工步)的加工余量,计算工序尺寸,确定工序尺寸偏差

(1) 查表确定各工序加工余量。

(2) 查表确定各加工工序的加工精度,据各工序尺寸查表确定各工序公差,结合尺寸类型(孔、轴类,还是中心距类)确定各工序尺寸偏差。以最终工序尺寸=图纸尺寸,最终工序偏差=图纸尺寸偏差的办法,从最终工序开始往前计算各工序尺寸。

6. 选择切削用量

要求对所选工序进行切削用量。

7. 填写工艺文件

工艺文件有机械加工工艺过程卡和机械加工工序卡两种。将前面6个步骤可填入机械加工工艺过程卡(表1-1,工时定额在实际生产中填写)或机械加工工序卡(表1-2)中。

表1-1 机械加工工艺过程卡

<table>
<tr><td colspan="2">××厂</td><td colspan="5">机械加工工艺过程卡</td><td colspan="2">共 页</td><td colspan="2">第 页</td></tr>
<tr><td colspan="2">零件图号</td><td colspan="3"></td><td>件号</td><td></td><td colspan="4" rowspan="3"></td></tr>
<tr><td colspan="2">零件名称</td><td colspan="3"></td><td>数量</td><td></td></tr>
<tr><td colspan="2">材料牌号</td><td></td><td>毛坯种类</td><td></td><td>毛坯外形尺寸</td><td></td></tr>
<tr><td rowspan="2">工序号</td><td rowspan="2">工序名称</td><td colspan="4" rowspan="2">工序主要内容</td><td rowspan="2">主要设备</td><td colspan="3">工装夹具</td><td rowspan="2">工时</td></tr>
<tr><td>夹具</td><td>刀具</td><td>量具</td></tr>
<tr><td></td><td></td><td colspan="4"></td><td></td><td></td><td></td><td></td><td></td></tr>
<tr><td></td><td></td><td colspan="4"></td><td></td><td></td><td></td><td></td><td></td></tr>
<tr><td></td><td></td><td colspan="4"></td><td></td><td></td><td></td><td></td><td></td></tr>
<tr><td></td><td></td><td colspan="4"></td><td></td><td></td><td></td><td></td><td></td></tr>
<tr><td></td><td></td><td colspan="4"></td><td></td><td></td><td></td><td></td><td></td></tr>
<tr><td></td><td></td><td colspan="4"></td><td></td><td></td><td></td><td></td><td></td></tr>
<tr><td colspan="2">编 制</td><td></td><td>校对</td><td></td><td>定额员</td><td></td><td>批准</td><td colspan="3"></td></tr>
</table>

表1-2 机械加工工序卡

<table>
<tr><td rowspan="2">江门工程机械股份有限公司</td><td rowspan="2">机 械 加 工 工 序 卡</td><td>产品型号</td><td></td><td>零部件图号</td><td></td><td></td></tr>
<tr><td>产品名称</td><td></td><td>零部件名称</td><td>共 页</td><td>第 页</td></tr>
</table>

<table>
<tr><td rowspan="14">$12^{+0.1}_{0}$
2
16 ± 0.15
$\phi55$
$20^{0}_{-0.03}$
3</td><td>车间</td><td>工序号</td><td>工序名称</td><td colspan="2">材料牌号</td></tr>
<tr><td></td><td></td><td></td><td colspan="2"></td></tr>
<tr><td>毛坯种类</td><td>毛坯类形尺寸</td><td>每毛坯可制作数</td><td colspan="2">每台作数</td></tr>
<tr><td></td><td></td><td></td><td colspan="2"></td></tr>
<tr><td>设备名称</td><td>设备型号</td><td>设备编号</td><td colspan="2">同时加工件数</td></tr>
<tr><td></td><td></td><td></td><td colspan="2"></td></tr>
<tr><td colspan="2">夹具编号</td><td>夹具名称</td><td colspan="2">切削液</td></tr>
<tr><td colspan="2"></td><td></td><td colspan="2"></td></tr>
<tr><td colspan="2" rowspan="2">工位器具编号</td><td rowspan="2">工位器具名称</td><td colspan="2">工件工时</td></tr>
<tr><td>准时</td><td>制作</td></tr>
<tr><td colspan="2"></td><td></td><td></td><td></td></tr>
</table>

<table>
<tr><td rowspan="2">工序号</td><td rowspan="2">工序内容</td><td rowspan="2">工艺装备</td><td rowspan="2">主轴/(r/min)</td><td rowspan="2">切削速度/(m/min)</td><td rowspan="2">进给量/(mm/r)</td><td rowspan="2">切削速度/mm</td><td rowspan="2">进给次数</td><td colspan="2">工序工时</td></tr>
<tr><td>机动</td><td>辅助</td></tr>
<tr><td></td><td></td><td></td><td></td><td></td><td></td><td></td><td></td><td></td><td></td></tr>
<tr><td></td><td></td><td></td><td></td><td></td><td></td><td></td><td></td><td></td><td></td></tr>
<tr><td></td><td></td><td></td><td></td><td></td><td></td><td></td><td></td><td></td><td></td></tr>
<tr><td></td><td></td><td></td><td></td><td></td><td></td><td></td><td></td><td></td><td></td></tr>
<tr><td></td><td></td><td></td><td></td><td></td><td></td><td></td><td></td><td></td><td></td></tr>
<tr><td></td><td></td><td></td><td></td><td></td><td></td><td></td><td></td><td></td><td></td></tr>
<tr><td></td><td></td><td></td><td></td><td></td><td></td><td></td><td></td><td></td><td></td></tr>
</table>

<table>
<tr><td></td><td></td><td></td><td></td><td></td><td></td><td></td><td></td><td></td><td></td><td rowspan="2">设计
(日期)</td><td rowspan="2">校对
(日期)</td><td rowspan="2">标准化
(日期)</td><td rowspan="2">会签
(日期)</td><td rowspan="2">审核
(日期)</td></tr>
<tr><td></td><td></td><td></td><td></td><td></td><td></td><td></td><td></td><td></td><td></td></tr>
<tr><td>标记</td><td>处数</td><td>更改文件号</td><td>签 字</td><td>日 期</td><td>标记</td><td>处理</td><td>更改文件号</td><td>签字</td><td>日期</td><td></td><td></td><td></td><td></td><td></td></tr>
</table>

说明:机械加工工序卡中工序图所用主视图应处于加工位置,用细实线画出零件的主要轮廓;用粗实线给出加工表面;用定位符号表示定位基准;用夹紧符号表示出夹紧表面;并标出本工序加工表面位置,注上工序尺寸与公差、表面粗糙度和有关的其他技术要求。

表 1-2 所示图中工件钻孔,用端面定位及外圆柱面定位:端面定位用符号"—∧—3"表示,限制工件 3 个自由度;外圆柱面定位用符号"—∧—2"表示,限制工件 2 个自由度。箭头指向定位表面夹紧用符号"←—○"表示,箭头指向夹紧力承受面。

1.2 机床夹具设计全过程

1.2.1 机床夹具设计原则

夹具制造属于单件生产性质,其主要件的制造精度比较高,在生产技术准备工作中其工作量相当大,所以设计时应尽量选用标准件、通用件,使非标准件所占比例最小,并注意夹具结构简单、维修方便,专用件易于制造、装配和调试。

1.2.2 机床夹具设计过程

据零件机械加工工艺过程,对其中某主要工序设计专用机床夹具。夹具设计前,应做好准备:①掌握工件在本工序前、后道工序的加工尺寸及精度,本工序所用设备及加工用刀具和量具;②了解工件加工的生产批量和对夹具的一些具体要求;③收集本加工工序机床使用说明书,找到其主要技术参数和机床与夹具的联系图。

机床夹具设计过程如下:

(1) 夹具定位方案的比较与确定。根据工件加工面技术要求,确定工件该限制的自由度和定位基准面,选择与工件定位基准面相接触的定位元件,计算定位误差。

(2) 夹紧方案的比较与确定。确定夹紧力的方向与作用点,分析与计算所需夹紧力大小,选择夹紧机构,计算结构尺寸或进行夹紧力校核。

(3) 确定夹具的对刀、导引元件及其与机床的联系方式,进行有关设计和计算。

(4) 夹具总体设计。画总装图,标注有关尺寸和位置精度,提出技术要求(夹具的装配、使用方法与要求、打标记等),核算夹具定位精度是否满足加工件尺寸及精度要求。

(5) 拆画零件图。

(6) 图样审核,如尺寸标注、结构工艺性、是否干涉、工件可否拆卸、能否夹紧等。

1.2.3 机床夹具装配图绘制要求及步骤

1. 机床夹具装配图绘制要求

(1) 定位件、夹紧件、导引件等元件设计时应尽可能标准化、通用化。

(2) 为操作方便和防止装反,应设置止动销、障碍销、防误装标志等。

(3) 运动部件必须运动灵活、可靠。

(4) 零部件结构工艺性要好,应易于制造、检测、装配和调整。

(5) 夹具结构应便于维修和更换零部件。

(6) 适当考虑提高夹具的通用性。

2. 机床夹具装配图绘制步骤

（1）用双点画线画好工件的轮廓外形及主要加工表面，必要时可用剖视。剖面图表示内部结构，被加工面的加工余量用粗实线或网纹线表示。

（2）把工件视为透明体，按照工件形状及位置依次画出夹具的定位元件、对刀元件、导向元件、夹紧机构、定向元件等。

（3）绘出夹具体，使之成为一个有机的整体夹具。

1.2.4 夹具总图上应标注的尺寸、尺寸公差及技术要求

1. 夹具总图上应标注的尺寸

（1）工件定位面与定位元件间的配合尺寸及配合公差带。

（2）夹具上定位元件之间的位置尺寸及偏差。

（3）主要零件之间的配合尺寸及配合公差带。

（4）定位表面到对刀件（铣夹具）或刀具导引元件（钻夹具）间的位置尺寸。

（5）夹具和机床连接部件的联系尺寸。

（6）夹具外形轮廓尺寸（总长、总宽、总高，含机件运动极限位置尺寸）。

2. 夹具总图上应标注的尺寸公差

1）直接与工件加工尺寸公差相关的尺寸公差

（1）夹具上定位元件之间（一面两孔定位，两定位销之间的中心距）的尺寸公差。

（2）导向元件之间（孔系加工时钻套之间的中心距）的尺寸公差。

（3）对刀元件与定位元件之间（对刀块工作表面与定位件间的距离）的尺寸公差。

这类公差据工厂实践经验，取工件上对应加工尺寸公差的1/5~1/3。在具体选取时，必须结合工件的加工精度高低、批量大小、工厂制造的技术水平而定。

2）与工件加工尺寸无关的配合件之间的配合尺寸公差带。

（1）定位元件与夹具体之间的配合尺寸公差带。

（2）对钻夹具而言，可换钻套与衬套之间的配合尺寸公差带。

（3）对钻夹具而言，导向元件和刀具之间的配合尺寸公差带。

（4）对镗夹具而言，镗套和镗杆之间的配合尺寸公差带。

（5）铰链连接的轴和孔之间的配合尺寸公差带。夹具零件间常用配合公差带，见表1－3。

表1－3 夹具零件间常用配合公差带

工作形式		精度要求		举例
		一般精度	较高精度	
工件定位面与定位元件之间		H7/h6，H7/g6，H7/f6	H6/h5，H6/g5，H6/f5	定位销与工件定位孔
没有相对运动的定位销或定位衬套与夹具体（钻模板或镗模支架）之间		H7/n6，H7/r6，H7/p6 H7/k6，H7/m6，H7/s6		支承钉与夹具体，定位销与钻模板
钻孔	钻套内孔和麻花钻之间	F8/h6，G7/h6，		
	钻套外径与衬套内孔之间	H7/g6，H7/f7		
	衬套与钻模板（夹具体）之间	H7/r6，H7/s6，H7/n6		

（续）

工作形式		精度要求		举例
		一般精度	较高精度	
铰孔	钻套内孔与铰刀之间	G7/h6，H7/h6（粗铰孔） G6/h5，H6/h5（精铰孔）		
	钻套外径与衬套内孔之间	H7/g6，H7/h6（粗铰孔） H6/g5，H6/h5（精铰孔）		
	衬套与钻模板（夹具体）之间	H7/r6，H7/n6		
镗孔	镗套内孔与镗杆之间	H7/h6（粗镗孔）；H6/h5（精镗孔）		
	镗套外径与衬套内孔之间	H7/g6，H7/h6（粗镗孔） H6/g5，H6/h5（精镗孔）		
	衬套与镗模支架之间	H7/r6，H7/n6		

3. 技术要求

夹具设计技术条件包括以下三个方面：

（1）定位元件之间、定位件与夹具体底平面之间的位置精度要求。

（2）定位元件与导向元件（或夹具安装在机床上的找正基准）之间的相互位置精度要求。

（3）对刀元件与定向元件（或夹具安装在机床上的找正基准）之间的相互位置精度要求。

这三类技术条件，凡与工件技术条件直接有关者，则其位置精度要求同样可按工件技术条件所规定的精度数值的1/5~1/2选取；凡与工件技术条件无关者，则可参考“设计资料”选取。

1.2.5 零件图拆绘

夹具中的非标准零件都必须绘制零件图，图上的尺寸、公差及技术条件都应符合夹具总图的要求。绘制前看懂零件在装配图中的作用及其与其他零件的关系，选择零件材料及热处理将在第4章介绍。

非标准件零件材料见表1-4，标准件材料及热处理将在第4章介绍。

表1-4 夹具非标准件零件材料及热处理

名称	零件材料	零件热处理
夹具体	HT200	时效处理或退火处理
定位芯轴	直径 $D \leqslant 35$mm，T8A	表面淬火：55~60HRC
	直径 $D>35$，45	表面淬火：43~48HRC

1.2.6 编写设计说明书

设计说明书是设计的总结性文件，它应能概括设计的全貌。在设计说明书中对设计各部分的主要问题应有重点说明、分析论证和必要的计算，对设计的成果应有结论。

自夹具课程设计开始之日起，设计人员应逐日将设计内容的分析、考虑计算的主要数据及结论记入草稿中。在各个设计阶段结束时，应及时补充和整理，最后编写成正式的设计说明书。设计说明书中一般应包括以下内容：

（1）设计任务与序言。

（2）目录。

（3）夹具设计过程计算。包括：结构分析；定位、夹紧方案分析比较；误差分析计算；尺寸链的换算；公差配合的选用；夹具使用的价值和优、缺点；制造和使用要求等。

（4）设计中的专题论述和收获体会。

（5）主要参考资料和技术文件。

1.2.7 机床夹具设计定位与夹紧符号（JB/T 5061—2006）

机床夹具设计定位与夹紧符号见表1-5。

机床夹具设计定位用符号“—∧—”加所限制的自由度来表示，如—∧—$_2$ 表示箭头所指的面为定位面，限制工件2个自由度。

机床夹具设计夹紧用符号“←—○”表示，箭头所指为夹紧力方向，尾部符号表示夹紧力的类型，“○”表示夹紧力类型为机械夹紧力，“Y”表示液压夹紧力，“Q”表示气动夹紧力。

表1-5 机床夹具设计定位与夹紧符号

分类 \ 标注位置		独立		联动	
		标注在视图轮廓线上	标注在视图正面上	标注在视图轮廓线上	标注在视图正画上
定位点	固定式				
	活动式				
辅助支承					
机械夹紧					
液压夹紧		Y	Y	Y	Y
气动夹紧		Q	Q	Q	Q

注：1. 视图正面指观察者面对的投影面。
2. 表中字母代号为大写汉语拼音字母

第2章 部分定尺寸刀具尺寸规格

2.1 麻花钻尺寸及规格

1. 麻花钻材料

麻花钻用 W6Mo5CR4V2 或同等性能的其他牌号高速钢制造；焊接麻花钻柄部用 45、60 钢或同等以上性能的合金钢制造。

2. 麻花钻硬度

麻花钻工作部分的淬硬范围、硬度和扁尾硬度。淬硬范围：整体麻花钻在离钻尖 4/5 刃沟的长度上；焊接麻花钻在离钻尖 3/4 刃沟的长度上。麻花钻硬度不低于 63HRC。扁尾硬度为 30～45HRC。

3. 麻花钻标识

粗直柄小麻花钻标识如下：

钻头直径 d=0.16mm 的粗直柄小麻花钻：粗直柄小麻花钻 0.16　GB/T 16135.1—2008

4. 麻花钻尺寸规格

麻花钻尺寸规格见表 2－1。

表 2－1　麻花钻尺寸规格

类别		麻花钻直径
直柄麻花钻	粗直柄小麻花钻 GB/T 16135.1—2008	0.1、0.11、012、0.13、0.14、0.15、0.16、0.17、0.18、0.19、0.20、0.21、0.22、0.23、0.24、0.25、0.26、0.27、0.28、0.29、0.30、0.31、0.32、0.33、0.34、0.35
	直柄短麻花钻 GB/T 16135.2—2008	0.5、0.8、1.0、1.2、1.5、1.8、2.0、2.2、2.5、2.8、3.0、3.2、3.5、3.8、4.0、4.2、4.5、4.8、5.0、5.2、5.5、5.8、6.0、6.2、6.5、6.8、7.0、7.5、7.8、8.0、8.2、8.5、8.8、9.0、9.2、9.5、9.8、10.0、10.2、10.5、10.8、11.0、11.2、11.5、11.8、12.0、12.2、12.5、12.8、13.0、13.2、13.5、13.8、14、14.25～40（相邻值递增 0.25，如 39.5、39.75）
	直柄麻花钻 GB/T 16135.2—2008	2、2.05、2.1～3（相邻值递增 0.05，如 2.7、2.75、2.8）、3.1～14（相邻值递增 0.1，如 4.1、4.2、4.3）、14.5～20（相邻值递增 0.25，如 16、16.25、16.5）
	直柄长麻花钻 GB/T 16135.3—2008	1～14（相邻值递增 0.1，如 1.1、1.2）、14.25、14.5～31.5（相邻值递增 0.25，如 14.75、15、15.25）
莫氏锥柄麻花钻	莫氏锥柄麻花钻 GB/T 1438.1—2008	3.0、3.2、3.5、3.8、4.0、4.2、4.5、4.8、5.0、5.2、5.5、5.8、6.0、6.2、6.5、6.8、7.0、7.5、7.8、8.0、8.2、8.5、8.8、9.0、9.2、9.5、9.8、10.0、10.2、10.5、10.8、11.0、11.2、11.5、11.8、12.0、12.2、12.5、12.8、13.0、13.2、13.5、13.8、14～32（相邻值递增 0.25，如 14.5、14.75）、32.5～50.5（相邻值递增 0.5，如 33、33.5、34）、51～100（相邻值递增 1，如 60、61、62）

（续）

类　　别		麻花钻直径
莫氏锥柄麻花钻	莫氏锥柄长麻花钻 GB/T 1438.2—2008	5.0、5.2、5.5、5.8、6.0、6.2、6.5、6.8、7.0、7.5、7.8、8.0、8.2、8.5、8.8、9.0、9.2、9.5、9.8、10.0、10.2、10.5、10.8、11.0、11.2、11.5、11.8、12.0、12.2、12.5、12.8、13.0、13.2、13.5、13.8、14～32（相邻值递增 0.25，如 14.5、14.75）、32.5～50（相邻值递增 0.5，如 33、33.5、34）
	莫氏锥柄加长麻花钻 GB/T 1438.3—2008	6.0、6.2、6.5、6.8、7.0、7.5、7.8、8.0、8.2、8.5、8.8、9.0、9.2、9.5、9.8、10.0、10.2、10.5、10.8、11.0、11.2、11.5、11.8、12.0、12.2、12.5、12.8、13.0、13.2、13.5、13.8、14～30（相邻值递增 0.25，如 20、20.25、20.5）

2.2　扩孔钻尺寸规格

扩孔钻尺寸规格见表 2－2。

表 2－2　扩孔钻尺寸规格

类　　别		扩孔钻直径
直柄扩孔钻	GB/T 4256—2004	3、3.3、3.5、3.8、4.0、4.3、4.5、4.8、5.0、5.8、6、6.8、7.0、7.8、8.0、8.8、9.0、9.8、10、10.75、11、11.75、12、12.75、13、13.75、14、14.75、15、15.75、16、16.75、17、17.75、18、18.7、19、19.7
莫氏锥柄扩孔钻		7.8、8.0、8.8、9.0、9.8、10、10.75、11、11.75、12、12.75、13、13.75、14、14.75、15、15.75、16、16.75、17、17.75、18、18.7、19、19.7、20、20.7、21、21.7、22、22.7、23、23.7、24、24.7、25、25.7、26、27.7、28、29.7、30、31.6、32、33.6、34、34.6、35、35.6、36、37.6、38、39.6、40、41.6、42、43.6、44、44.6、45、45.6、46、47.6、48、49.6、50

2.3　铰刀尺寸规格

铰刀尺寸规格见表 2－3。

表 2－3　铰刀尺寸规格

类　　别			铰　刀　直　径
高速钢铰刀	可调手用铰刀 GB/T 25673—2010		1、1.2、1.6、1.8、2、2.2、2.5、2.8、3、3.5、4、4.5、5、5.5、6、7、8、9、10、11、12、(13)、14、(15)、16、(17)、18、(19)、20、(21)、22、(23)、(24)、25、(26)、(27)、28、(30)、32、(34)、(35)、36、38、40、(42)、(44)、45、(46)、(48)、50、(52)、(55)、56、(58)、(60)、(62)、63、(67)、71
	带刃倾角机用铰刀 GB/T 1134—2008	直柄机用铰刀	5.5、6、7、8、9、10、11、12、(13)、14、(15)、16、(17)、18、(19)、20
		莫氏锥柄机用铰刀	8、9、10、11、12、(13)、14、(15)、16、(17)、18、(19)、20、(21)、22、(23)、(24)、25、(26)、(27)、28、(30)、32、(34)、(35)、36、(38)、40

（续）

<table>
<tr><th colspan="2">类　　别</th><th>铰 刀 直 径</th></tr>
<tr><td rowspan="2">硬质合金机用铰刀
GB/T 4251—2008</td><td>直柄机用铰刀</td><td>6、7、8、9、10、11、12、(13)、14、(15)、16、(17)、18、(19)、20</td></tr>
<tr><td>锥柄机用铰刀</td><td>8、9、10、11、12、(13)、14、(15)、16、(17)、18、(19)、20、(21)、22、23、24、25、(26)、28、(30)、32、(34)、(35)、36、(38)、40</td></tr>
</table>

2.4 铣刀尺寸规格

铣刀尺寸规格见表2-4。

表2-4 铣刀尺寸规格

<table>
<tr><th colspan="2">类　　别</th><th>铣 刀 直 径</th></tr>
<tr><td rowspan="14">立铣刀</td><td>直柄圆柱形球头立铣刀
JB/T 7966.1—1999</td><td rowspan="2">4、5、6、8、10、12、16、20、25、32、40、50、63</td></tr>
<tr><td>削平型直柄圆柱头球头立铣刀
JB/T 7966.2—1999</td></tr>
<tr><td>莫氏锥柄圆柱形球头立铣刀
JB/T 7966.3—1999</td><td>16、20、25、32、40、50、63</td></tr>
<tr><td>直柄圆锥形球头立铣刀
JB/T 7966.6—1999</td><td>6、8、10、12、16、20(小端)</td></tr>
<tr><td>削平型直柄圆锥形球头立铣刀
JB/T 7966.7—1999</td><td>6、8、10、12、16、20(小端)</td></tr>
<tr><td>莫氏锥柄圆锥形球头立铣刀
JB/T 7966.9—1999</td><td>16、20、25、32、40</td></tr>
<tr><td>直柄立铣刀
GB/T 16456.1—2008</td><td>2、2.5、3、3.5、4、5、6、7、8、9、10、11、12、14、16、18、20、22、25、28、32、36、40、45、50、56、63、71</td></tr>
<tr><td>直柄圆锥形立铣刀
JB/T 7966.4—1999</td><td>4、6、8、10、12、16、20(小端)</td></tr>
<tr><td>削平型直柄圆锥形立铣刀
JB/T 7966.5—1999</td><td>6、8、10、12、16、20(小端)</td></tr>
<tr><td>莫氏锥柄圆锥形立铣刀
JB/T 7966.8—1999</td><td>16、20、25、32、40</td></tr>
<tr><td>短莫氏锥柄立铣刀
GB/T 1109—2004</td><td>14、16、18、20、22、25、28、(30)、32、36、40、45、50</td></tr>
<tr><td>莫氏锥柄立铣刀
GB/T 6117.2—2010</td><td>6、7、8、9、10、11、12、14、16、18、20、22、25、28、32、36、40、45、50、56、63</td></tr>
<tr><td>7∶24 锥柄立铣刀
GB/T 6117.3—2010</td><td>25、28、32、36、40、45、50、56、63、71、80</td></tr>
</table>

（续）

类　　别		铣 刀 直 径
键槽铣刀	直柄键槽铣刀 GB/T 1112—2012	2、3、4、5、6、8、10、12、14、16、18、20
	锥柄键槽铣刀 GB/T 1112—2012	14、16、18、20、22、25、28、32、36、40、45、50
	半圆键槽铣刀 GB/T 1127—2007	刀宽×直径：1×4、1.5×7、2×7、2×10、2.5×10、3×13、3×16、4×16、5×16、4×19、5×19、5×22、6×22、6×25、8×28、10×32
T型槽铣刀	锥柄T型槽铣刀 GB/T 6124—2007	10、12、14、(16)、18、(20)、22、(24)、28、32、36、42、48、54
	直柄或削平型直柄T型槽铣刀 GB/T 6124—2007	5、6、8、10、12、14、(16)、18、(20)、22、(24)、28、(32)、36

3 第3章　机械零件加工工艺过程卡编制

3.1　台阶轴机械加工工艺过程卡编制

已知台阶轴材料为40Cr，外圆柱面 $\phi65$ 表面淬火43~48HRC，零件图号为ZL40.13.2-8，台阶轴立体图如图3-1所示，台阶轴平面图如图3-2所示，编制其机械加工工艺过程卡。

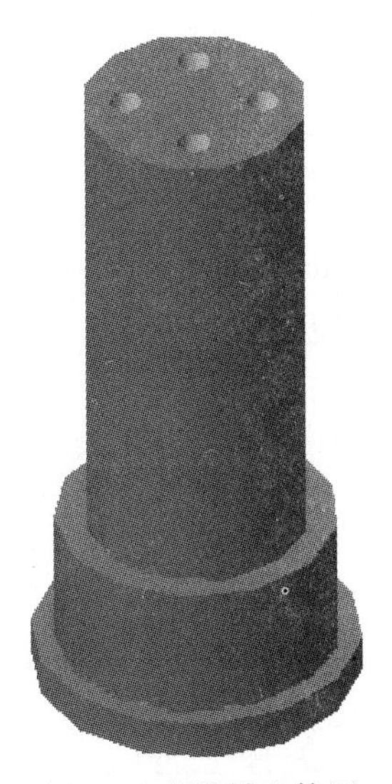

图3-1　台阶轴立体图

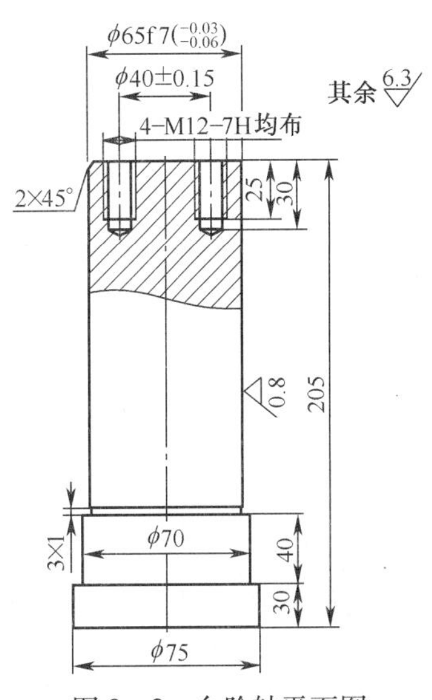

图3-2　台阶轴平面图

1. 台阶轴作用、结构工艺性及技术要求分析

（1）台阶轴的作用：

① 其上安装有涡轮和齿轮，用于支承受传动零件；

② 承受载荷；

③ 传递扭矩。

（2）台阶轴结构特点。台阶轴总长 $L=205$mm，平均直径 $D\approx70$mm，$L/D<12$，为刚性轴，被加工面有外圆柱面、砂轮越程槽、端面的螺孔、中心孔和砂轮越程槽。

（3）台阶轴技术要求分析。台阶轴主要由外圆面和端面的螺孔组成，其中精度要求高的有：$\phi65$f7外圆面，其公共中心线作为其他面的基准，表面粗糙度 $Ra=0.8\mu$m。其他要求有：加工后保留两端中心孔；调质处理28~32HRC；材料为40Cr。

（4）台阶轴结构工艺性分析。从台阶轴图纸看，加工面 $\phi65$ 外圆面精度等级较高，采用磨削加工易于达到图纸要求，结构工艺性较好。

2. 台阶轴毛坯种类选择及尺寸确定

（1）台阶轴毛坯种类选择。

由于台阶轴上用于连接机架，是一个受力件，要求力学性能好，表面硬度高，且是40Cr材料,外形结构简单,采用铸坯成本高且易出现气孔等,难以保证零件工作时受力要求,不合适;用圆棒直接下料,由于材料没经过锻造,其力学性能难以满足工件工作时的受力要求;工件外形结构简单,用焊接件做毛坯也不合适;锻件由于经过锻造,具有锻造流线,力学性能好,工件外形结构简单锻造容易。

经过以上分析,选择锻坯做为台阶轴毛坯。

(2) 台阶轴毛坯锻前圆钢的下料尺寸。

① 绘制锻件图,查询锻件体积。对台阶轴零件图在外圆柱面和端面都留 5mm 双面加工余量,在 UG 软件中绘制台阶轴锻件图,UG 软件中查得锻坯体积 $V_{坯}=509720\text{mm}^3$。

② 计算下料圆钢的直径 $D_{理}$ 和 $D_{实}$。

锻前体积为

$$V_{锻前}=K\times V_{坯}=1.1\times 509720=560692(\text{mm}^3)$$

下料直径为

$$D_{理}=(0.637V_{锻前})^{1/3}$$
$$=(0.637\times 560692)^{1/3}=70.9(\text{mm})$$

取 $D_{实}=72\text{mm}$。

③ 下料长度 $L_{理}$ 和 $L_{实}$:

$$L_{理}=4V_{锻前}/\pi D_{实}^2=4\times 560692/\pi\times 72^2=137.7\text{mm}$$

取 $L_{实}=138\text{mm}$。

④ 验算下料长径比 $L_{实}/D_{实}$:

$$L_{实}/D_{实}=137.7/72=1.91$$

$L_{实}/D_{实}$ 在 1.25~2.5 之间,符合要求。

则台阶轴毛坯锻前圆钢的下料尺寸为 $\phi72\times145$。

3. 确定台阶轴热处理工序顺序,选择其表面加工方法

(1) 台阶轴调质安排在粗车后、半精车前;淬火处理安排在磨外圆前。

(2) 台阶轴外圆面精加工为磨削加工,粗加工和半精加工为车削;螺孔在磨削前钻孔及攻螺纹。

4. 分析台阶轴加工工艺特点,划分其机械加工阶段及加工顺序

台阶轴加工工艺特点:轴的设计基准为轴中心线,为使设计基准与定位基准一致,不会产生基准不重合误差,应采用中心孔定位。另外,在整个加工过程中可采用统一的基准加工各外圆面,不会产生基准转换误差,所有表面精加工都采用中心孔定位。中小批量的轴加工大多采用卧式车床。

台阶轴主要外圆表面加工阶段划分为粗加工、半精加工、精加工三个阶段。

台阶轴主要表面本身的加工顺序:根据先粗后精原则,主要外圆的加工顺序为粗车外圆→半精车外圆→磨外圆。

台阶轴各表面之间的加工顺序:

(1) 根据基准先行原则,为顶持工件及精加工基准统一做准备,先钻中心孔,以便为后续工序加工提供统一的基准,减少因基准转换产生的定位误差。另外,先加工基准外圆柱面 $\phi65\text{f}7$,其他外圆柱面 $\phi70$、$\phi75$ 需与基准外圆柱面 $\phi65$ 一次加工完成,以达到二者之间的同轴度要求。

(2) 根据先主后次原则,次要面(端面 4 个螺纹孔)的钻孔、攻螺纹加工安排在各外圆车削工序后面。

5. 台阶轴加工工艺路线的拟定

根据台阶轴前几次任务中毛坯选择为锻坯。

外圆表面加工方法:粗加工为车削;精加工为磨削。

主要表面为外圆柱面 $\phi65$,其加工顺序:粗车→半精车→磨外圆。次要表面为钻端面孔及攻螺纹,其加工顺序:钻孔—攻螺纹。

加工阶段:粗加工(粗车外圆)→半精加工(半精车外圆)→精加工(磨削外圆)。

热处理工序安排:调质在粗加工(粗车)后,半精加工(半精车)前。

台阶轴整个加工工艺路线:锻坯→车端面、打中心孔→粗车外圆→调质→半精车外圆→钻孔→攻螺纹→淬火→磨外圆。

6. 台阶轴各工序尺寸及偏差计算

(1) 找到图纸高精度尺寸 $\phi65f7$。

(2) 查加工余量表,确定台阶轴磨削单面余量为 0.22~0.28mm,取 0.25mm。

① 半精车工序单面余量为 0.4~1.1mm,取 0.75mm。

② 粗车工序单面余量为 2~3mm,取 3mm。

(3) 查外圆表面加工路线图,确定各工序加工精度:

① 粗车:IT12~13。半精车:IT10~11。

② 半精车外圆尺寸为 $\phi65.5$、$\phi70.5$、$\phi75.5$,精度取 IT10。

③ 粗车工序尺寸为 $\phi67$、$\phi72$、$\phi77$,精度取 IT12。

(4) 据各工序尺寸及其加工精度,采用"入体"原则,查出其相应尺寸偏差:

① 半精车时各外圆工序尺寸及偏差:$\phi65.5h10(^{0}_{-0.1})$、$\phi70.5\ h10(^{0}_{-0.1})$、$\phi75.5\ h10(^{0}_{-0.1})$。

② 粗车时各外圆工序尺寸及偏差:$\phi67\ h12(^{0}_{-0.25})$、$\phi72\ h12(^{0}_{-0.25})$、$\phi77\ h12(^{0}_{-0.25})$。

③ 毛坯外圆尺寸为 $\phi73$mm、$\phi78$mm、$\phi83$mm,精度取±2mm。

④ 两端面总长 205mm,加工余量按单面 2~4,则长度方向毛坯尺寸为 210mm,精度取±2mm。

(5) 将步骤(4)中的台阶轴各工序尺寸及偏差填入表 3-1。

表 3-1 台阶轴各工序尺寸及偏差

图纸尺寸	工序名称	工序双面余量	工序基本尺寸	工序经济精度尺寸偏差	工序尺寸及偏差
$\phi65f7$	磨削	0.25×2=0.5	65	$^{-0.03}_{-0.06}$	$\phi65^{-0.03}_{-0.06}$
	半精车	0.75×2=1.5	65+0.5=65.5	$h10(^{0}_{-0.1})$	$\phi65.5(^{0}_{-0.1})$
	粗车	3×2=6	65.5+1.5=67	$h12(^{0}_{-0.25})$	$\phi67(^{0}_{-0.25})$
	毛坯	8	67+6=73 或 65+8=73	±2	$\phi73\pm2$
$\phi70$	半精车	0.75×2=1.5	70+0.5=70.5	$h10(^{0}_{-0.1})$	$\phi70.5(^{0}_{-0.1})$
	粗车	3×2=6	70.5+1.5=72	$h12(^{0}_{-0.25})$	$\phi72(^{0}_{-0.25})$
	毛坯	8	72+6=78 或 70+8=78	±2	$\phi78\pm2$
$\phi75$	半精车	0.75×2=1.5	75+0.5=75.5	$h10(^{0}_{-0.1})$	$\phi75.5(^{0}_{-0.1})$
	粗车	3×2=6	75.5+1.5=77	$h12(^{0}_{-0.25})$	$\phi77(^{0}_{-0.25})$
	毛坯	8	77+6=83 或 75+8=83	±2	$\phi83\pm2$

7. 台阶轴机械加工工艺过程卡的填写

（1）根据零件图填写机械加工工艺过程卡中的材料（-40Cr）、数量（1）、名称（台阶轴）、图号 40E. 13. 2-8。

（2）根据台阶轴加工工艺路线，填写工序及工序内容。

（3）将台阶轴具体加工工艺过程填入机械加工工艺过程卡。

（4）根据各工序内容所需加工的刀具、量具、夹具，填入台阶轴机械加工工艺过程卡，见表3-2。

表 3-2　台阶轴机械加工工艺过程卡

<table>
<tr><td colspan="2">江门职业
技术学院</td><td colspan="2">机 械 加 工 工 艺 过 程 卡</td><td colspan="3">共　1　页</td><td>第 1 页</td></tr>
<tr><td colspan="2">零 件 图 号</td><td colspan="2">ZL40E. 13. 2-8</td><td>件 号</td><td colspan="2"></td><td rowspan="3"></td></tr>
<tr><td colspan="2">零 件 名 称</td><td colspan="2">台阶轴</td><td>数 量</td><td colspan="2">1</td></tr>
<tr><td colspan="2">材料牌号</td><td>40Cr　毛坯种类　圆 棒 料</td><td>毛坯尺寸</td><td colspan="3">$\phi 83\times 215$</td></tr>
<tr><td rowspan="2">工序号</td><td rowspan="2">工序名称</td><td rowspan="2">工 序 主 要 内 容</td><td rowspan="2">主 要
设 备</td><td colspan="3">工 装 夹 具</td><td rowspan="2">工 时</td></tr>
<tr><td>夹 具</td><td>刀 具</td><td>量 具</td></tr>
<tr><td>1</td><td>车</td><td>夹持毛坯外圆：
（1）车平下端面；
（2）钻中心孔；
（3）粗车外圆 $\phi 75$ 为 $\phi 76.5_{-0.35}^{0}$；
（4）车外圆为 $\phi 75$</td><td>CA6140</td><td>三爪
卡盘</td><td>外圆车刀
中心钻</td><td>游标
卡尺</td><td>10min</td></tr>
<tr><td>2</td><td>车</td><td>调头，夹已车外圆：
（1）车上端面，定总长 205；
（2）钻中心孔；
（3）粗车外圆 $\phi 75$ 为 $\phi 76.5_{-0.35}^{0}$；
（4）车外圆为 $\phi 75_{-0.3}^{0}$，与前接平</td><td>CA6140</td><td>三爪
卡盘</td><td>外圆车刀
中心钻</td><td>游标
卡尺</td><td>15min</td></tr>
<tr><td>3</td><td>车</td><td>一端顶尖顶持，另一端三爪卡盘夹持：
（1）粗车外圆 $\phi 70$ 为 $\phi 71.5_{-0.35}^{0}$，定长 30；
（2）半精车外圆 $\phi 70$ 为 $\phi 70_{-0.12}^{0}$；
（3）粗车外圆 $\phi 65$ 为 $\phi 68_{-0.35}^{0}$，定长 40；
（4）半精车外圆 $\phi 65$ 为 $\phi 66_{-0.12}^{0}$；
（5）精车外圆 $\phi 65$ 为 $\phi 65.5h8_{-0.046}^{0}$（工艺要求）；
（6）切槽 3×1</td><td>CA6140</td><td>三爪
卡盘
顶尖</td><td>外圆车刀
切槽刀</td><td>游标
卡尺</td><td>25min</td></tr>
<tr><td>4</td><td>钻</td><td>以 $\phi 65.5$ 外圆作定位基准面，落夹具 V 形块，钻 4-M12-7H底孔为 $\phi 10.2$</td><td>Z3040</td><td>JZ4001/
ZL40E
13-2</td><td>$\phi 10.2$
麻花钻</td><td>游标
卡尺</td><td>60min</td></tr>
<tr><td>5</td><td>钳</td><td>攻螺纹 4-M12-7H</td><td></td><td></td><td>M12 丝锥</td><td>M12 螺
纹塞规</td><td>15min</td></tr>
<tr><td>6</td><td>热</td><td>$\phi 65$ 外圆表面淬火处理 43~45HRC</td><td>中频感应
加热炉</td><td></td><td></td><td>硬度计</td><td>120min</td></tr>
<tr><td>7</td><td>磨</td><td>两端顶尖顶持，磨 $\phi 65f7(^{-0.03}_{-0.06})$ 外圆柱面</td><td>MQ1312</td><td>顶尖、
鸡心夹头</td><td>砂轮</td><td>千分尺</td><td>45min</td></tr>
<tr><td>8</td><td>检</td><td>按图检验零件各技术要求</td><td></td><td></td><td></td><td></td><td>30min</td></tr>
<tr><td colspan="2">编　制</td><td>校　对</td><td colspan="2">定 额 员</td><td colspan="3">批 准</td></tr>
</table>

3.2 轴套机械加工工艺过程卡编制

图 3－3 为轴套三维图，图 3－4 为轴套平面图，年产量为 700，材料为 45，要求内孔表面淬火 45～50HRC，编制其机械加工工艺过程卡。

图 3－3　轴套三维图

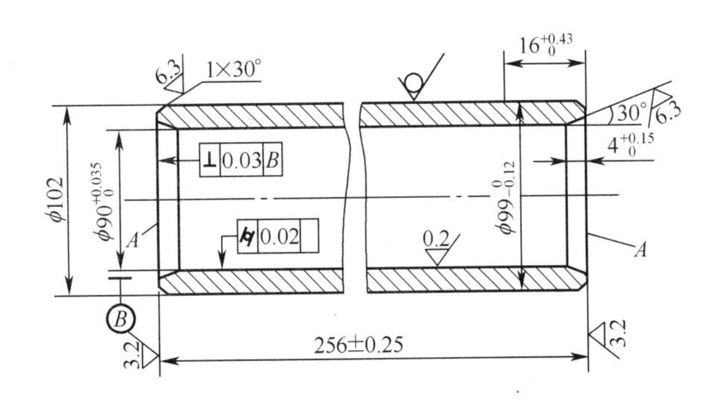

图 3－4　轴套平面图

1. 轴套毛坯选择及工序内容的拟定

（1）毛坯选择。由于零件材料为 45，零件无受力要求，仅内孔有耐磨要求，故不采用锻件。棒料加工工序多，浪费材料，选择与其形状接近的无缝钢管。其毛坯外圆 $\phi102$，内孔直径为 90－5＝85（mm），壁厚为（102－85）/2＝8.5（mm），长度为 256＋6＝262（mm），故毛坯尺寸为 $\phi102\times8.5\times262$。

（2）拟定工序内容。套类零件加工基本过程：备料→热处理（锻件调质或正火，铸件退火）→粗车外圆及端面→调头粗车另一端面及外圆→钻孔和粗车内孔→热处理（调质或时效）→精车内孔→划线（键槽及油孔线）→插（铣、钻）→热处理→磨孔→磨外圆。

此处外圆不用加工，内孔不需要钻孔，也无槽，故轴套加工过程：下料→正火→粗车端面及内孔，半精内孔，倒角 4×30°→掉头，车端面，倒角 4×30°，定尺寸 256±0.25。

内孔双面加工余量及工序尺寸：

粗车：双面加工余量为 3mm　　　工序尺寸 $\phi88H12(^{+0.35}_{0})$。

半精车：双面加工余量为 1.49mm　　　工序尺寸 $\phi89.49H10(^{+0.14}_{0})$。

磨：双面加工余量为 0.5mm　　　工序尺寸 $\phi89.99H7(^{+0.035}_{0})$。

研磨：双面加工余量为 0.01mm　　　工序尺寸 $\phi90^{+0.035}_{0}$。

机床及相应刀具：卧式车床（内孔车刀）、内圆磨床（砂轮）。

量具：游标卡尺、千分尺。

2. 轴套机械加工工设备、刀具、夹具及量具

（1）轴套机械加工用设备：

① 内、外圆柱面粗加工设备——车床；

② 内圆柱面精加工设备——内孔磨床。

（2）轴套机械加工用刀具：

① 内、外圆柱面车削加工用车刀；

② 内孔磨削加工用砂轮。

（3）轴套加工用夹具：

① 外圆柱面车削加工用三爪卡盘和可涨芯轴；

② 内孔车削加工用三爪卡盘；

③ 内孔磨削加工用中心架。

3. 轴套机械加工工艺过程卡的填写：

（1）根据轴套图，填写机械加工工艺过程卡中材料（45）、零件数量（1）、名称（轴套）、图号（ZL30. 13－3）。

（2）填写轴套机械加工工艺过程卡见表 3－3。

表 3－3　轴套机械加工工艺过程卡

江门职业技术学院		机械加工工艺过程卡			共 1 页		第1页
零件图号		ZL30. 13-3			件号		
零件名称		轴　套			数量	1	
材料牌号		45	毛坯种类	无缝钢管	毛坯尺寸	ϕ102×8. 5×262	
序号	工序名称	工　序　内　容	机床	夹具	刀具	量具	工时
1	下料	无缝钢管 ϕ102×8. 5×262	锯床				90min
2	车	（1）车端面，粗车内孔 ϕ88H12($^{+0.35}_{0}$)： （2）半精车内孔 ϕ88. 49H10($^{+0.14}_{0}$)，倒角 4×30； （3）掉头，车端面，定长 256±0. 25； （4）倒角 4×30°； （5）内孔上 ϕ88. 49 孔可涨芯轴，半精车工艺外圆 $\phi100h10^{0}_{-0.14}$	卧式车床	三爪卡盘 可涨芯轴	游标卡尺	游标卡尺	120min
3	热处理	内孔表面淬火，硬度 58～62HRC					80min
4	磨	夹外圆，另一端中心架托外圆，磨内孔到 ϕ89. 69H7($^{+0.087}_{0}$)	内孔磨床	中心架		千分尺	120min
5	研磨	研磨内孔 $\phi90^{+0.035}_{0}$孔、$R2$ 达图样要求					
6	检验						
编　制		校　对		定额员		批准	

3. 3　固定板机械加工工艺过程卡编制

图 3－5 为固定板三维图，图 3－6 为固定板平面图，年产量为 400，材料为 HT200，编制其机械加工工艺过程卡。

1. 固定板毛坯选择

固定板材料为 HT200，因为零件用于安装垫板，要求具有缓冲作用，故毛坯选铸坯。

2. 固定板加工方法和加工顺序

（1）固定板加工方法。上、下平面：粗、半精加工选铣削加工，精加工选磨削加工，以达到上、下平面//0. 03。

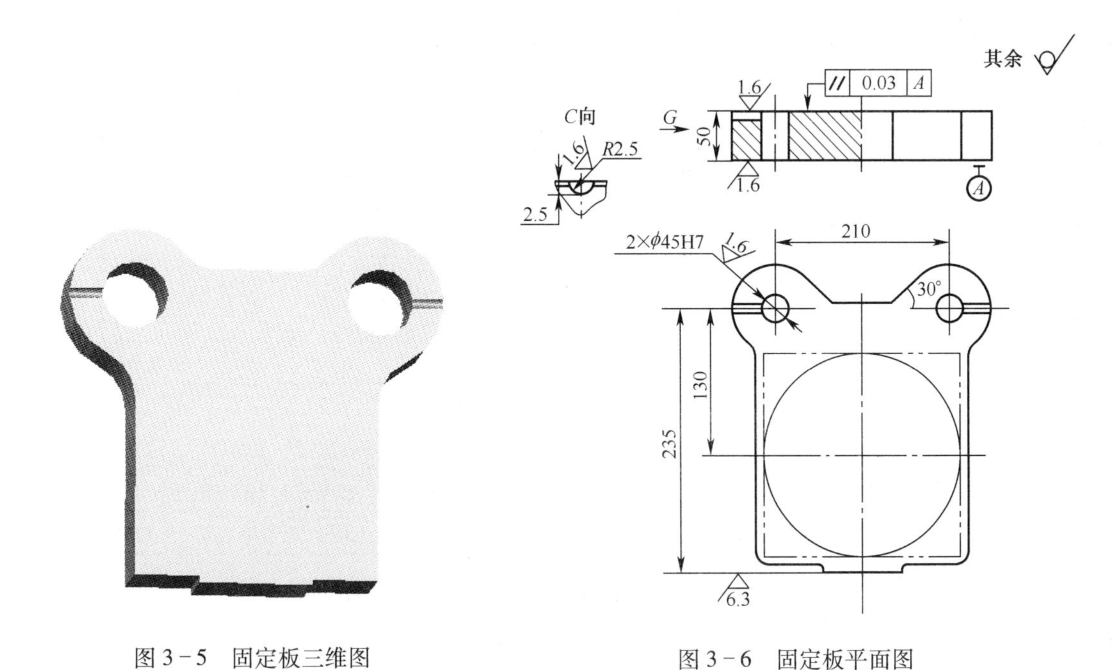

图 3-5 固定板三维图

图 3-6 固定板平面图

2×ϕ35 孔用于安装导套,与平面有垂直度要求,需要镗削加工。

U 形槽 18 及 M32 螺孔在铣床上铣(镗)出;其他螺钉安装孔 4×ϕ17 钻削即可。销孔 2×ϕ10 需铰孔。

(2) 固定板加工顺序。根据“先面后孔”加工原则,X02 顺序:铣上、下平面→磨上、下平面→钳:划 2×ϕ45→钻 2×ϕ45 为 2×ϕ43→与下模座一起镗 2×ϕ45 孔→铣 R2. 5 油槽。

(3) 刀具:ϕ5 立铣刀,ϕ43 麻花钻,可调镗刀、盘铣刀。

3. 固定板加工余量

镗孔加工余量:总镗孔加工余量为 5mm;粗镗孔加工余量为 4mm;精镗孔加工余量为 1mm。

4. 固定板机械加工工艺过程卡填写

(1) 根据固定板图填写机械加工工艺过程卡中材料(HT200)、零件数量(1)、名称(固定板)、图号(ZL30. 13-4)。

(2) 填写机械加工工艺过程卡,见表 3-4。

表 3-4 固定板机械加工工艺过程卡

江门职业技术学院		机械加工工艺过程卡			共 1 页		第1页
零件图号		ZL30. 13-4			件号		
零件名称		固定板			数量	1	
材料牌号		HT200	毛坯种类	铸坯	毛坯尺寸		
序号	工序名称	工序内容	机床	夹具	刀具	量具	工时
1	锻	铸造毛坯					90′
2	铣	铣上、下平面,保证尺寸 50. 8	X53	吸盘	盘铣刀	游标卡尺	70′

(续)

江门职业技术学院		机械加工工艺过程卡			共 1 页		第1页
零件图号		ZL30.13-4			件号		
零件名称		固定板			数量	1	
材料牌号		HT200	毛坯种类	铸坯	毛坯尺寸		
序号	工序名称	工序内容	机床	夹具	刀具	量具	工时
3	磨	磨上、下平面,保证尺寸50	M7130	吸盘	砂轮	游标卡尺	70′
4	钳	划各螺钉安装孔及导套孔中心线					60′
5	铣	按划线铣前部平面	X53	螺钉压板	立铣刀	游标卡尺	40′
6	钻	按划线钻导套孔至 $\phi43$	Z3080	螺钉压板	$\phi43$ 麻花钻	游标卡尺	20′
7	镗	与下模座重叠,一起镗孔至 $\phi45H7$	T68	角尺	可调镗刀	千分尺	80′
8	钳	$R2.5$ 的圆弧槽线					20′
9	铣	铣 $R2.5$ 的圆弧槽	X53	螺钉压板	$\phi5$ 立铣刀	游标卡尺	30′
10	检验						
编制		校对		定额员		批准	

3.4 减速机箱体类零件机械加工工艺过程卡编制

图 3-7 为减速机箱体平面图,材料为 HT200,编制其机械加工工艺过程卡。

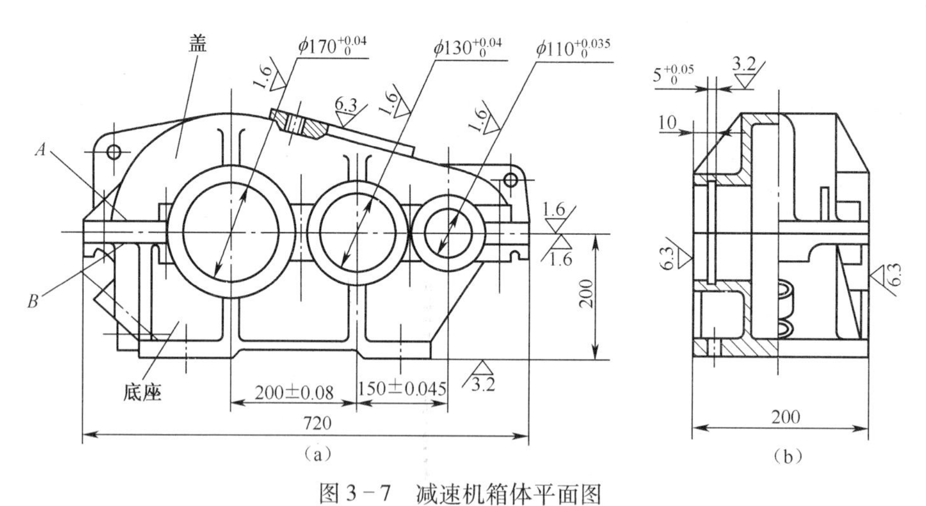

图 3-7 减速机箱体平面图

1. 减速机箱体毛坯选择

减速机箱体材料为 HT200,因零件用于安装轴和轴承,要求有缓冲作用,故毛坯选铸坯。

2. 减速机箱体加工方法和加工顺序工序内容的确定

(1) 减速机箱体加工方法:

① 减速机箱体平行孔系加工方法采用坐标法,用坐标镗床加工;

② 减速机箱体平面采用铣床粗加工，采用平面磨床精加工。

(2) 减速机箱体加工顺序：根据先面后孔，先主后次加工原则。先加工好的主要平面——底面(设计基准)，以底面为定位基准，加工对合面镗孔 $\phi170^{+0.04}_{0}$、$\phi130^{+0.04}_{0}$、$\phi110^{+0.035}_{0}$。这样符合基准重合原则及基准统一原则。

(3) 刀具：刨刀，麻花钻，可调镗刀。

3. 减速机箱体加工余量及工序尺寸

镗孔双面加工余量 6mm，平面单面加工余量 5mm。

(1) 根据减速机箱体图，填写机械加工工艺过程卡中材料(HT200)、零件数量(1)、名称(减速机箱体)、图号(ZL30. 13-5)。

(2) 填写减速机箱盖机械加工工艺过程卡见表 3-5。

表 3-5 减速机箱体机械加工工艺过程卡

江门职业技术学院		机械加工工艺过程卡			共 1 页		第1页
零件图号		ZL30. 13-5			件号		
零件名称		减速机箱体			数量	1	
材料牌号		HT200	毛坯种类	铸坯	毛坯尺寸		
序号	工序名称	工序内容	机床	夹具	刀具	量具	工时
10	铸造	毛坯					300min
20	热处理	时效(退火)					100min
30	喷漆	涂底漆					30min
40	刨	以凸缘 A 面定位，粗刨对合面	龙门刨		游标卡尺	刨刀	80min
50	刨	以对合面定位，刨顶面	龙门刨		游标卡尺	刨刀	20min
60	磨	以顶面定位，磨对合面	M1430		千分尺		100min
70	钻	以对合面凸缘轮廓定位，钻结合面连接孔、螺纹底孔，锪沉孔，攻螺纹	Z3040	专用夹具	游标卡尺	麻花钻	90min
80	钻	以对合面及两孔定位，钻结合面螺纹底孔，攻螺纹	Z3040	专用夹具	游标卡尺	麻花钻	80min
8、5	镗	数控镗孔 $\phi170^{+0.04}_{0}$、$\phi130^{+0.04}_{0}$、$\phi110^{+0.035}_{0}$			千分尺	可调镗刀	180min
90	检验						
编制		校对		定额员		批准	

第4章 机床夹具设计常用标准为零件及部件

4.1 机床夹具设计常用定位零件

机床夹具设计常用定位元件见表 4－1～表 4－30。

表 4－1 定位衬套的结构形式和尺寸规格 (单位:mm)

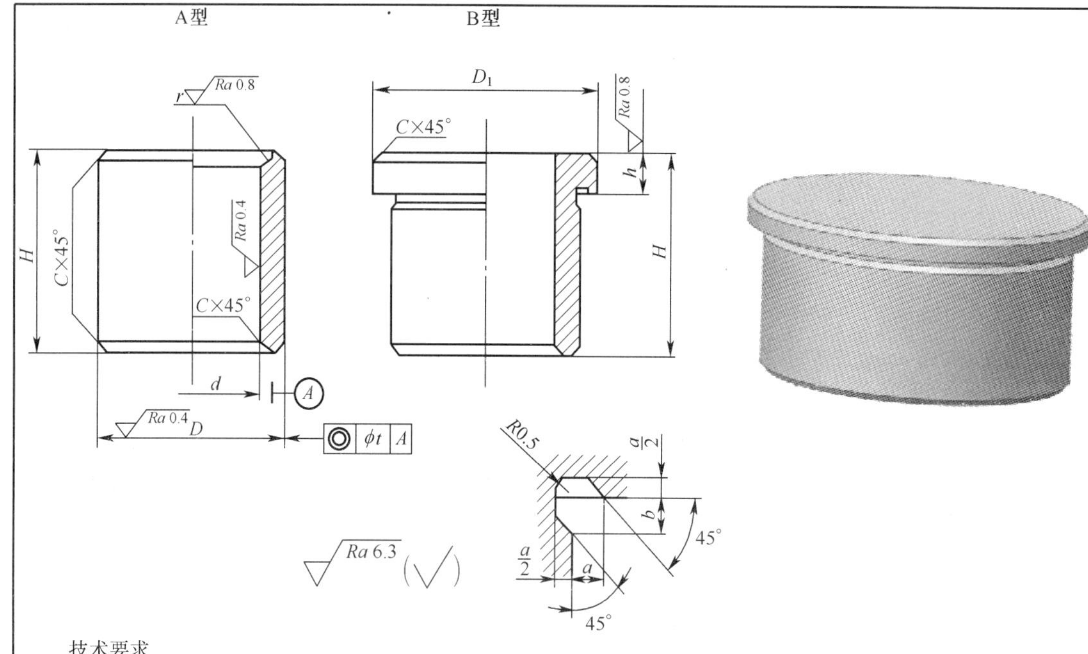

技术要求

1. 材料:$d \leqslant 25$mm,T8;

   $d > 25$mm,20。

2. 热处理:材料为 T8,55～60HRC;

   材料为 20,表面淬火,硬度 55～60HRC;渗碳深度 0.8～1.2mm。

标记示例

$d=22$、偏差带为 H6、$H=20$mm 的 A 型定位衬套:A22H6×20

d			H	D		D_1	h	a	b	r	c	t	
基本尺寸	偏差带 H6	偏差带 H7		基本尺寸	偏差带 n6							用于 H6	用于 H7
3	+0.006 0	+0.010 0	8	8	+0.019 +0.010	11	3	0.5	2	1	0.5	0.005	0.008
4	+0.008 0	+0.012 0	10										
6				10		13							
8	+0.009 0	+0.015 0		12	+0.023 +0.012	15							

（续）

d			H	D		D_1	h	a	b	r	c	t	
基本尺寸	偏差带 H6	偏差带 H7		基本尺寸	偏差带 n6							用于 H6	用于 H7
10	+0.009 0	+0.015 0	12	15	+0.023 +0.012	18	3	0.5	2	1.5	0.5	0.005	0.008
12	+0.011 0	+0.018 0		18		22	4				1		
15			16	22	+0.028 +0.015	26							
18				26		30				2		0.008	0.012
22	+0.013 0	+0.021 0	20	30		34	5	1	3				
26				35	+0.033 +0.017	39							
30			25	42		46				2.5			
			45										
35	+0.016 0	+0.025 0	25	48		52							
			45										
42			30	55	+0.039 +0.020	59				3			
			56										
48			30	62		66	6		4				
			56										
55	+0.019 0	+0.030 0	30	70		74				4	1.5	0.025	0.040
			56										
62			35	78		82							
			67										
70			35	85	+0.045 +0.023	90							
			67										
78			40	95		100							

注:摘自 JB/T 8013.1—1999《机床夹具零件及部件　定位衬套》

表 4-2　小定位销的结构形式和尺寸规格　　(单位:mm)

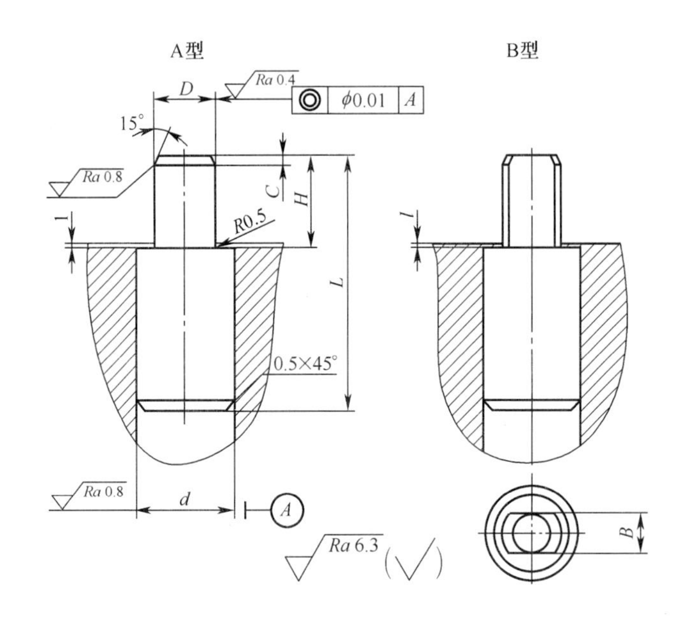

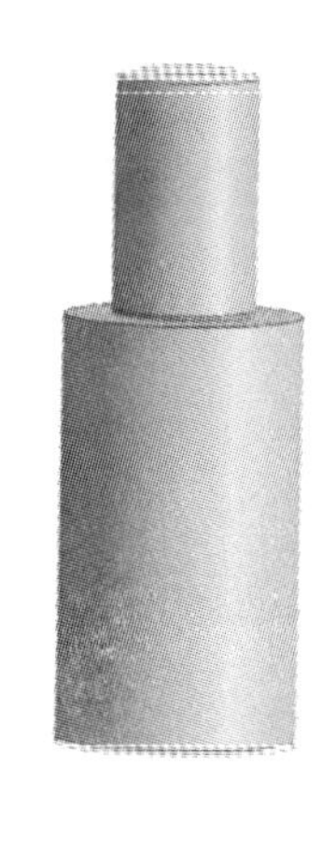

技术要求

1. 材料:T8。
2. 热处理:表面淬火,硬度 55~60HRC。

标记示例

D=2.5、偏差带为 f7 的 A 型小定位销:定位销　A2.5 f7

D	*H*	*d*		*L*	*B*	*C*
		基本尺寸	偏差带 r6			
1~2	4	3	+0.016 +0.010	10	*D*-0.3	0.2
2~3	5	5	+0.023 +0.015	12	*D*-0.6	0.4
注:摘自 JB/T 8014.1—1999《机床夹具零件及部件　小定位销》						

表 4-3　固定式定位销的结构形式和尺寸规格　　(单位:mm)

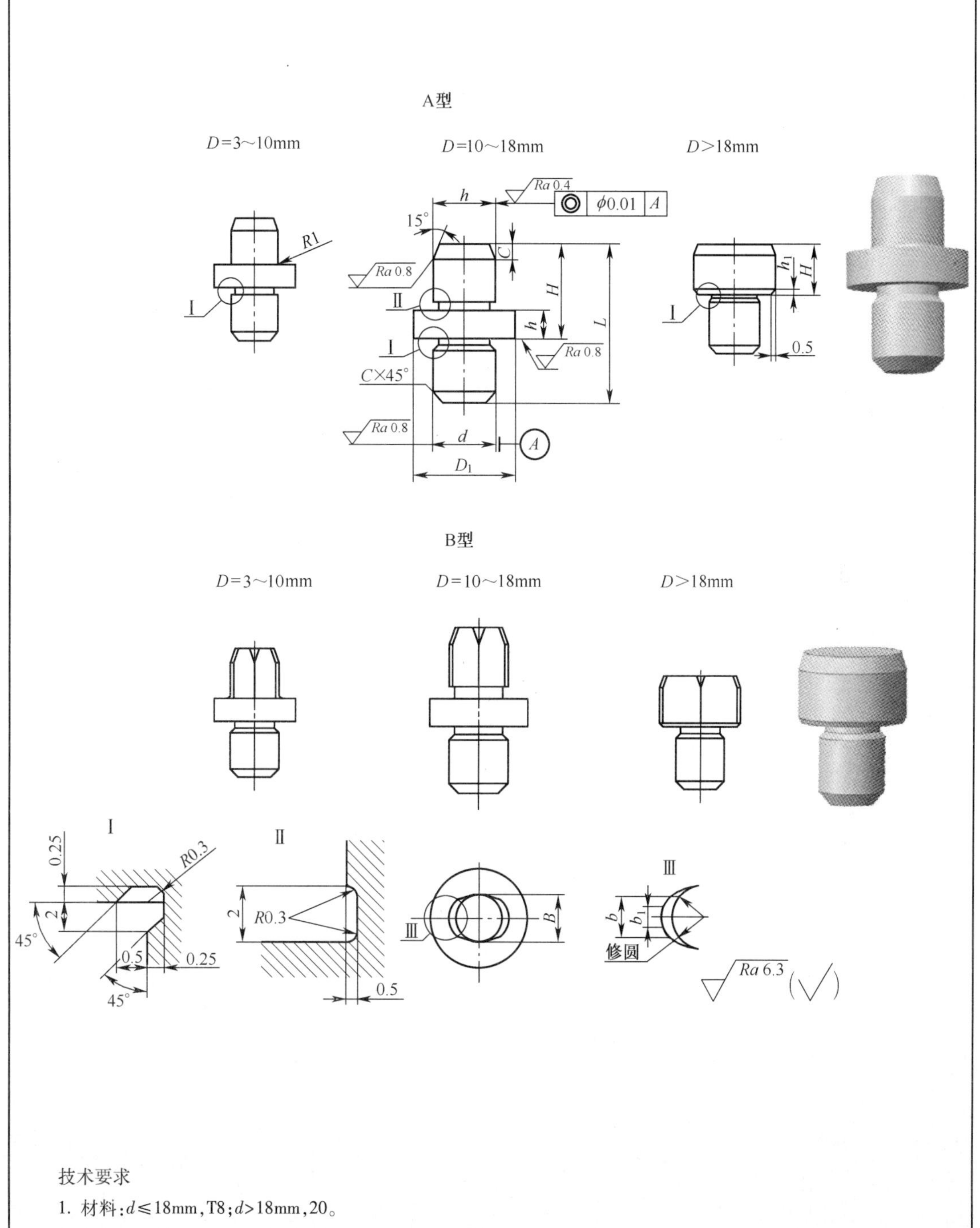

技术要求

1. 材料:$d \leqslant 18$mm,T8;$d>18$mm,20。

2. 热处理:材料为 T8,表面淬火,硬度 55~60HRC。材料为 20,表面淬火,硬度 55~60HRC,渗碳深度 0.8~1.2mm。

标记示例

$d=11.5$、偏差带为 f7、$H=14$mm 的 A 型固定式定位销:A11.5 f7×14

（续）

D	H	d		D_1	L	h	h_1	B	b	b_1	c	c_1
		基本尺寸	偏差带 r6									
3~6	8	6	+0.023 +0.015	12	16	3	—	D-0.5	2	1	2	0.4
	14				22	7						
6~8	10	8	+0.028 +0.019	14	20	3		D-1	3	2	3	0.6
	18				28	7						
8~10	12	10		16	24	4		D-2	4	3		
	22				34	8						
10~14	14	12	+0.034 +0.023	18	26	4					4	1
	24				36	9						
14~18	16	15		22	30	5						
	26				40	10						
18~20	12	12		—	26		1				5	
	18				32							
	28				42							
20~24	14	15			30		2	D-3	5			
	22				38							
	32				48							
24~30	16				36			D-4				1.5
	25				45							
	34				54							
30~40	18	18	+0.041 +0.028		42		3	D-5	6	4	6	
	30				54							
	38				62							
40~50	20	22			50				8	5		
	35				65							
	45				75							

注：摘自 JB/T 8014.2—1999《机床夹具及部件　固定式定位销》

表4-4　定位插销的结构形式和尺寸规格　　(单位:mm)

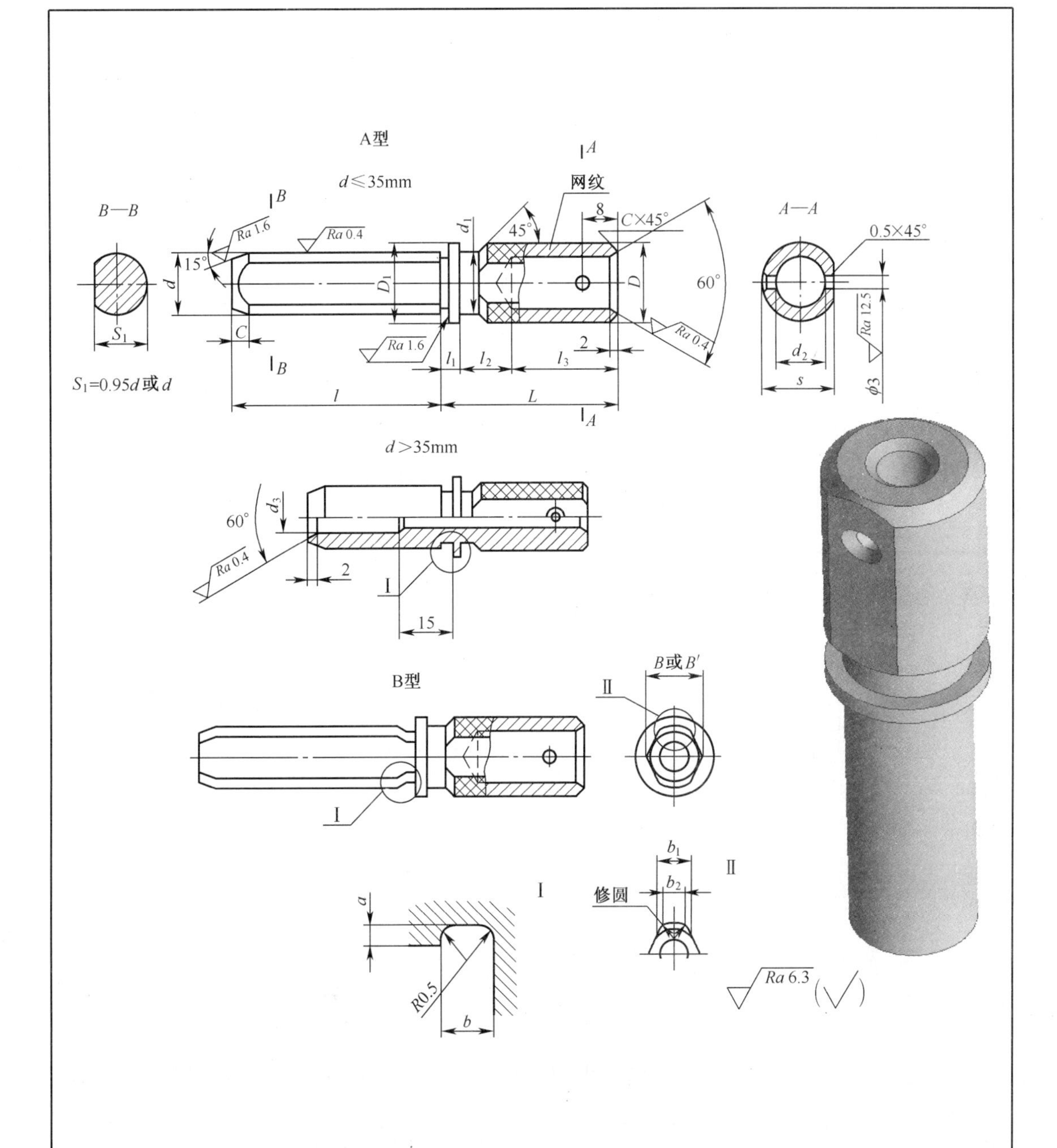

技术要求

1. 材料:$d\leqslant10$mm,T8;$d>10$mm,20。
2. 热处理:材料为T8,表面淬火,硬度55~60HRC;材料为20,表面淬火,硬度55~60HRC,渗碳深度0.8~1.2mm。

标记示例

1. $d=10$mm、$l=40$mm 的 A 型定位插销:定位插销 A10×40。
2. $d'=12.5$mm、极限偏差 h6、$l=50$mm 的 B 型定位插销:定位插销 B12.5h6×50

d	基本尺寸	3	4	6	8	10	12	15	18	22	26	30	35	42	48	55	62	70	78
	偏差 带 f7	-0.006 -0.016	-0.010 -0.022		-0.013 -0.028		-0.016 -0.034			-0.020 -0.041			-0.025 -0.050			-0.030 -0.060			
d'		2~3	3~4	4~5	6~8	8~10	10~12	12~15	15~18	18~22	22~26	26~30	30~35	35~42	42~48	48~55	55~62	62~70	70~78
D		6	8	10	12	14	16	19	22	30		36	40						
D_1		6	8	10	12	14	16	19	22	30		36	40	47	53	60	67	75	$d+5$ $d'+5$
d_1		5	6	7	8	10	12	15	18	26		32	36						
d_2		—							14	20		25	28						
d_3		—												25	30	35	40	45	50
L		30				40		50		60		80		90					
l_1		2				3		4				5		6					
l_2		3				4		6				8							
l_3		—							35	45		60		—					
S		5	7	9	11	13	15	18	21	29		35	39						
B		2.7	3.5	5.5	7	9	10	13	16	19	23	26	30	—					
B'		$d'-0.3$	$d'-0.5$		$d'-1$		$d'-2$			$d'-3$		$d'-4$	$d'-5$	—					
a		0.25			0.5							1							
b		2										3				4			
b_1		1.5	2		3		4			5				—					
b_2		1			2		3							—					
c		1	2		3		4		5				6			7			
c_1		0.6			1				1.5			2							

（续）

l	20	20	20	20															
	25	25	25	25															
	30	30	30	30															
	35	35	35	35	35	35													
	40	40	40	40	40	40	40												
	45	45	45	45	45	45	45	45											
		50	50	50	50	50	50	50	50										
		60	60	60	60	60	60	60	60	60	60								
			70	70	70	70	70	70	70	70	70	70							
				80	80	80	80	80	80	80	80	80							
					90	90	90	90	90	90	90	90	90						
					100	100	100	100	100	100	100	100	100	100					
						120	120	120	120	120	120	120	120	120					
							140	140	140	140	140	140	140	140					
								160	160	160	160	160	160	160	160				
									180	180	180	180	180	180	180	180	180	180	180
										200	200	200	200	200	200	200	200	200	200
										220	220	220	220	220	220	220	220	220	220
										250	250	250	250	250	250	250	250	250	250
											280	280	280	280	280	280	280	280	280
											320	320	320	320	320	320	320	320	320

注：摘自 JB/T 8015—1999《机床夹具零件及部件　定位插销》

表 4-5　定位键的结构形式和尺寸规格　(单位:mm)

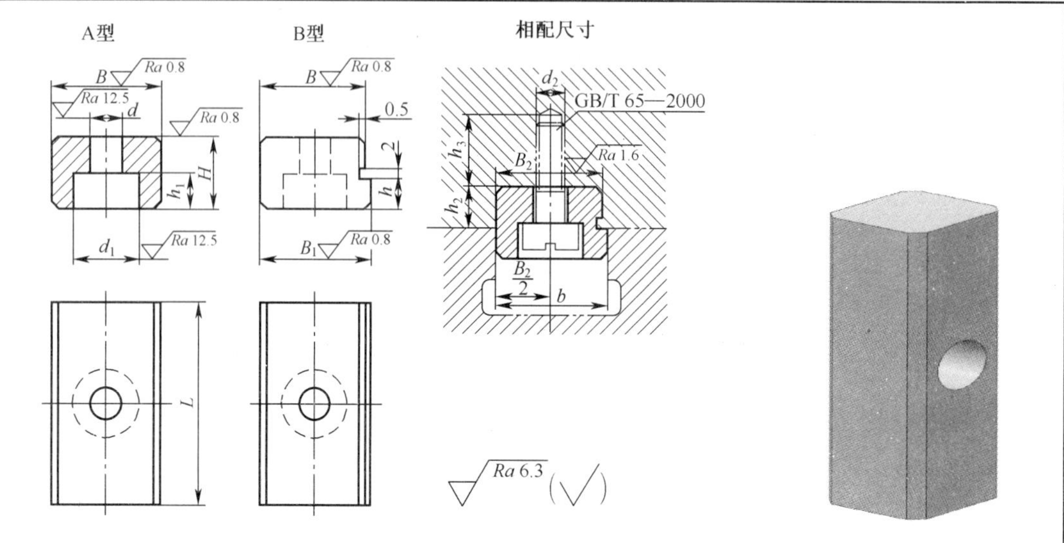

技术要求

1. 材料:45。

2. 热处理:表面淬火,硬度 40~45HRC。

标记示例

B=18mm、极限偏差 h6 的 A 型定位键:定位键 A18h6

B			B_1	L	H	h	h_1	d	d_1	相配件							
基本尺寸	偏差带 h6	偏差带 h8								T形槽宽 b	B_2 基本尺寸	B_2 偏差带 H7	B_2 偏差带 Js6	d_2	h_2	h_3	螺钉(GB/T 65—2000)
8	0 -0.009	0 -0.002	8	14	8	3	2.4	3.4	6	8	8	+0.015 0	±0.0045	M3	4	8	M3×10
10			10	16			3	4.5	8.5	10	10			M4			M4×10
12	0 -0.011	0 -0.027	12	20			3.5	5.5	10	12	12	+0.018 0	±0.0055	M5		10	M5×12
14			14							14	14						
16			16	25	10	4	4.5	6.6	12	16	16			M6	5	13	M6×16
18			18		12	5				18	18				6		
20	0 -0.013	0 -0.033	20	32						20	20	+0.021 0	±0.0065				
22			22							22	22						
24			24	40	14	6	6	9	15	24	24			M8	7	15	M8×20
28			28		16	7				28	28				8		
36	0 -0.016	0 -0.039	36	50	20	9	8	14	22	36	36	+0.025 0	±0.008	M12	10	18	M12×25
42			42	60	24	10				42	42				12		M12×30
48			48	70	28	12	10	18	28	48	48			M16	14	22	M16×35
54	0 -0.019	0 -0.046	54	80	32	14				54	54	+0.030 0	±0.0095		16		M16×40

注:摘自 JB/T 8016—1999《机床夹具零件及部件　定位键》

表 4-6　V 形块的结构形式和尺寸规格　(单位:mm)

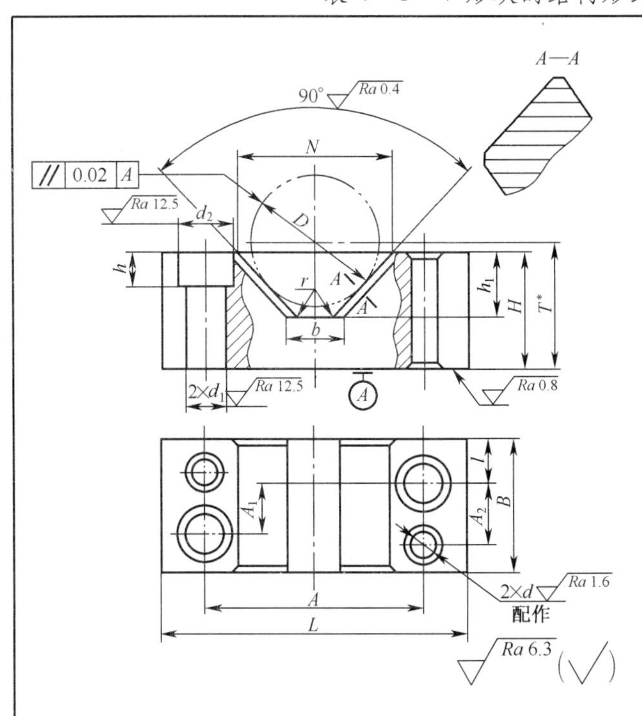

技术要求

1. 材料:20。

2. 热处理:表面淬火,硬度 58~64HRC,渗碳深度 0.8~1.2mm。

标记示例

N=24mm 的 V 形块:V 形块 24

<table>
<tr><th rowspan="2">N</th><th rowspan="2">D</th><th rowspan="2">L</th><th rowspan="2">B</th><th rowspan="2">H</th><th rowspan="2">A</th><th rowspan="2">A1</th><th rowspan="2">A2</th><th rowspan="2">b</th><th rowspan="2">l</th><th colspan="2">d</th><th rowspan="2">d1</th><th rowspan="2">d2</th><th rowspan="2">h</th><th rowspan="2">h1</th><th rowspan="2">r</th></tr>
<tr><th>基本尺寸</th><th>偏差带 H7</th></tr>
<tr><td>9</td><td>5~10</td><td>32</td><td>16</td><td>10</td><td>20</td><td>5</td><td>7</td><td>2</td><td>5.5</td><td rowspan="2">4</td><td rowspan="5">+0.012
0</td><td>4.5</td><td>8.5</td><td>4</td><td>5</td><td>0.5</td></tr>
<tr><td>14</td><td>10~15</td><td>38</td><td>20</td><td>12</td><td>26</td><td>6</td><td>9</td><td>4</td><td>7</td><td>5.5</td><td>10</td><td>5</td><td>7</td><td rowspan="3">1</td></tr>
<tr><td>18</td><td>15~20</td><td>46</td><td>25</td><td>16</td><td>32</td><td rowspan="2">9</td><td rowspan="2">12</td><td>6</td><td rowspan="2">8</td><td rowspan="2">5</td><td rowspan="2">6.6</td><td rowspan="2">12</td><td rowspan="2">6</td><td>9</td></tr>
<tr><td>24</td><td>20~25</td><td>55</td><td>32</td><td>20</td><td>40</td><td>8</td><td>11</td></tr>
<tr><td>32</td><td>25~35</td><td>70</td><td>40</td><td>25</td><td>50</td><td>12</td><td>15</td><td>12</td><td>10</td><td>6</td><td>9</td><td>15</td><td>8</td><td>14</td><td rowspan="3">2</td></tr>
<tr><td>42</td><td>35~45</td><td>85</td><td>50</td><td>32</td><td>64</td><td rowspan="2">16</td><td rowspan="2">19</td><td>16</td><td rowspan="2">12</td><td rowspan="2">8</td><td rowspan="4">+0.015
0</td><td rowspan="2">11</td><td rowspan="2">18</td><td rowspan="2">10</td><td>18</td></tr>
<tr><td>55</td><td>45~60</td><td>100</td><td rowspan="3"></td><td>35</td><td>76</td><td>20</td><td>22</td></tr>
<tr><td>70</td><td>60~80</td><td>125</td><td>42</td><td>96</td><td rowspan="2">20</td><td rowspan="2">25</td><td>30</td><td rowspan="2">15</td><td rowspan="2">10</td><td rowspan="2">14</td><td rowspan="2">22</td><td rowspan="2">12</td><td>25</td><td rowspan="2">3</td></tr>
<tr><td>85</td><td>80~100</td><td>140</td><td>50</td><td>110</td><td>40</td><td>30</td></tr>
</table>

注:摘自 JB/T 8018.1—1999《机床夹具零件及部件　V 形块》

表 4-7　固定 V 形块的结构形式和尺寸规格　(单位:mm)

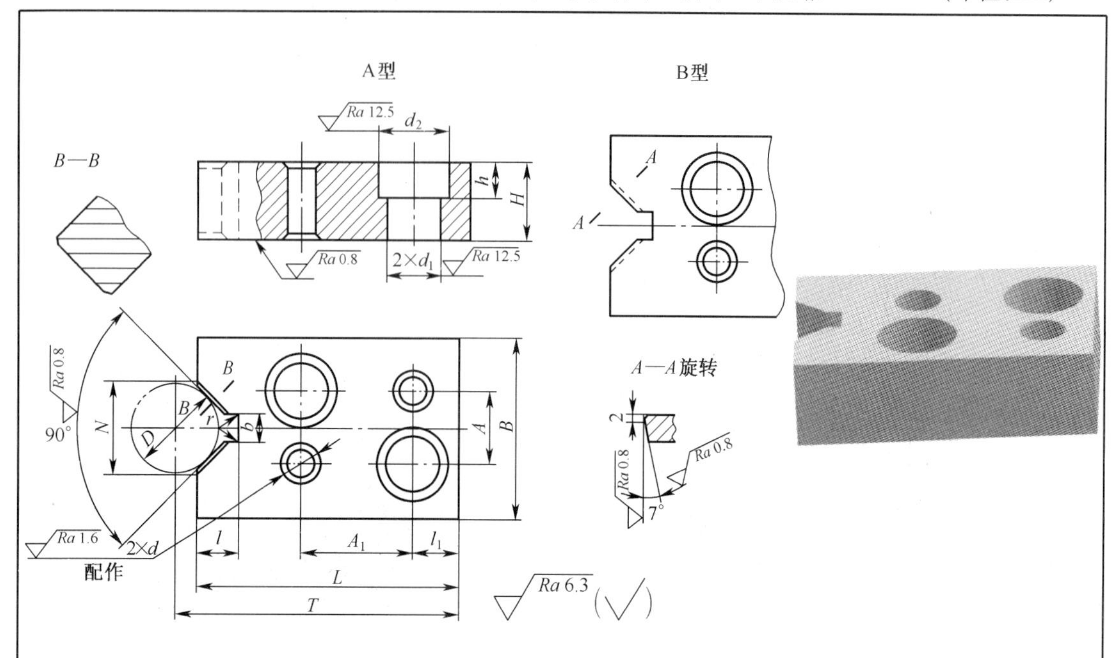

技术要求

1. 材料:20。
2. 热处理:表面淬火,硬度 58~64HRC,渗碳深度 0.8~1.2mm。

标记示例

N=18mm 的 A 型固定 V 形块:V 形块 A18

N	D	B	H	L	l	l_1	A	A_1	d 基本尺寸	d 偏差带 H7	d_1	d_2	h	h_1	r
9	5~10	22	10	32	5	6	10	13	4	+0.012 0	4.5	8.5	4	5	0.5
14	10~15	24	12	35	7	7		14	5		5.5	10	5	7	1
18	15~20	28	14	40	10	8	12				6.6	12	6	9	
24	20~25	34	16	45	12	10	15	15	6					11	
32	25~35	42		55	16	12	20	18	8	+0.015 0	9	15	8	14	2
42	35~45	52	20	68	20	14	26	22	10		11	18	10	18	
55	45~60	65		80	25	15	35	28						22	
70	60~80	80	25	90	32	18	45	35	12	+0.018 0	14	22	12	25	3

注:摘自 JB/T 8018.2—1999《机床夹具零件及部件　固定 U 形块》

表 4-8　活动 V 形块的结构形式和尺寸规格　（单位:mm）

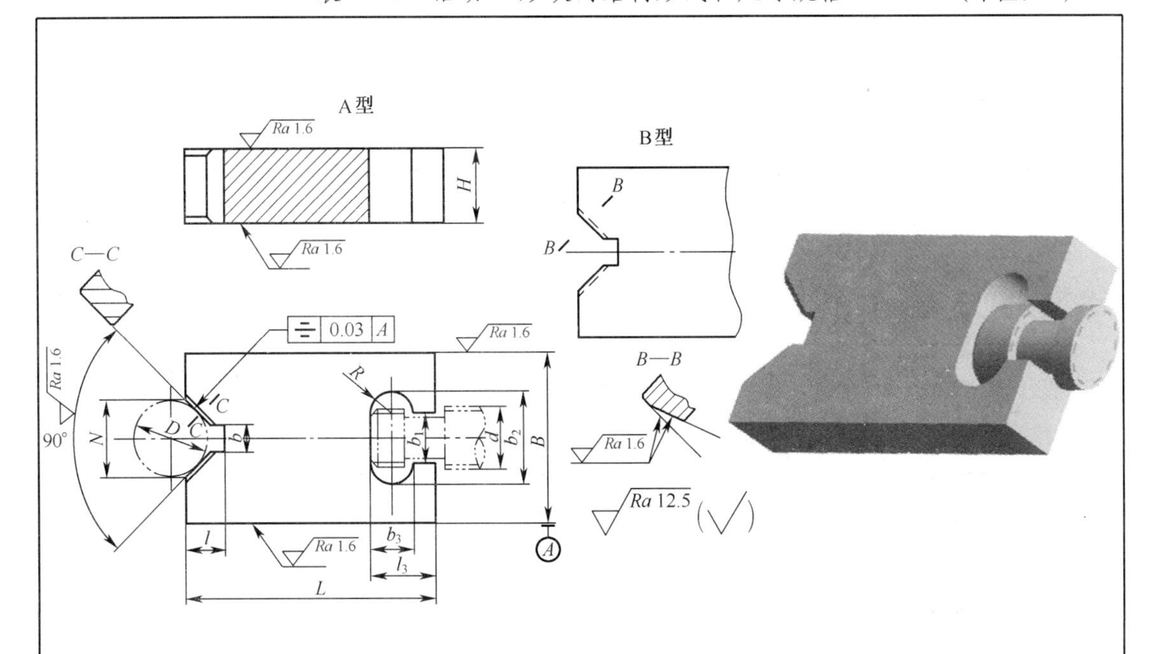

技术要求

1. 材料:20。

2. 热处理:表面淬火,硬度 58~64HRC,渗碳深度 0.8~1.2mm。

标记示例

N=18mm 的 A 型活动 V 形块:V 形块 A18

N	D	B 基本尺寸	B 偏差带 f7	H 基本尺寸	H 偏差带 f9	L	l	l_1	b	b_1	b_2	b_3	r	相配螺杆直径 d
9	5~10	18	-0.016 -0.034	10	-0.013 -0.049	32	5	6	2	5	10	4	0.5	M6
14	10~15	20	-0.020 -0.041	12	-0.016 -0.059	35	7	8	4	6.5	12	5		M8
18	15~20	25		14		40	10	10	6	8	15	6		M10
24	20~25	34	-0.025 -0.050	16		45	12	12	8	10	18	8	1	M12
32	25~35	42				55	16	13	10	13	24	10		M16
42	35~45	52	-0.030 -0.060	20	-0.020 -0.072	70	20		12				1.5	
55	45~60	65				85	25	15	16	17	28	11		M20
70	60~80	80		25		105	32		20					

注:摘自 JB/T 8018.4—1999《机床夹具零件及部件　活动 V 形块》

表 4-9 导板的结构形式和尺寸规格

(单位:mm)

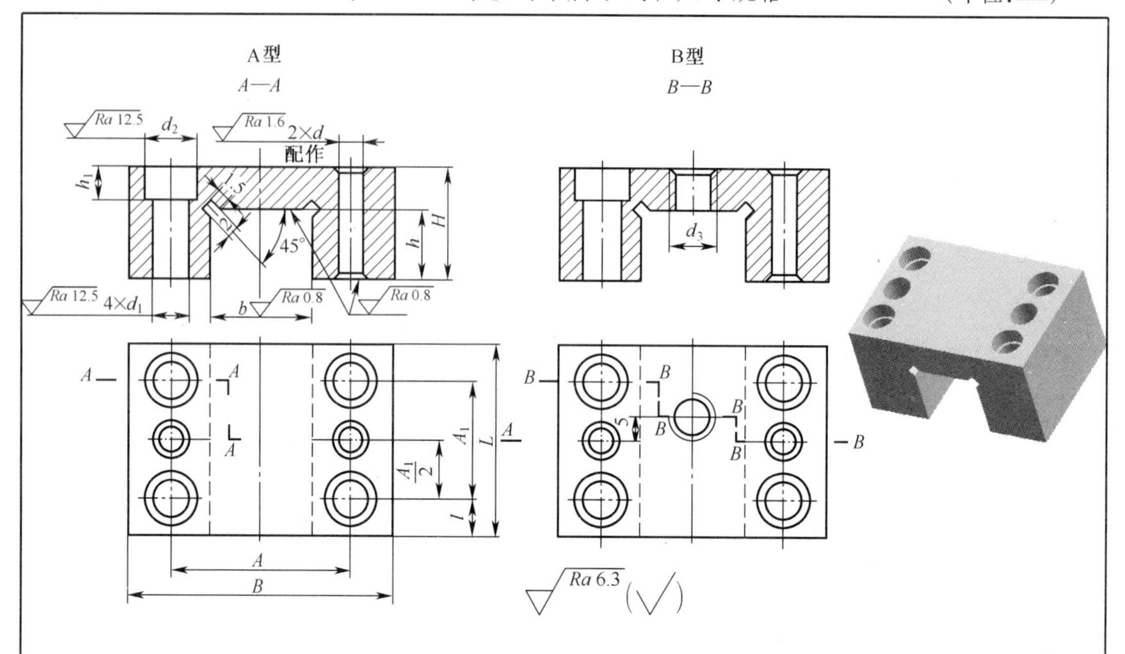

技术要求

1. 材料:20。
2. 热处理:表面淬火,硬度 58~64HRC,渗碳深度 0.8~1.2mm。

标记示例

b=20mm 的 A 型导板:导板 A20

<table>
<tr><th colspan="2">b</th><th colspan="2">h</th><th rowspan="2">B</th><th rowspan="2">L</th><th rowspan="2">H</th><th rowspan="2">A</th><th rowspan="2">A1</th><th rowspan="2">l</th><th rowspan="2">h1</th><th colspan="2">d</th><th rowspan="2">d1</th><th rowspan="2">d2</th><th rowspan="2">d3</th></tr>
<tr><th>基本尺寸</th><th>偏差带 H7</th><th>基本尺寸</th><th>偏差带 H8</th><th>基本尺寸</th><th>偏差带 H7</th></tr>
<tr><td>18</td><td>+0.018
0</td><td>10</td><td>+0.022
0</td><td>50</td><td>38</td><td>18</td><td>34</td><td rowspan="2">22</td><td>8</td><td rowspan="3">6</td><td rowspan="2">5</td><td rowspan="4">+0.012
0</td><td rowspan="3">6.6</td><td rowspan="3">12</td><td rowspan="3">M8</td></tr>
<tr><td>20</td><td rowspan="2">+0.021
0</td><td>12</td><td rowspan="4">+0.027
0</td><td>52</td><td>40</td><td>20</td><td>35</td><td rowspan="2">9</td></tr>
<tr><td>25</td><td>14</td><td>60</td><td>42</td><td>25</td><td>42</td><td>24</td><td rowspan="2">6</td></tr>
<tr><td>34</td><td rowspan="2">+0.025
0</td><td rowspan="2">16</td><td>72</td><td>50</td><td>28</td><td>52</td><td>28</td><td>11</td><td>8</td><td>9</td><td>15</td><td rowspan="2">M10</td></tr>
<tr><td>42</td><td>90</td><td>60</td><td>32</td><td>65</td><td>34</td><td>13</td><td rowspan="2">10</td><td>8</td><td rowspan="3">+0.015
0</td><td rowspan="2">11</td><td rowspan="2">18</td></tr>
<tr><td>52</td><td rowspan="3">+0.030
0</td><td rowspan="2">20</td><td rowspan="3">+0.033
0</td><td>104</td><td>70</td><td rowspan="2">35</td><td>78</td><td>40</td><td>15</td><td rowspan="2">10</td><td rowspan="3">M12</td></tr>
<tr><td>65</td><td>120</td><td>80</td><td>90</td><td>48</td><td>15.5</td><td rowspan="2">12</td><td rowspan="2">14</td><td rowspan="2">22</td></tr>
<tr><td>80</td><td>25</td><td>140</td><td>100</td><td>40</td><td>110</td><td>66</td><td>17</td><td>12</td><td>+0.018
0</td></tr>
</table>

注:摘自 JB/T 8019—1999《机床夹具零件及部件　导板》

表 4-10　薄挡块的结构形式和尺寸规格　　(单位:mm)

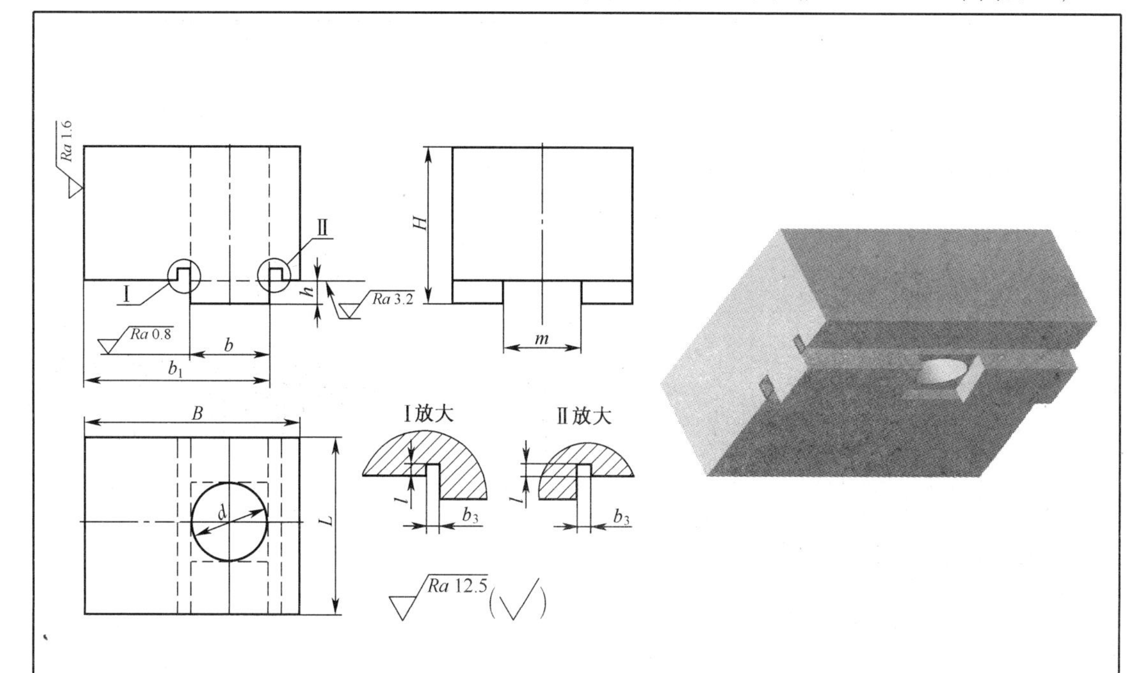

技术要求

1. 材料:45。

2. 热处理:表面淬火,硬度 40~45HRC。

标记示例

b=18mm 的薄挡块:挡块 18

b 基本尺寸	b 偏差带 b12	L	B	b_1 基本尺寸	b_1 偏差带 Js11	b_2	l_3	d	H	h	m	配用螺钉
10	-0.015 -0.030	70	50	40	±0.080	35	3	10	20	3	10	M8
12								12		4	12	M10
14	-0.015 -0.033	80	60	45		40		14	25	6	14	M12
18				50				18			18	M16
22	-0.016 -0.037	90	70	55	±0.095	45	4	22	30	8	22	M20
28		100	80	65		50		26	35	10	26	M24
36	-0.017 -0.042	110	90	75		60		33			33	M30

注:摘自 JB/T 8020.1—1999《机床夹具零件及部件　薄挡块》

表 4-11 厚挡块的结构形式和尺寸规格

（单位：mm）

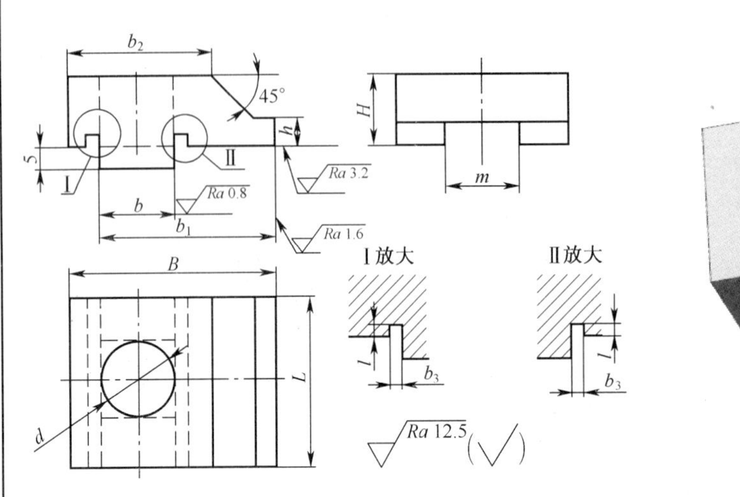

技术要求

1. 材料：45。
2. 热处理：表面淬火，硬度 40~45HRC。

标记示例

b=18mm 的厚挡块：挡块 18

b 基本尺寸	b 偏差带 b12	d	L	B	b_1 基本尺寸	b_1 偏差带 Js11	l	H	h	m	配用螺钉
10	-0.015 -0.030	10	70	50	40	±0.080	3	35	5	10	M8
12	-0.015 -0.033	12						40		12	M10
14		14	80	60	45					14	M12
18		18			50			48	8	18	M16
22	-0.016 -0.037	22	90	70	55	±0.095	4			22	M20
28		26	100	80	65			60	10	26	M24
36	-0.017 -0.042	33	110	90	75			70		33	M30

注：摘自 GB/T 8020.2—1999《机床夹具零件及部件 厚挡块》

表 4-12 手拉式定位器的结构形式和尺寸规格 (单位:mm)

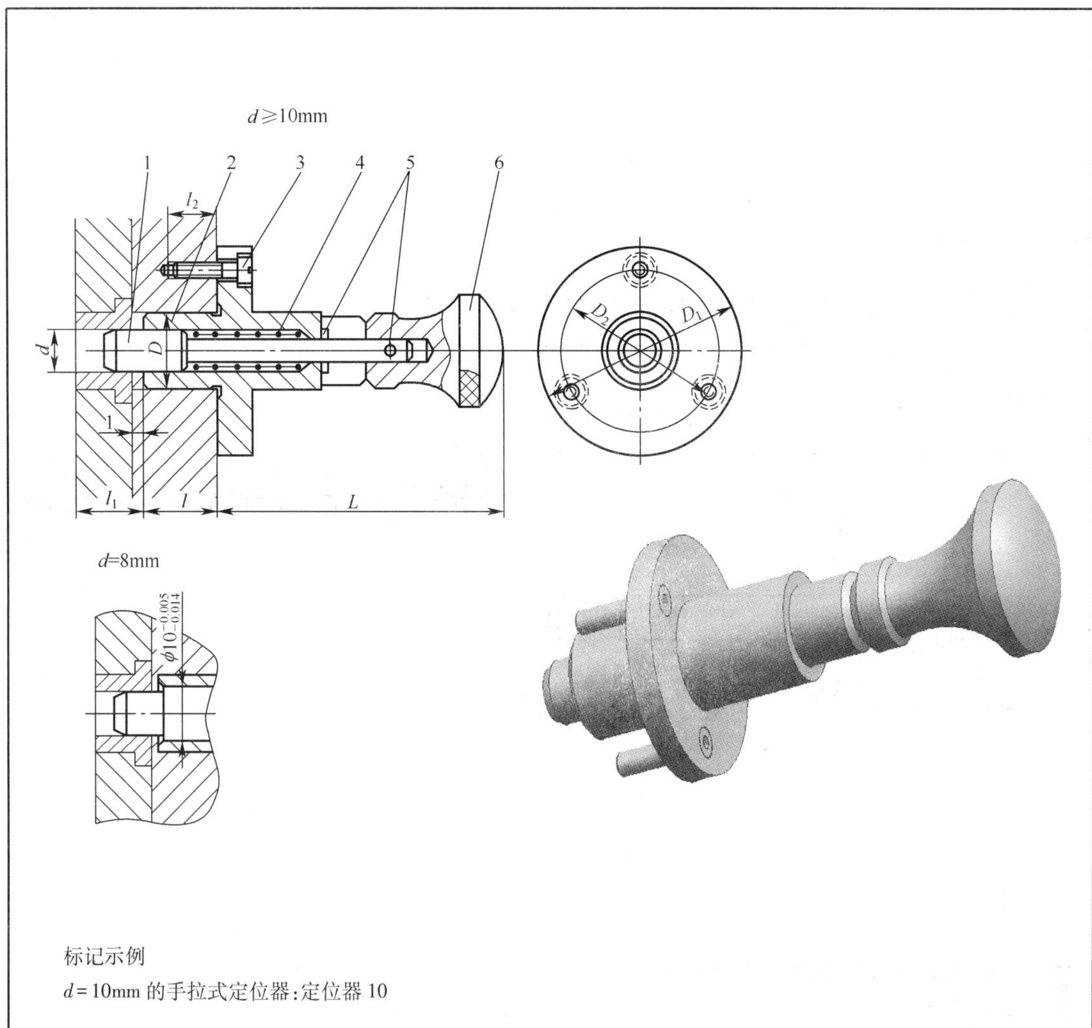

标记示例

d = 10mm 的手拉式定位器:定位器 10

主要尺寸								件号	1	2	3	4	5	6
								名称	定位销	导套	螺钉	弹簧	销	把手
d	D	D_1	D_2	L	l	l_1	l_2	材料	T8	45	35	碳素弹簧钢	45	Q235-A
								数量	1	1	3	1	2	1
								标准号	JB/T 8021. 1(1)—1999	JB/T 8021. 1(2)—1999	GB/T 65—2000	GB/T 2089—2009	GB/T 119—2000	JB/T 8023. 2—1999
8	16	40	28	57	20	9	9	规格	8	10	M4×10	0.8×8×32	2h6×12	6
10									10					
12	18	45	32	63	24	11	10. 5		12	12	M5×12	1×10×35	3h6×16	8
15	24	50	36	79	28	13			15	15		1. 2×12×42	3h6×20	10

注:摘自 JB/T 8021. 1—1999《机床夹具零件及部件 手拉式定位器》

表 4-13　定位销的结构形式和尺寸规格　(单位:mm)

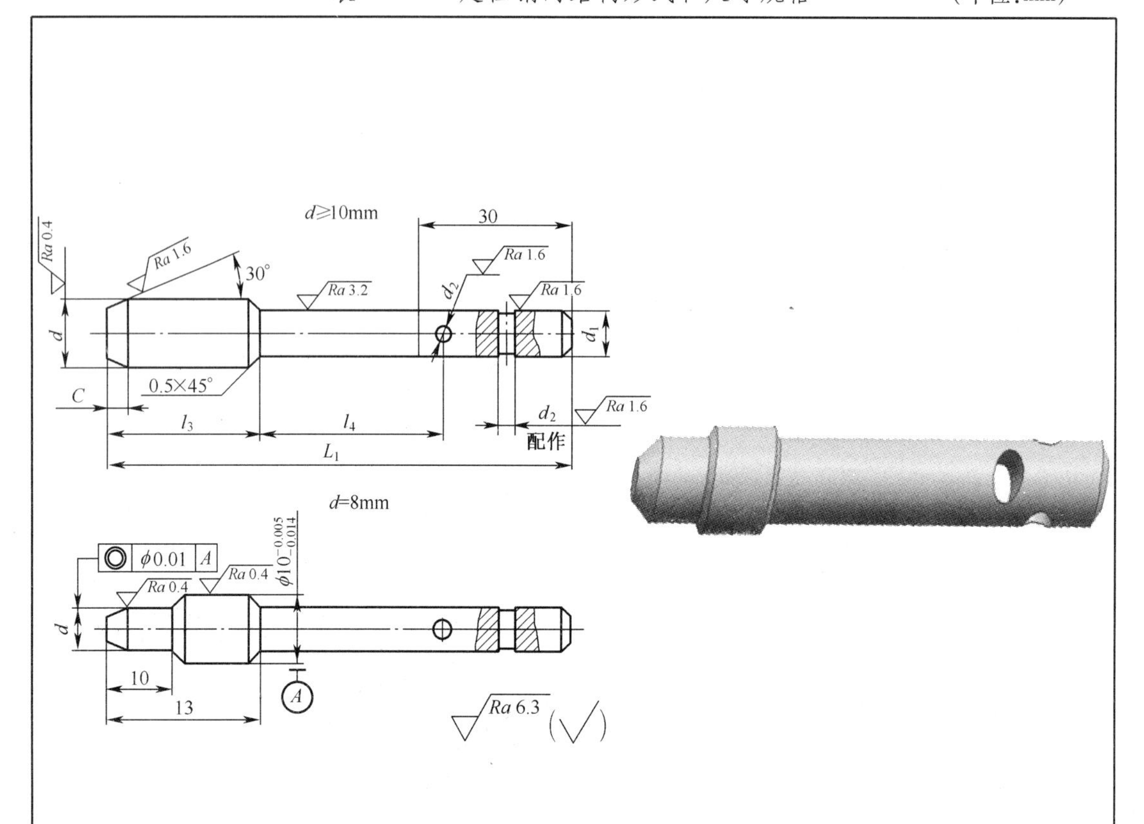

技术要求

1. 材料:T8。
2. 热处理:在 l_3 表面淬火,硬度 55~60HRC。

标记示例

d=10mm 的定位销:定位销 10

d		d_1		L_1	l_3	l_4	d_2		C
基本尺寸	上下偏差	基本尺寸	偏差带 h8				基本尺寸	偏差带 H7	
8	-0.005 -0.014	6	0 -0.018	75	24	28	2	+0.010 0	3
10									
12	-0.006 -0.017	8	0 -0.022	85	26	31.5	3		4
15		10		100	32	38.5			

注:摘自 JB/T 8021.1(1)—1999《机床夹具零件及部件　手拉式定位器　定位销》

表 4-14　导套的结构形式和尺寸规格　　（单位:mm）

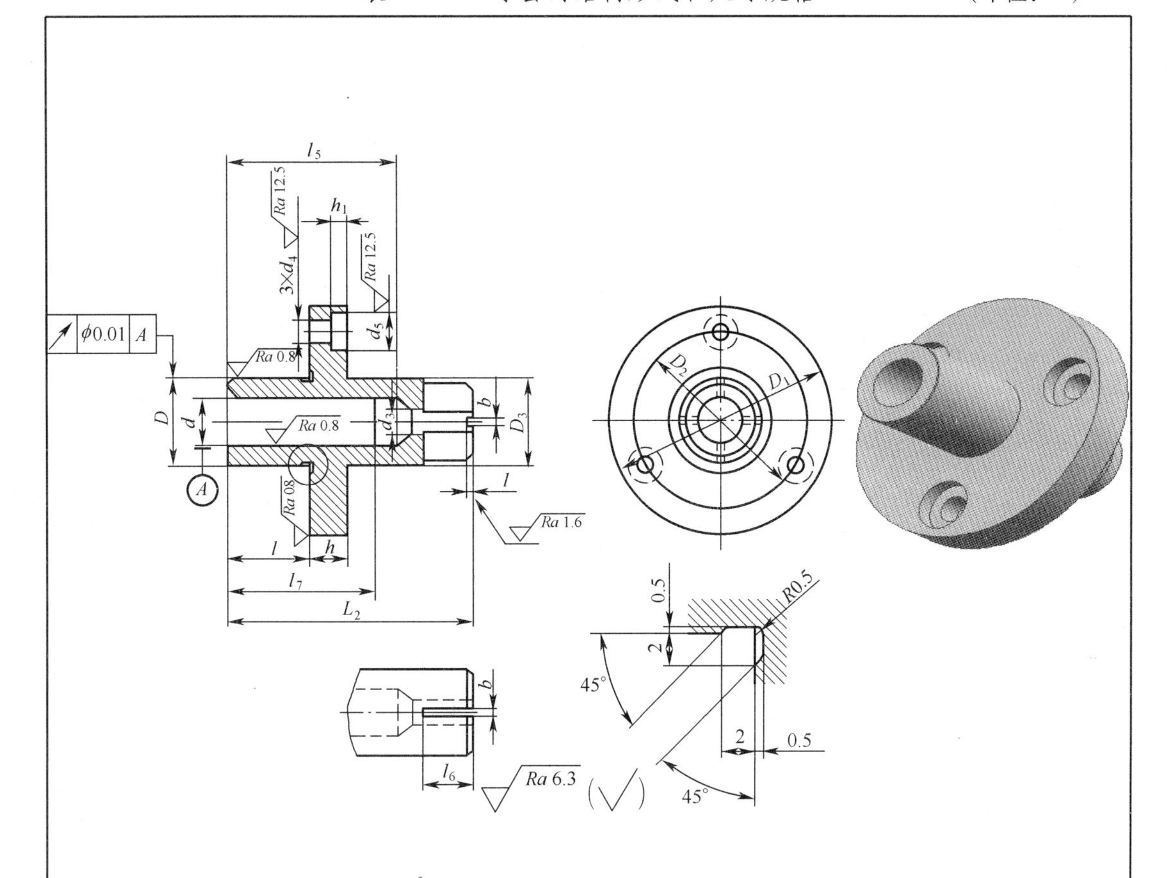

技术要求

1. 材料:45。

2. 热处理:表面淬火,硬度 40~45HRC。

标记示例

d = 10mm 的导套:导套 10

d		d_3	d_4	d_5	b	D		D_1	D_2		D_3	L_2	l	l_5	l_6	l_7	h	h_1
基本尺寸	偏差带 H7					基本尺寸	偏差带 n6		基本尺寸	极限偏差								
10	+0.015 0	6.2	4.5	8.5	2.5	16	+0.023 +0.012	40	28		16	52	20	38	10	30	6	3
12	+0.018 0	8.2	5.5	10	3.6	18	+0.028 +0.015	45	32	±0.20	18	57	24	42	12	35	7	3.5
15		10.2				24		50	36		24	72	28	53	14	40		

注:摘自 JB/T 8012.1(2)—1999《机床夹具零件及部件　手拉式定位器　导套》

表 4-15　内涨器的结构形式和尺寸规格

（单位：mm）

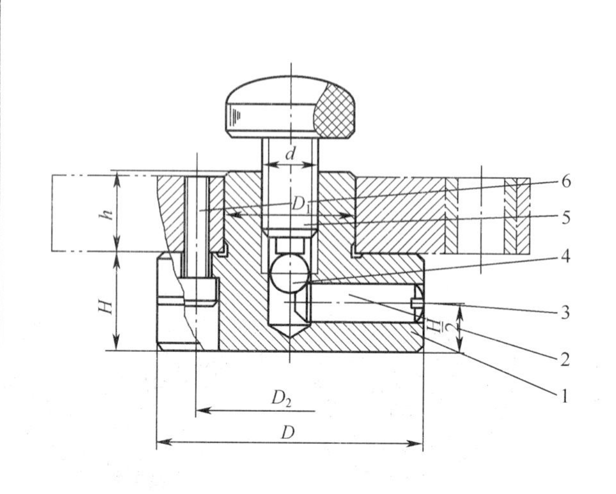

标记示例

d=55mm 的内涨器：内涨器 55

主要尺寸						件号	1	2	3	4	5	6
						名称	本体	滑柱	锁圈	钢球	螺钉	螺钉
D	D_1	D_2	H	h	d	材料	45	45	弹簧钢	GCr15	35	35
						数量	1	3	1	1	1	3
						标准号	JB/T 8022.1（1）—1999	JB/T 8022.1（2）—1999	GB/T 2089—2009	GB/T 308—2002	GB/T 840—1988	GB/T 70—2009
24~30	20	—	14	12	M8	规格	24~30	D×6	根据需要选用	6	BM8×25	—
30~40	25	—					30~40					—
40~50	35	—	18		M10		40~50	D×8		7	BM10×25	—
50~65	20	34		14			50~65					M6×20
65~80	32	48	20		M12		65~80			9	BM12×30	
80~100	40	60	24	16			80~100	D×10				M8×22
100~120	45	65					100~120					
120~180	50	80	30	20	M16		120~180	D×12		12	BM16×35	M10×28
180~250	100	140					180~250					

注：摘自 JB/T 8022.1—1999《机床夹具零件及部件　内涨器》

表 4－16　本体的结构形式和尺寸规格　（单位:mm）

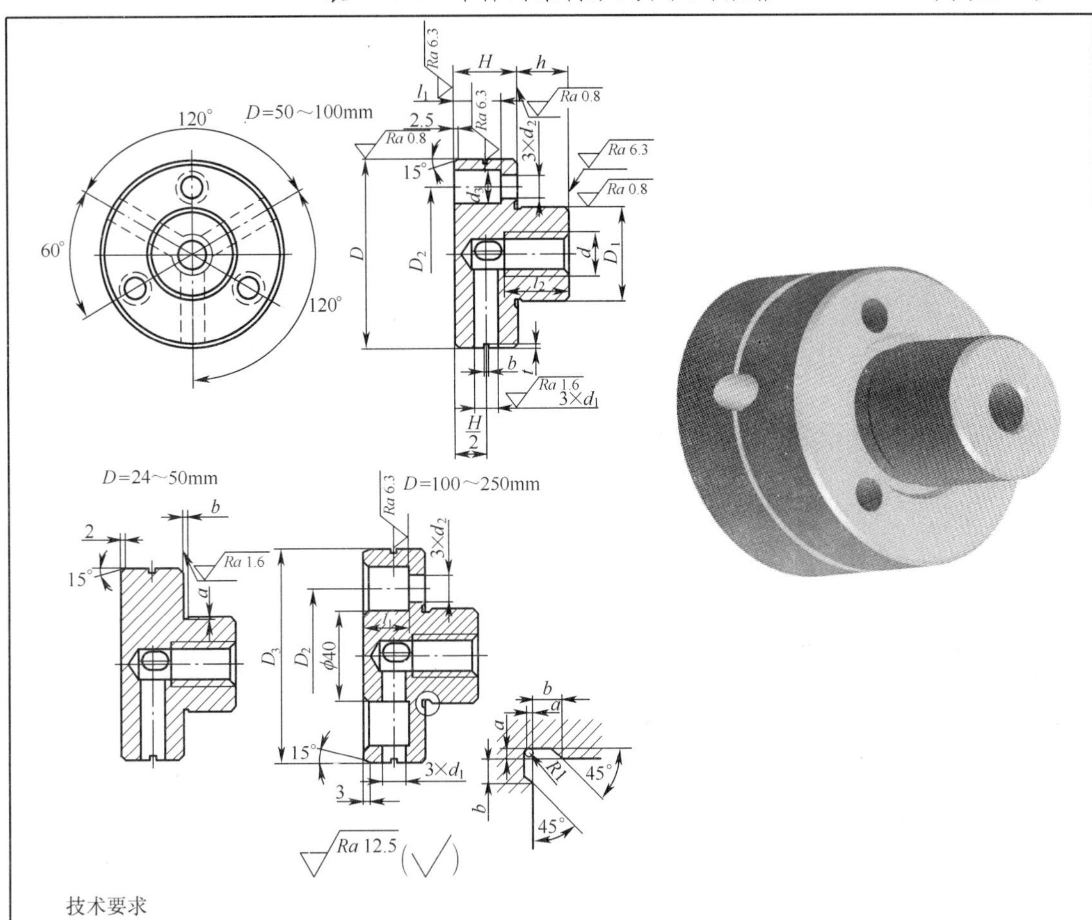

技术要求

1. 材料:45。

2. 热处理:表面调质处理,硬度 28～32HRC。

标记示例

d=55mm 的内涨器本体:本体 55

<table>
<tr><th colspan="2">D</th><th colspan="3">DD_1</th><th rowspan="2">D_2</th><th rowspan="2">D_3</th><th rowspan="2">H</th><th rowspan="2">h</th><th rowspan="2">d</th><th colspan="2">d_1</th><th rowspan="2">d_2</th><th rowspan="2">d_3</th><th rowspan="2">l</th><th rowspan="2">l_1</th><th rowspan="2">l_2</th><th rowspan="2">a</th><th rowspan="2">b</th><th rowspan="2">t</th></tr>
<tr><th>基本尺寸</th><th>偏差带 f9</th><th>基本尺寸</th><th>偏差带 p6</th><th>偏差带 h6</th><th>基本尺寸</th><th>偏差带 H7</th></tr>
<tr><td>24～30</td><td>-0.020
-0.072</td><td>20</td><td rowspan="2">+0.035
+0.022</td><td rowspan="3">—</td><td rowspan="3">—</td><td rowspan="6">—</td><td rowspan="2">14</td><td rowspan="3">12</td><td rowspan="2">M8</td><td rowspan="2">6</td><td rowspan="2">+0.012
0</td><td rowspan="3">—</td><td rowspan="3">—</td><td rowspan="2">23</td><td rowspan="3">—</td><td rowspan="3">16</td><td rowspan="6">0.5</td><td rowspan="6">2</td><td rowspan="3">2</td></tr>
<tr><td>30～40</td><td rowspan="2">-0.025
-0.087</td><td>25</td></tr>
<tr><td>40～50</td><td>35</td><td>+0.042
+0.026</td><td rowspan="2">18</td><td rowspan="2">M10</td><td rowspan="3">8</td><td rowspan="5">+0.015
0</td><td>26</td></tr>
<tr><td>50～65</td><td rowspan="2">-0.030
-0.104</td><td>20</td><td rowspan="6">—</td><td>0
-0.013</td><td>34</td><td rowspan="2">14</td><td rowspan="2">7</td><td rowspan="2">12</td><td rowspan="2">28</td><td>12</td><td>18</td><td rowspan="3">2.5</td></tr>
<tr><td>65～80</td><td>32</td><td rowspan="5">0
-0.016</td><td>48</td><td>20</td><td rowspan="3">M12</td><td>14</td><td>20</td></tr>
<tr><td>80～100</td><td rowspan="2">-0.036
-0.123</td><td>40</td><td>60</td><td rowspan="2">24</td><td rowspan="2">16</td><td rowspan="2">10</td><td rowspan="2">9</td><td>15</td><td rowspan="2">34</td><td>16</td><td rowspan="2">22</td></tr>
<tr><td>100～120</td><td>45</td><td>65</td><td rowspan="3">D-20</td><td rowspan="3">—</td><td>18</td><td rowspan="3">1</td><td rowspan="3">3</td><td rowspan="3">3.6</td></tr>
<tr><td>120～180</td><td>-0.043
-0.143</td><td>50</td><td>80</td><td rowspan="2">30</td><td rowspan="2">20</td><td rowspan="2">M16</td><td rowspan="2">12</td><td rowspan="2">+0.018
0</td><td rowspan="2">11</td><td rowspan="2">42</td><td rowspan="2">22</td><td rowspan="2">28</td></tr>
<tr><td>180～250</td><td>-0.050
-0.165</td><td>100</td><td>140</td></tr>
</table>

注:摘自 JB/T 8022.1(1)—1999《机床夹具零件及部件　内涨器　本体》

表 4-17　滑柱的结构形式和尺寸规格　(单位:mm)

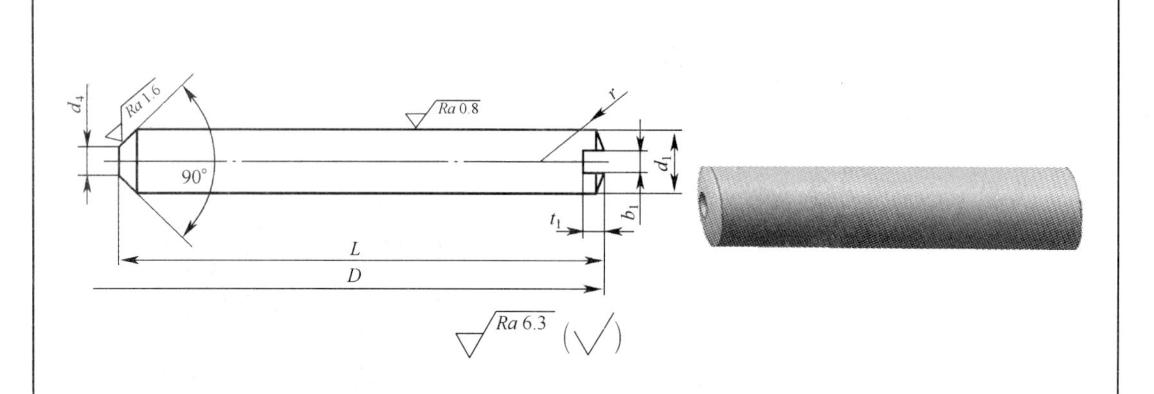

技术要求

1. 材料:45。
2. 热处理:表面淬火,硬度 40~45HRC。

标记示例

d=55mm、d_1=8mm 的滑柱:滑柱 55×8

<table>
<tr><th rowspan="2">D</th><th colspan="2">d_1</th><th rowspan="2">L</th><th rowspan="2">d_4</th><th rowspan="2">r</th><th rowspan="2">b_1</th><th rowspan="2">t_1</th></tr>
<tr><th>基本尺寸</th><th>偏差
带 f7</th></tr>
<tr><td>24~30</td><td rowspan="2">6</td><td rowspan="2">-0. 010
-0. 022</td><td rowspan="5">$\frac{D}{2}-1$</td><td rowspan="2">2</td><td rowspan="2">12</td><td rowspan="3">1. 2</td><td rowspan="3">2</td></tr>
<tr><td>30~40</td></tr>
<tr><td>40~50</td><td rowspan="3">8</td><td rowspan="5">-0. 013
-0. 028</td><td rowspan="3">2. 5</td><td rowspan="3">15</td></tr>
<tr><td>50~65</td><td rowspan="3">1. 6</td><td rowspan="3">2. 5</td></tr>
<tr><td>65~80</td></tr>
<tr><td>80~100</td><td rowspan="2">10</td><td>$\frac{D}{2}-1.5$</td><td rowspan="2">3</td><td rowspan="2">18</td></tr>
<tr><td>100~120</td><td rowspan="3">$\frac{D}{2}-2$</td><td rowspan="3">2. 2</td><td rowspan="3">3. 6</td></tr>
<tr><td>120~180</td><td rowspan="2">12</td><td rowspan="2">-0. 016
-0. 034</td><td rowspan="2">4</td><td rowspan="2">22</td></tr>
<tr><td>180~250</td></tr>
</table>

注:摘自 JB/T 8022. 1(2)—1999《机床夹具零件及部件　内涨器　滑注》

表 4-18　六角头支承的结构形式和尺寸规格　（单位:mm）

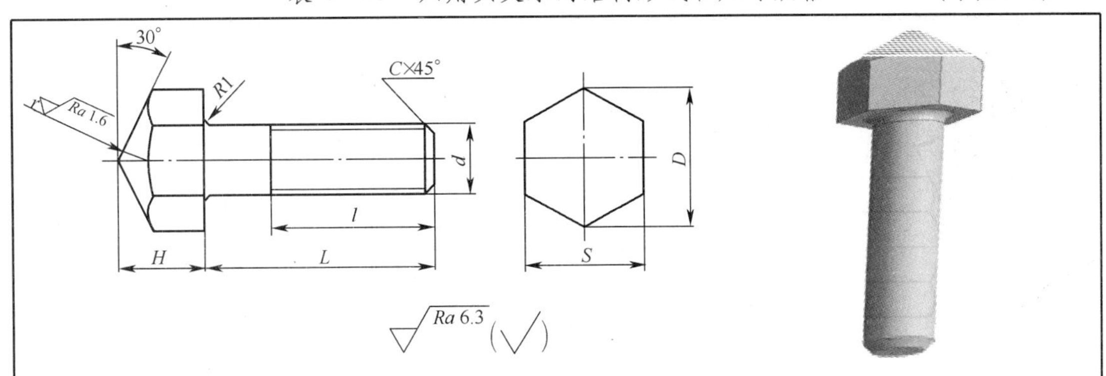

技术要求

1. 材料:45。
2. 热处理:$L\leqslant50$mm,全部表面淬火,硬度 40~45HRC;$L>50$mm,头部表面淬火,硬度 40~45HRC。

标记示例

$d=10$mm、$L=25$mm 的六角头支承:支承 M10×25

<table>
<tr><td colspan="2">d</td><td>M5</td><td>M6</td><td>M8</td><td>M10</td><td>M12</td><td>M16</td><td>M20</td><td>M24</td><td>M30</td><td>M36</td></tr>
<tr><td colspan="2">D≈</td><td>9.2</td><td>11.5</td><td>13.8</td><td>16.2</td><td>19.6</td><td>25.4</td><td>31.2</td><td>36.9</td><td>47.3</td><td>57.7</td></tr>
<tr><td colspan="2">H</td><td>6</td><td>8</td><td>10</td><td>12</td><td>14</td><td>16</td><td>20</td><td>24</td><td>30</td><td>36</td></tr>
<tr><td colspan="2">r</td><td colspan="6">5</td><td colspan="4">12</td></tr>
<tr><td colspan="2">c</td><td>0.8</td><td>1</td><td>1.2</td><td>1.5</td><td colspan="2">2</td><td colspan="2">2.5</td><td colspan="2">3</td></tr>
<tr><td rowspan="2">S</td><td>基本尺寸</td><td>8</td><td>10</td><td>12</td><td>14</td><td>17</td><td>22</td><td>27</td><td>32</td><td>41</td><td>50</td></tr>
<tr><td>极限偏差</td><td colspan="2">0
-0.200</td><td colspan="3">0
-0.240</td><td colspan="2">0
-0.280</td><td colspan="3">0
-0.340</td></tr>
<tr><td colspan="2">L</td><td colspan="10">l</td></tr>
<tr><td colspan="2">15</td><td>12</td><td>12</td><td></td><td></td><td></td><td></td><td></td><td></td><td></td><td></td></tr>
<tr><td colspan="2">20</td><td>15</td><td>15</td><td>15</td><td></td><td></td><td></td><td></td><td></td><td></td><td></td></tr>
<tr><td colspan="2">25</td><td>20</td><td>20</td><td>20</td><td>20</td><td></td><td></td><td></td><td></td><td></td><td></td></tr>
<tr><td colspan="2">30</td><td></td><td>25</td><td>25</td><td>25</td><td>25</td><td></td><td></td><td></td><td></td><td></td></tr>
<tr><td colspan="2">35</td><td></td><td></td><td>30</td><td>30</td><td>30</td><td>30</td><td></td><td></td><td></td><td></td></tr>
<tr><td colspan="2">40</td><td></td><td></td><td>35</td><td rowspan="2">35</td><td rowspan="2">35</td><td rowspan="2">35</td><td>30</td><td></td><td></td><td></td></tr>
<tr><td colspan="2">45</td><td></td><td></td><td></td><td rowspan="2">35</td><td>30</td><td></td><td></td></tr>
<tr><td colspan="2">50</td><td></td><td></td><td></td><td>40</td><td>40</td><td>40</td><td>35</td><td></td><td></td></tr>
<tr><td colspan="2">60</td><td></td><td></td><td></td><td></td><td>45</td><td>45</td><td>40</td><td>40</td><td>35</td><td></td></tr>
<tr><td colspan="2">70</td><td></td><td></td><td></td><td></td><td></td><td>50</td><td>50</td><td>50</td><td>45</td><td>45</td></tr>
<tr><td colspan="2">80</td><td></td><td></td><td></td><td></td><td></td><td>60</td><td rowspan="2">60</td><td>55</td><td>50</td><td rowspan="2">50</td></tr>
<tr><td colspan="2">90</td><td></td><td></td><td></td><td></td><td></td><td></td><td>60</td><td rowspan="2">60</td></tr>
<tr><td colspan="2">100</td><td></td><td></td><td></td><td></td><td></td><td></td><td>70</td><td>70</td><td rowspan="2">60</td></tr>
<tr><td colspan="2">120</td><td></td><td></td><td></td><td></td><td></td><td></td><td></td><td>80</td><td>70</td></tr>
<tr><td colspan="2">140</td><td></td><td></td><td></td><td></td><td></td><td></td><td></td><td></td><td>100</td><td>90</td></tr>
<tr><td colspan="2">160</td><td></td><td></td><td></td><td></td><td></td><td></td><td></td><td></td><td></td><td>100</td></tr>
</table>

注:摘自 JB/T 8026.1—1999《机床夹具零件及部件　六角头支承》

表 4－19　顶压支承的结构形式和尺寸规格

（单位：mm）

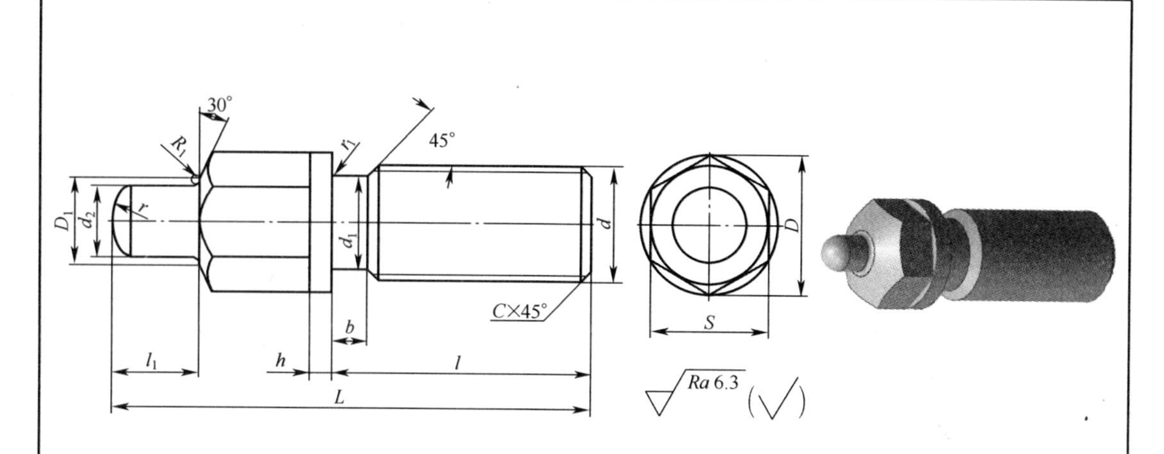

技术要求

1. 材料：45。
2. 热处理：表面淬火，硬度 40~45HRC。

标记示例

d=T16×4 左、L=65mm 的顶压支承：支承 T16×4 左×65

d	$D\approx$	L	S 基本尺寸	S 极限偏差	l	l_1	$D_1\approx$	d_1	d_2	b	h	r	r_1	c
T16×4 左	16.2	55	14	0 −0.240	30	8	13.5	10.9	10	5	3	10	1.5	2.5
		65			40									
		80			55									
T20×4 左	19.6	70	17		40	10	16.5	14.9	12			12		
		85			55									
		100			70									
T24×5 左	25.4	85	22	0 −0.280	50	12	21	17.4	16	6.5	4	16		3
		100			65									
		120			85									
T30×6 左	31.2	100	27		65	15	26	22.2	20	7.5	5	20	2	3.5
		120			75									
		140			95									
T36×6 左	36.9	120	32	0 −0.280	65	18	31	28.2	24			24		
		140			85									
		160			105									

注：摘自 JB/T 8026.2—1999《机床夹具零件及部件　顶压支承》

表 4－20　圆柱头调节支承的结构形式和尺寸规格　　(单位:mm)

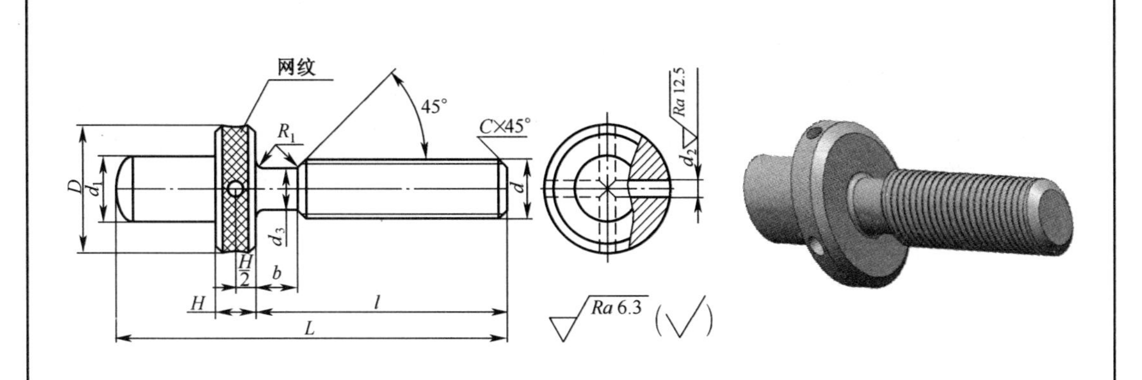

技术要求

1. 材料:45。

2. 热处理:$L \leqslant 50$mm,全部表面淬火,硬度 40～45HRC;$L>50$mm,头部表面淬火,硬度 40～45HRC。

标记示例

$d=10$mm、$L=45$mm 的圆柱头调节支承:支承　M10×45

d	M5	M6	M8	M10	M12	M16	M20
D(滚花前)	10	12	14	16	18	22	28
d_1	5	6	8	10	12	16	20
d_2	3			4	5	6	8
d_3	3.7	4.4	6	7.7	9.4	13	16.4
H	6			8	10	12	14
b	2.4	3	3.75	4.5	5.25	6	7.5
C	0.8	1	1.2	1.5	2		2.5
L	l						
25	15						
30	20	20					
35	25	25	25				
40	30	30	30	25			
45	35	35	35	30			
50		40	40	35	30		
60			50	45	40		
70				55	50	45	
80					60	55	50
90						65	60
100						75	70
120							90

注:摘自 JB/T 8026.3—1999《机床夹具零件及部件　圆柱头调节支承》

表 4-21 调节支承的结构形式和尺寸规格 (单位:mm)

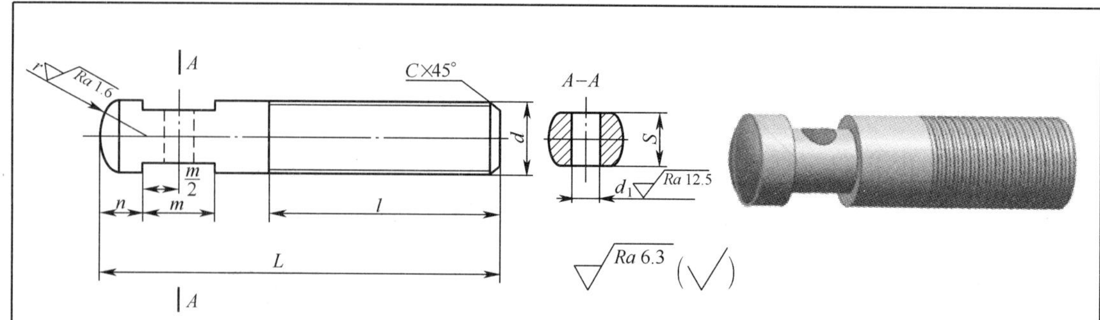

技术要求

1. 材料:45。

2. 热处理:$L \leqslant 50$mm,全部表面淬火,硬度 40~45HRC;$L>50$mm,头部表面淬火,硬度 40~45HRC。

标记示例

$d=12$mm、$L=50$mm 的调节支承:支承 M12×50

d		M5	M6	M8	M10	M12	M16	M20	M24	M30	M36
n		2	3		4	5	6	8	10	12	18
m		4		5	8		10	12	14	16	18
S	基本尺寸	3.2	4	5.5	8	10	14	17	19	27	32
	极限偏差	0 −0.160			0 −0.200		0 −0.240		0 −0.280		0 −0.340
d_1		2	2.5	3	3.5	4	5	—	—	—	—
r		5	6	8	10	12	16	20	24	30	36
C		0.8	1	1.2	1.5	2		2.5		3	
L		l									
20		10	10								
25		12	12	12							
30		16	16	16	14						
35			18	18	16						
40				20	20	18					
45				25	25	20					
50				30	30	25	25				
60						30	30				
70						35	40	35			
80							50	45	40		
100								50	60	50	
120										70	60

（续）

<table>
<tr><td>140</td><td></td><td rowspan="2">80</td><td rowspan="4">90</td><td rowspan="2">90</td><td>80</td></tr>
<tr><td>160</td><td></td><td rowspan="3">100</td></tr>
<tr><td>180</td><td colspan="2"></td><td rowspan="4">100</td></tr>
<tr><td>200</td><td colspan="2"></td></tr>
<tr><td>220</td><td colspan="3"></td><td rowspan="4">150</td></tr>
<tr><td>250</td><td colspan="3"></td></tr>
<tr><td>280</td><td colspan="4"></td></tr>
<tr><td>320</td><td colspan="4"></td></tr>
<tr><td colspan="6">注：摘自 JB/T 8026.4—1999《机床夹具零件及部件　调节支承》</td></tr>
</table>

表 4-22　球头支承的结构形式和尺寸规格　　（单位：mm）

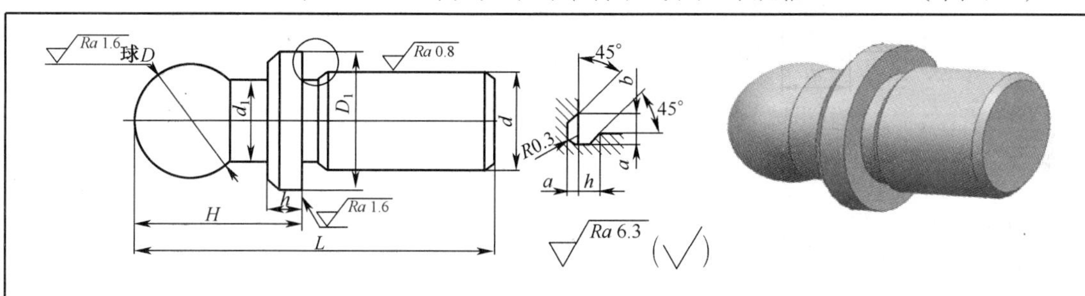

技术要求

1. 材料：45。
2. 热处理：表面淬火，硬度 40~45HRC。

标记示例

d=20mm 的球头支承：支承 20

D		D_1	d		d_1	L	H	h	b	a
基本尺寸	偏差带 h11		基本尺寸	偏差带 r6						
8	0 -0.090	10	6	+0.023 +0.015	6	20	12	2	—	—
10		12	8	+0.028 +0.019	8	25	15	3	1	0.5
12	0 -0.110	15	10		10	30	16	4		
16		18	12	+0.034 +0.023	12	40	20	5	2	
20	0 -0.130	22	16		16	50	25			
25		28	20	+0.041 +0.028	20	60	30	6	3	1
32	0 -0.160	36	25		25	70	38			
注：摘自 JB/T 8026.5—1999《机床夹具零件及部件　球头支承》										

表 4-23　自动调节支承的结构形式和尺寸规格　(单位:mm)

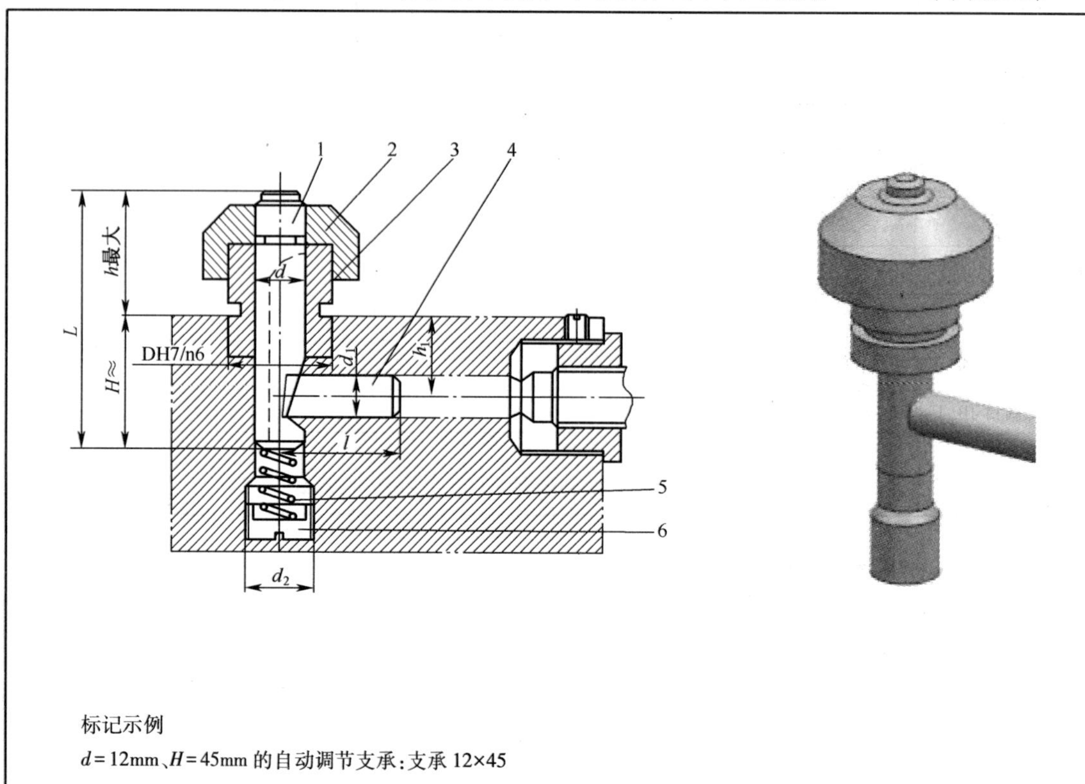

标记示例

$d=12$mm、$H=45$mm 的自动调节支承:支承 12×45

主要尺寸									件号	1	2	3	4	5	6
d	H	h	L	D	d_1	d_2	h_1	l	名称	支承	挡盖	衬套	顶销	弹簧	螺塞
									材料	45	Q235-A	45	45	弹簧钢	Q235-A
									数量	1	1	1	1	1	1
									标准号	JB/T 8026.7(1)—1999	JB/T 8026.7(2)—1999	JB/T 8026.7(3)	JB/T 8026.7(4)—1999	GB/T 2089—2009	JB/T 8037—1999
12	45	32	58	16	10	M18×1.5	16	18.2	规格	12×58	18×18	12	10	1.2×9×18	BM18×1.5
	49		62				20			12×62					
	55		68				26			12×68					
16	56	36	65	22	12	M22×1.5	18	22.3		16×65	24×20	16	12	1.6×12×25	BM22×1.5
	66		75				28			16×75					
	76		85				38			16×85					
20	72	45	85	26	16	M27×1.5	25	30.6		20×85	28×24	20	16	2×14×38	BM27×1.5
	82		95				35			20×95					
	92		115				45			20×115	28×35				

注:摘自 JB/T 8026.7—1999《机床夹具零件及部件　自动调节支承》

表 4-24 支承的结构形式和尺寸规格 (单位:mm)

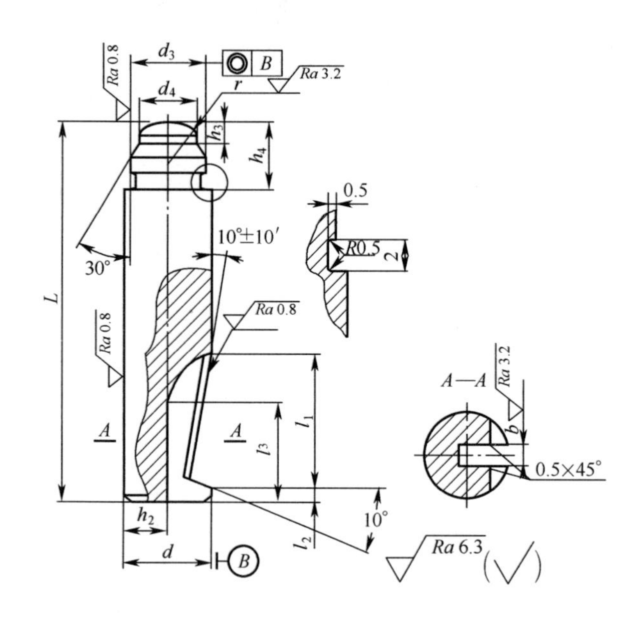

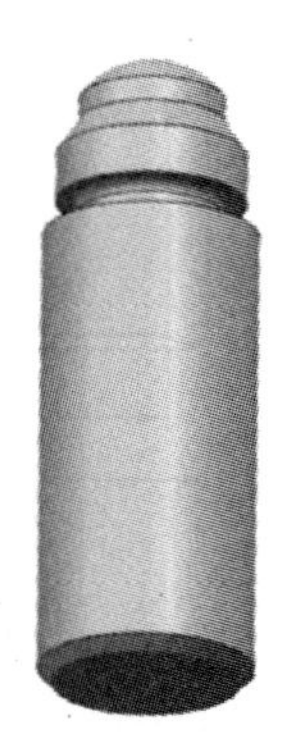

技术要求

1. 材料:45。
2. 热处理:表面淬火,硬度 40~45HRC。

标记示例

d=10mm、L=58mm 的支承:支承 10×58

d 基本尺寸	d 偏差带 f9	L	d_3 基本尺寸	d_3 偏差带 n6	d_4	l_1	l_2	l_3	b	h_2	h_3	h_4	r
12	-0.016 -0.059	58	11	+0.023 +0.012	9	22	3	15	3	5	5	10	10
		62											
		68											
16		65	15		12	24	4	20	4	7	6	12	12
		75											
		85											
20	-0.020 -0.072	95	18		15	28	5	24	5	9	8	16	16
		115											

注:摘自 JB/T 8026.7(1)—1999《机床夹具零件及部件 自动调节支承 支承》

表 4-25　挡盖的结构形式和尺寸规格　　（单位:mm）

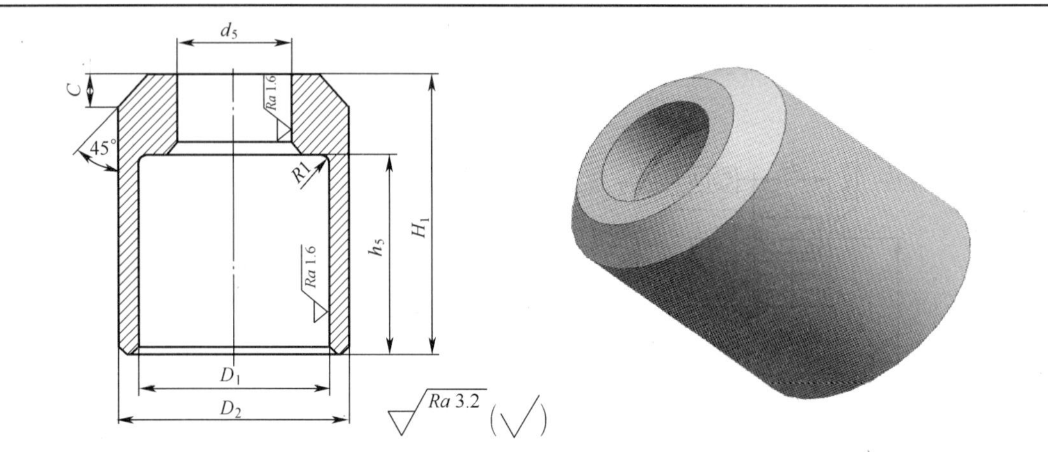

技术要求

1. 材料:Q235-A。

标记示例

D_1=18mm、H_1=18mm 的挡盖:挡盖 18×18

D_1		H_1	D_2	d_5		h_5	C
基本尺寸	偏差带 H11			基本尺寸	偏差带 H7		
18	+0.110 0	18	22	11	+0.018 0	13	3
24	+0.130 0	20	30	15		14	4
28		24	35	18		16	5
		35				27	

注:摘自 JB/T 8026.7(2)—1999《机床夹具零件及部件　自动调节支承　挡盖》

表 4-26　衬套的结构形式和尺寸规格　　（单位:mm）

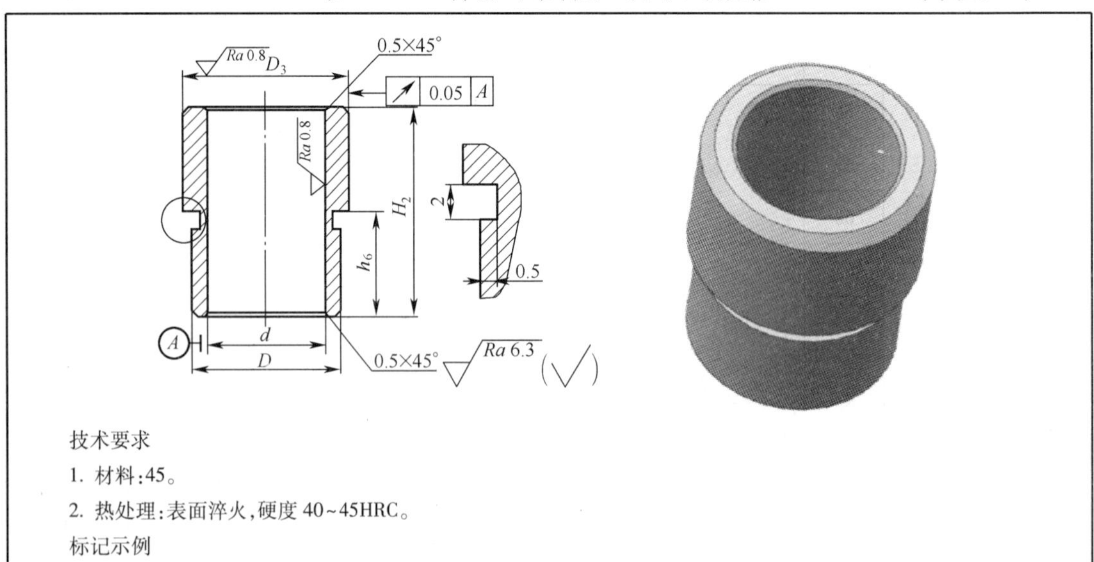

技术要求

1. 材料:45。

2. 热处理:表面淬火,硬度 40~45HRC。

标记示例

d=12mm 的衬套:衬套 12

（续）

d		D		D_3		H_2	h_6
基本尺寸	偏差带 H9	基本尺寸	偏差带 n6	基本尺寸	偏差带 b11		
12	+0.043 0	16	+0.023 +0.012	18	-0.150 -0.260	20	8
16		22	+0.028 +0.015	24	-0.160 0.290	22	10
20	+0.052 0	26		28		28	12
注：摘自 JB/T 8026.7(3)—1999《机床夹具零件及部件　自动调节支承　衬套》							

表 4-27　顶销的结构形式和尺寸规格　　（单位：mm）

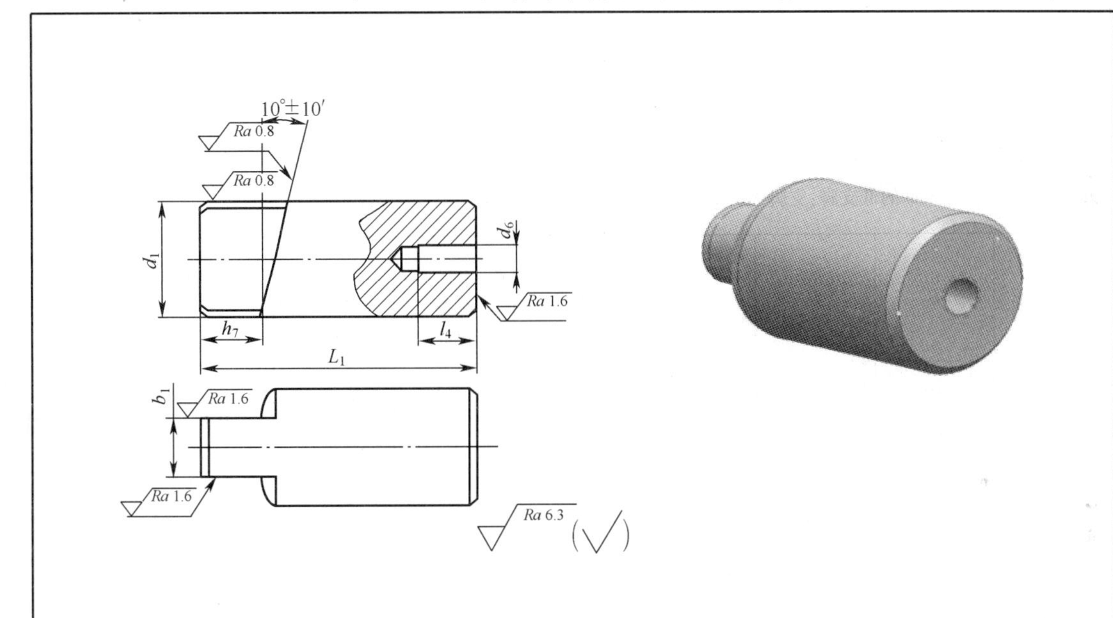

技术要求

1. 材料：45。
2. 热处理：表面淬火，硬度 40~45HRC。

标记示例

d_1 = 10mm 的顶销：顶销 10

d_1		L_1	b_1	h_7	d_6	l_4
基本尺寸	偏差带 f9					
10	-0.013 -0.049	18	2.8	2	M5	6
12	-0.016 -0.059	22	3.8	3.5	M6	8
16		30	4.8	4.5		
注：摘自 JB/T 8026.7(4)—1999《机床夹具零件及部件　自动调节支承　顶销》						

表 4－28　低支脚的结构形式和尺寸规格　（单位：mm）

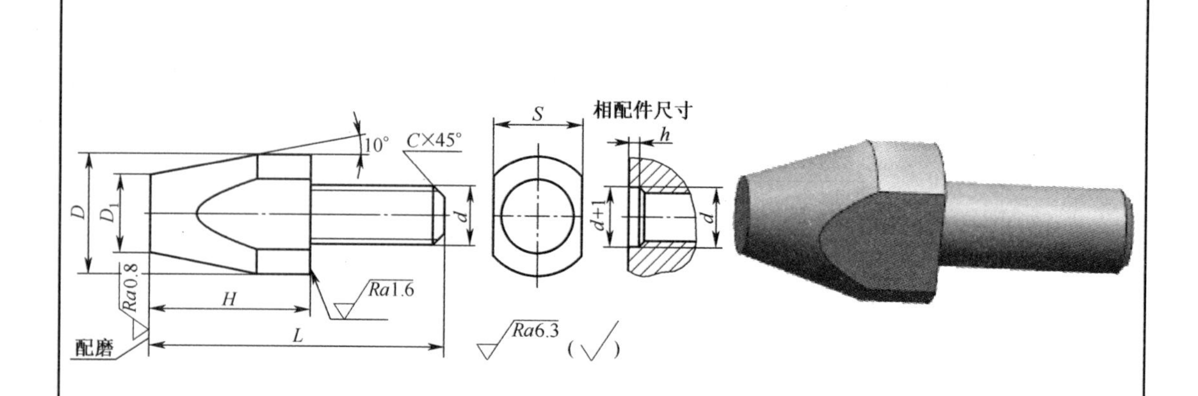

技术要求

1. 材料：45。
2. 热处理：表面淬火，硬度 40~45HRC。

标记示例

d_1 = 8mm、H = 20mm 的低支脚：支脚 M8×20

d	H	L	D	D_1	S 基本尺寸	S 极限偏差	C	h
M4	10	18	6	4	4	0 −0.160	0.6	0.5
	20	28						
M5	12	20	8	5	5.5		0.8	1
	25	34						
M6	16	25	10	6	8	0 −0.200	1	1.5
	32	42						
M8	20	32	12	8	10		1.2	2
	40	52						
M10	25	40	16	10	14	0 −0.240	1.5	2.5
	50	65						
M12	30	50	20	12	17		2	3
	60	80						
M16	40	60	25	16	22	0 −0.200		3.5
M20	50	80	32	20	27		2.5	4

注：摘自 JB/T 8028.1—1999《机床夹具零件及部件　低支脚》

表 4-29　支承板的结构形式和尺寸规格　(单位:mm)

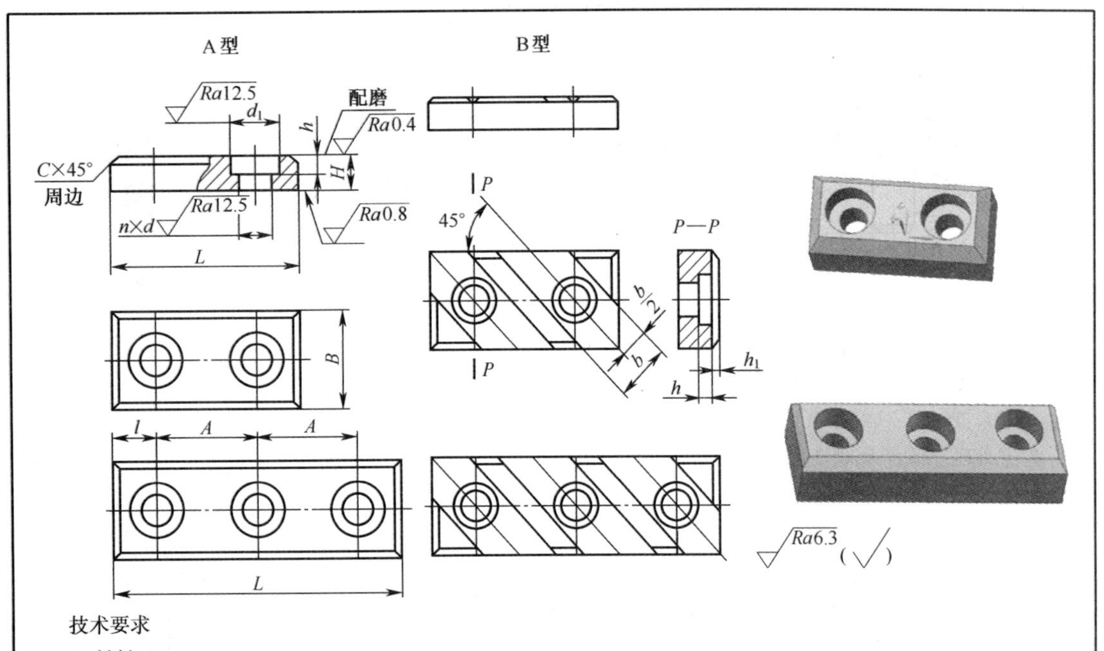

技术要求

1. 材料:T8。
2. 热处理:表面淬火,硬度 55~60HRC。

标记示例

H=16mm、L=100mm 的 A 型支承板:支承板 A16×100

H	L	B	b	l	A	d	d_1	h	h_1	C	n
6	30	12	—	7.5	15	4.5	8.5	3	—	0.5	2
	45										3
8	40	14		10	20	5.5	10	3.5			2
	60										3
10	60	16	14	15	30	6.6	12	4.5	1.5	1	2
	90										3
12	80	20	17	20	40	9	15	6			2
	120										3
16	100	25			60						2
	160										3
20	120	32	20	30		11	18	7	2.5	1.5	2
	180										3
25	140	40			80						2
	220										3

注:摘自 JB/T 8029.1—1999《机床夹具零件及部件　支承板》

表 4-30　支承钉的结构形式和尺寸规格　（单位：mm）

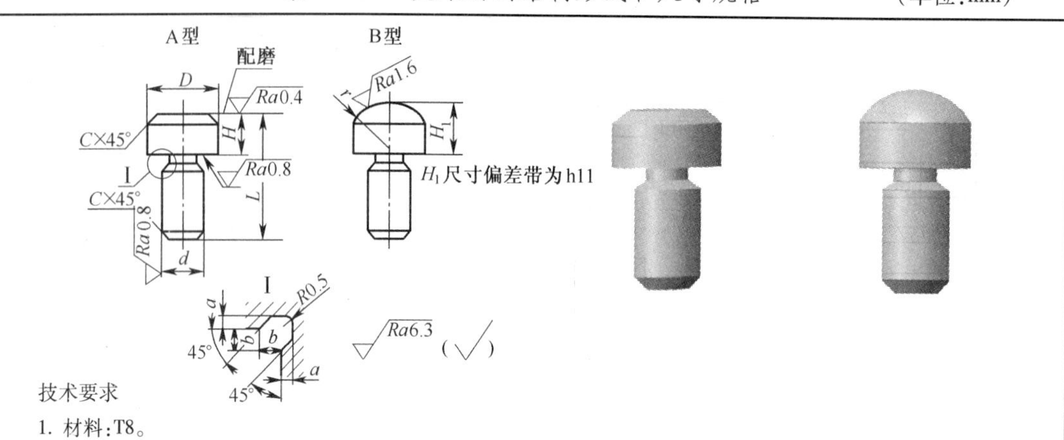

技术要求

1. 材料：T8。

2. 热处理：表面淬火，硬度 55~60HRC。

标记示例

D=16mm、H=8mm 的 A 型支承钉：支承钉 A16×8

D	H	H_1		L	d		r	l	b	a	C
		基本尺寸	偏差带 h11		基本尺寸	偏差带 r6					
5	2	2	0 -0.060	6	3	+0.016 +0.010	5	1	—	—	0.5
	5	5	0 -0.075	9							
6	3	3		8	4	+0.023 +0.015	6				
	6	6		11							
8	4	4		12	6		8	1.2	1	0.5	1
	8	8	0 -0.090	16							
12	6	6	0 -0.075		8	+0.028 +0.019	12				
	12	12	0 -0.110	22							
16	8	8	0 -0.090	20	10		16	1.5	2		1.5
	16	16	0 -0.110	28							
20	10	10	0 -0.090	25	12	+0.034 +0.023	20				
	20	20	0 -0.130	35							
25	12	12	0 -0.110	32	16		25	2	3	1	2
	25	25	0 -0.130	45							
30	16	16	0 -0.090	42	20	+0.041 +0.028	32				

注：摘自 JB/T 8029.2—1999《机床夹具零件及部件　支承钉》

4.2 机床夹具设计常用夹紧元件

机床夹具设计常用夹紧元件见表 4－31～表 4－88。

表 4－31　带肩六角螺母的结形式和尺寸规格　　(单位:mm)

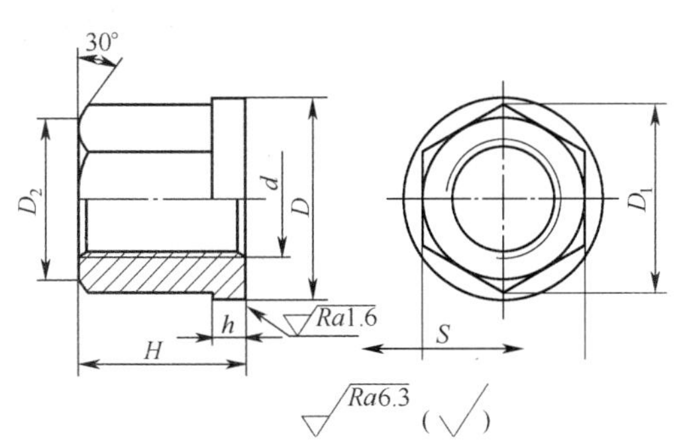

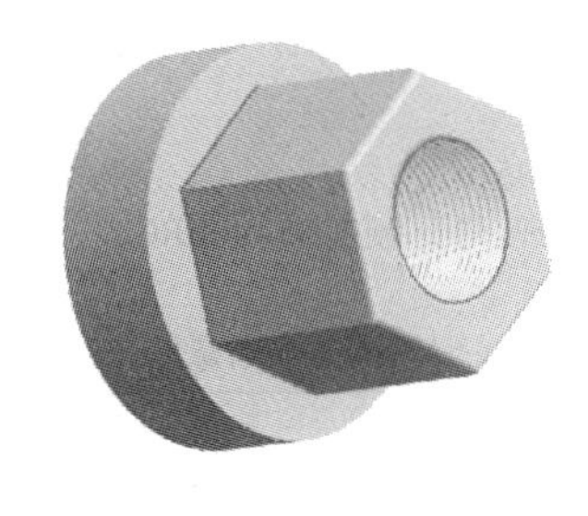

技术要求

1. 材料:35。
2. 热处理:调质,硬度 28～32HRC。

标记示例

1. d=M16mm 的带肩六角螺母:螺母　M16。
2. d=M16×1.5 的带肩六角螺母:螺母　M16×1.5。

d		*D*	*H*	*S*		D_1≈	D_2≈	*n*
粗牙螺纹	细牙螺纹			基本尺寸	极限偏差			
M5	—	10	8	8	0 -0.2	9.2	7.5	2
M6	M8×1	12.5	10	10		11.5	9.5	
M8	M10×1	17	12	14	0 -0.24	16.2	13.5	
M10	M12×1.25	21	16	17		19.6	16.5	3
M12	M8×1	24	20	19	0 0.28	21.9	18	
M16	M16×1.5	30	25	24		27.7	23	4
M20	M20×1.5	37	32	30		34.6	29	5
M24	M24×1.5	44	38	36	0 -0.34	41.6	34	
M30	M30×1.5	56	48	46		53.1	44	6
M36	M36×1.5	66	55	55	0 -0.2	63.5	53	7
M42	M42×1.5	78	65	65		75	62	8
M48	M48×1.5	92	75	75		86.5	72	9

注:摘自 JB/T 8004.1—1999《机床夹具零件及部件　带肩六角螺母》

表 4－32　球面带肩螺母的结构形式和尺寸规格　（单位:mm）

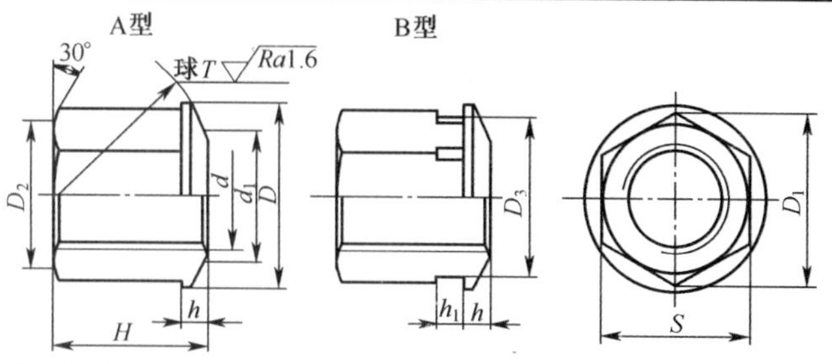

技术要求

1. 材料:45。
2. 热处理:调质,硬度 35~40HRC。

标记示例

d=M16mm 的 A 型球面带肩螺母:螺母　AM16

d	D	H	r	S		$D_1\approx$	$D_2\approx$	D_3	d_1	h	h_1
				基本尺寸	极限偏差						
M6	12.5	10	10	10	0 −0.200	11.5	9.5	10	6.4	3	2.5
M8	17	12	12	14	0 −0.240	16.2	13.5	14	8.4	4	3
M10	21	16	16	17		19.6	16.5	18	10.5		3.5
M12	24	20	20	19	0 −0.280	21.9	18	20	13	5	4
M16	30	25	25	24		27.7	23	26	17	6	5
M20	37	32	32	30		34.6	29	32	21	6.6	
M24	44	38	36	36	0 −0.340	41.6	34	38	25	9.6	6
M30	56	48	40	40		53.1	44	48	31	9.8	7
M36	66	55	50	55	0 −0.400	63.5	53	58	37	12	8
M42	78	65	63	65		75	62	68	43	16	9
M48	92	75	70	75		86.5	72	78	50	20	10

注:摘自 JB/T 4008.2—1999《机床夹具零件及部件　球面带肩螺母》

表 4－33　连接螺母的结构形式和尺寸规格　（单位:mm）

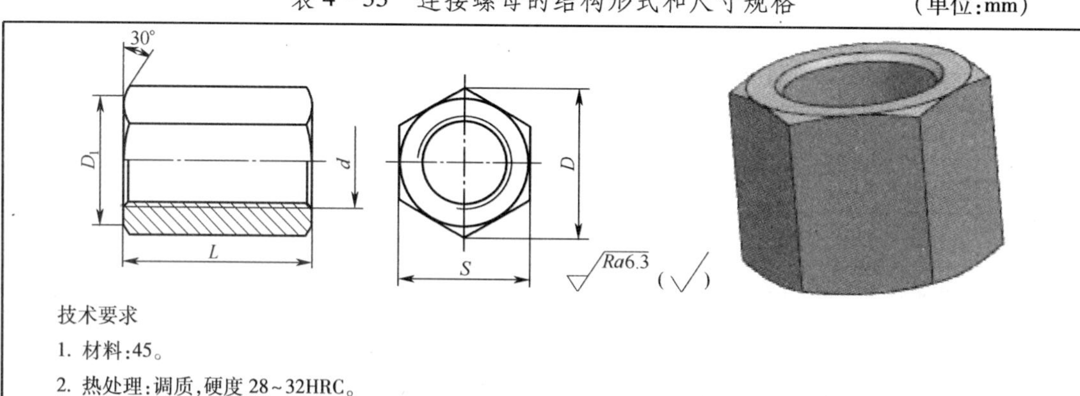

技术要求

1. 材料:45。
2. 热处理:调质,硬度 28~32HRC。

标记示例

d=M12mm 的连接螺母:螺母　M12

（续）

d	L	S		D≈	D_1≈
		基本尺寸	极限偏差		
M12	40	19	0 -0.280	21.9	18
M16	50	24		27.7	22.8
M20	60	30		34.6	28.5
M24	75	36	0 -0.340	41.6	34.2
M30	90	46		53.1	43.7
M36	110	55	0 -0.400	63.5	52.3
M42	130	65		75	61.8
M48	160	75		86.5	71.3
注:摘自 JB/T 8004.3—1999《机床夹具零件及部件　连接螺母》					

表 4-34　调节螺母的结构形式和尺寸规格　（单位:mm）

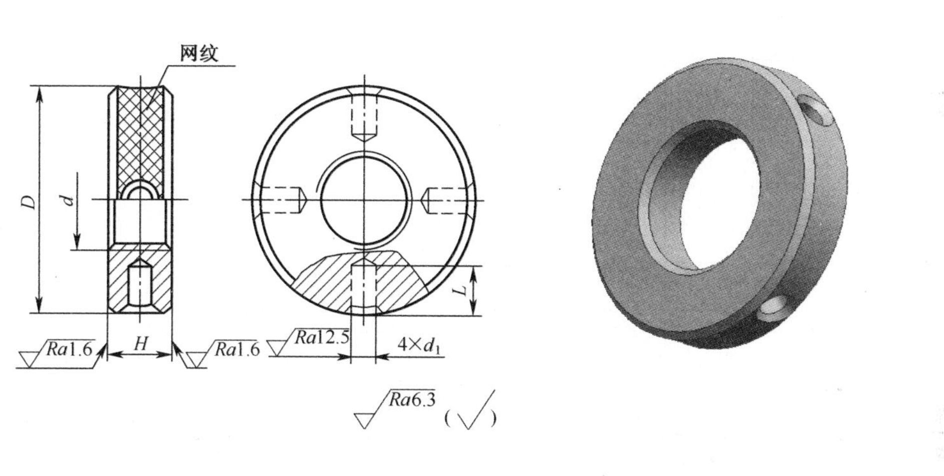

技术要求

1. 材料:45。
2. 热处理:调质,硬度 28~32HRC。

标记示例

d=M16mm 的调节螺母:螺母　M16

d	D(滚花前)	H	d_1	L
M6	20	6	3	4.5
M8	24	7	3.5	5
M10	30	8	4	6
M12	35	10	5	7
M16	40	12	6	8
M20	50	14		10
注:摘自 JB/T 8004.4—1999《机床夹具零件及部件　调节螺母》				

表 4-35　带孔滚花螺母的结构形式和尺寸规格　（单位:mm）

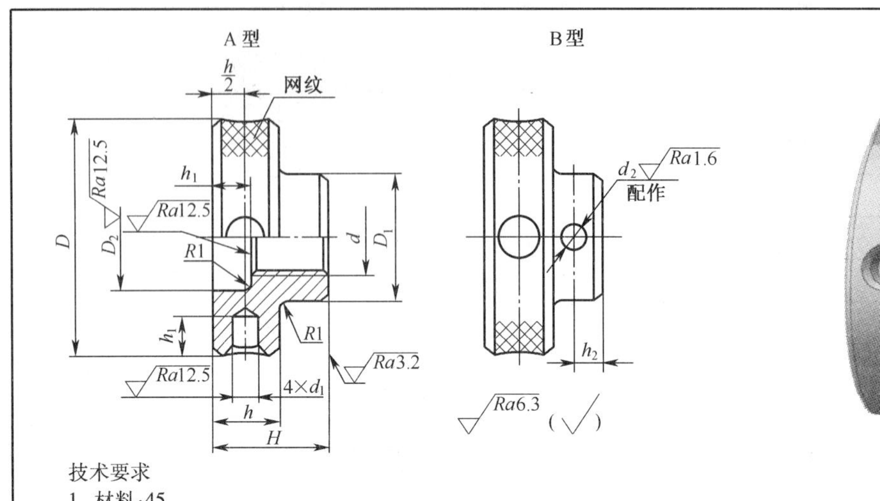

技术要求

1. 材料:45。
2. 热处理:调质,硬度 28~32HRC。

标记示例

d=M5mm 的 A 型带孔滚花螺母:螺母　AM5

d	D(滚花前)	D_1	D_2	H	h	d_1	d_2		h_1	h_2
							基本尺寸	偏差带 H7		
M3	12	8	5	8	5	—	—	—	2	—
M4	16	10	6	10	6	—	—	—		—
M5	20	12	7	12	7	—	1.5	+0.010 0	3	2.5
M6	25		8	14	8	—	2		4	3
M8	30	16	10	16	10	5	3		5	
M10	35	20	14	20	12		4	+0.012 0		4
M12	40		18			6	5		7	
M16	50	25	20	25	15	8	6		8	5
M20	60	30	25	30					10	7

注:摘自 JB/T 8004.5—1999《机床夹具零件及部件　带孔滚花螺母》

表 4-36　蝶形螺母的结构形式和尺寸规格　（单位:mm）

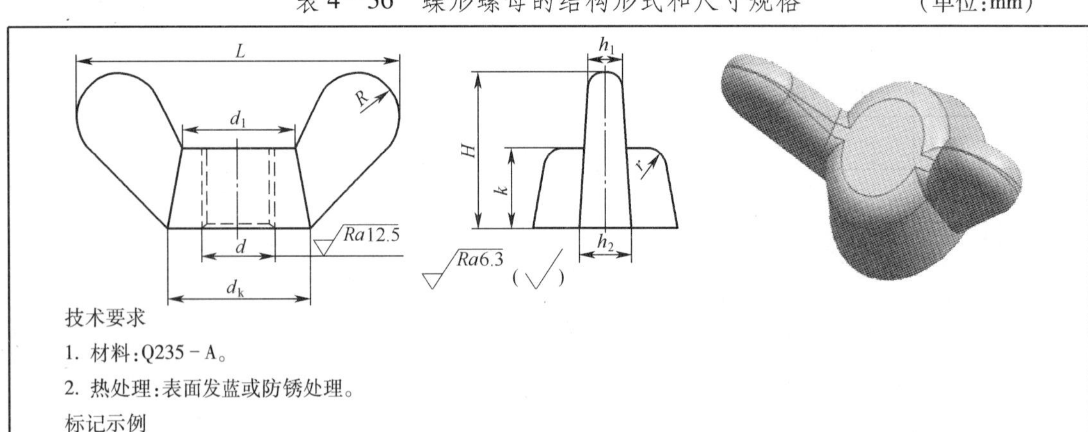

技术要求

1. 材料:Q235-A。
2. 热处理:表面发蓝或防锈处理。

标记示例

d=M10mm 的蝶形螺母:螺母　M10

（续）

d	d_{kmin}	$d_1\approx$	L	H	k_{min}	h_{1max}	h_{2max}	R	r
M5	10	8	28	12	5	2	2.5	4.5	3
M6	12	10	32	14	6	2.5	3	5	3.5
M8(M8×1)	15	13	40	18	8	3	3.5	6	4
M10(M10×1.25)	18	15	48	22	10	3.5	4	7	5
M12(M12×1.5)	22	19	58	27	12	4	5	8.5	6
M16(M16×1.5)	30	26	72	32	14	6	7	10	8

注：摘自 GB/T 62.2—2004《蝶形螺母　方翼》

表 4-37　压入式螺纹衬套的结构形式和尺寸规格　（单位：mm）

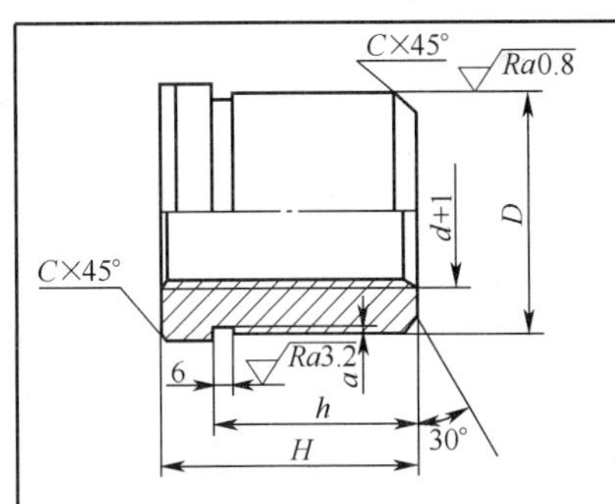

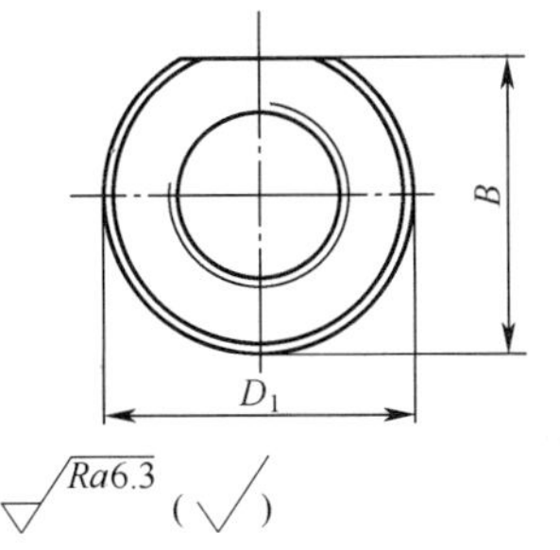

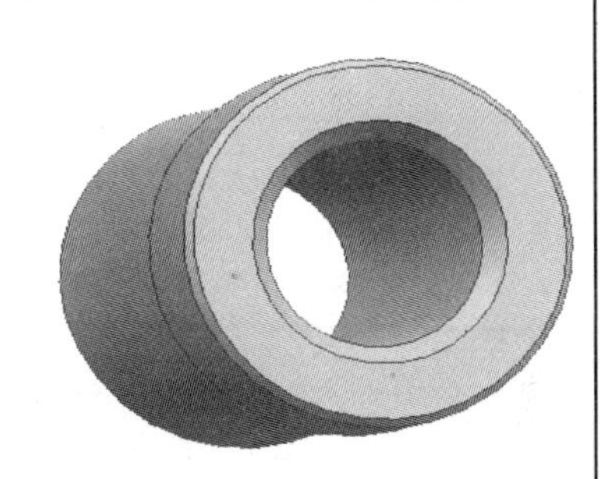

技术要求

1. 材料：45。
2. 热处理：调质，硬度 28~32HRC。

标记示例

1. d=M16mm、H=32mm 的压入式螺纹衬套：衬套　M16×32。
2. d=T16×4 左、H=32mm 的压入式螺纹衬套：衬套　T16×4 左×32。

<table>
<tr><th colspan="2">d</th><th colspan="2">D</th><th rowspan="2">D₁</th><th rowspan="2">H</th><th rowspan="2">h</th><th rowspan="2">B</th><th rowspan="2">b</th><th rowspan="2">a</th><th rowspan="2">C</th><th rowspan="2">C₁</th></tr>
<tr><th>普通螺纹</th><th>梯形螺纹</th><th>基本尺寸</th><th>偏差带 r6</th></tr>
<tr><td rowspan="2">M6</td><td rowspan="2">—</td><td rowspan="2">12</td><td rowspan="6">+0.034
+0.023</td><td rowspan="2">18</td><td>10</td><td>8</td><td rowspan="2">16</td><td rowspan="12">2</td><td rowspan="12">0.5</td><td rowspan="6">1</td><td rowspan="2">1</td></tr>
<tr><td rowspan="2">12</td><td rowspan="2">10</td></tr>
<tr><td rowspan="2">M8</td><td rowspan="2">—</td><td rowspan="2">14</td><td rowspan="2">20</td><td rowspan="2">18</td><td rowspan="6">1.5</td></tr>
<tr><td rowspan="2">16</td><td rowspan="2">12</td></tr>
<tr><td rowspan="2">M10</td><td rowspan="2">—</td><td rowspan="2">16</td><td rowspan="2">22</td><td rowspan="2">20</td></tr>
<tr><td rowspan="2">20</td><td rowspan="2">16</td></tr>
<tr><td rowspan="2">M12</td><td rowspan="2">—</td><td rowspan="2">20</td><td rowspan="6">+0.041
+0.0280</td><td rowspan="2">26</td><td rowspan="2">24</td><td rowspan="6">1.5</td></tr>
<tr><td rowspan="2">25</td><td rowspan="2">20</td></tr>
<tr><td rowspan="2">M16</td><td rowspan="2">T16×4 左</td><td rowspan="2">25</td><td rowspan="2">32</td><td rowspan="2">30</td><td rowspan="10">2</td></tr>
<tr><td rowspan="2">32</td><td rowspan="2">25</td></tr>
<tr><td rowspan="2">M20</td><td rowspan="2">T20×4 左</td><td rowspan="2">30</td><td rowspan="2">38</td><td rowspan="2">36</td></tr>
<tr><td rowspan="2">40</td><td rowspan="2">32</td></tr>
<tr><td rowspan="2">M24</td><td rowspan="2">T24×6 左</td><td rowspan="2">35</td><td rowspan="6">+0.050
+0.034</td><td rowspan="2">42</td><td rowspan="2">40</td><td rowspan="6">3</td><td rowspan="6">1</td><td rowspan="6">2</td></tr>
<tr><td rowspan="2">50</td><td rowspan="2">40</td></tr>
<tr><td rowspan="2">M30</td><td rowspan="2">T30×6 左</td><td rowspan="2">42</td><td rowspan="2">50</td><td rowspan="2">48</td></tr>
<tr><td rowspan="2">60</td><td rowspan="2">50</td></tr>
<tr><td rowspan="2">M36</td><td rowspan="2">T36×6 左</td><td rowspan="2">50</td><td rowspan="2">60</td><td rowspan="2">56</td></tr>
<tr><td>72</td><td>60</td></tr>
</table>

注：摘自 JB/T 8004.5(1)—1999《机床夹具零件及部件　带孔滚花螺母　压入式螺纹衬套》

表 4-38　旋入式螺纹衬套的结构形式和尺寸规格　　（单位：mm）

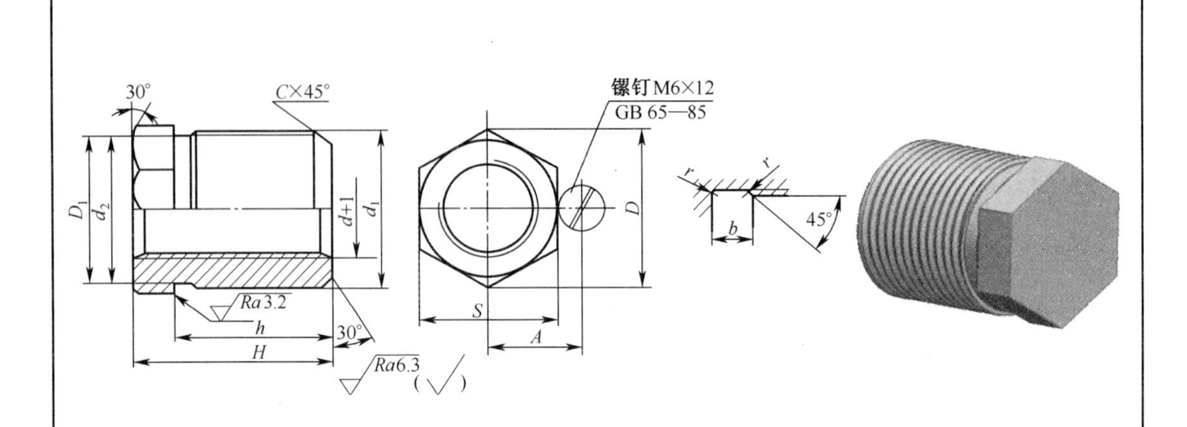

技术要求

1. 材料：45。
2. 热处理：调质，硬度 28～32HRC。

标记示例

1. d=M16mm、H=32mm 的旋入式螺纹衬套：衬套　M16×32。
2. d=T16×4 左旋、H=32mm 的旋入式螺纹衬套：衬套　T16×4 左×32。

<table>
<tr><th colspan="2">d</th><th rowspan="2">d_1</th><th rowspan="2">H</th><th rowspan="2">h</th><th colspan="2">S</th><th rowspan="2">D≈</th><th rowspan="2">D_1≈</th><th rowspan="2">d_2</th><th rowspan="2">b</th><th rowspan="2">r</th><th rowspan="2">C</th><th rowspan="2">A</th></tr>
<tr><th>普通螺纹</th><th>梯形螺纹</th><th>基本尺寸</th><th>极限偏差</th></tr>
<tr><td rowspan="2">M8</td><td rowspan="2">—</td><td rowspan="2">M16×1.5</td><td>14</td><td>10</td><td rowspan="2">17</td><td rowspan="2">0
−0.240</td><td rowspan="2">19.6</td><td rowspan="2">16.5</td><td rowspan="2">13.7</td><td rowspan="6">2.5</td><td rowspan="6">0.8</td><td rowspan="6">1.5</td><td rowspan="2">14</td></tr>
<tr><td rowspan="2">16</td><td rowspan="2">12</td></tr>
<tr><td rowspan="2">M10</td><td rowspan="2">—</td><td rowspan="2">M18×1.5</td><td rowspan="2">19</td><td rowspan="6">0
−0.280</td><td rowspan="2">21.9</td><td rowspan="2">18</td><td rowspan="2">15.7</td><td rowspan="2">15</td></tr>
<tr><td rowspan="2">20</td><td rowspan="2">16</td></tr>
<tr><td rowspan="2">M12</td><td rowspan="2">—</td><td rowspan="2">M20×1.5</td><td rowspan="2">22</td><td rowspan="2">25.4</td><td rowspan="2">21</td><td rowspan="2">17.7</td><td rowspan="2">16.5</td></tr>
<tr><td rowspan="2">25</td><td rowspan="2">20</td></tr>
<tr><td rowspan="2">M16</td><td rowspan="2">T16×4 左</td><td rowspan="2">M24×2</td><td rowspan="2">27</td><td rowspan="2">31.2</td><td rowspan="2">26</td><td rowspan="2">21</td><td rowspan="4">3.5</td><td rowspan="4">1</td><td rowspan="4">2</td><td rowspan="2">19</td></tr>
<tr><td rowspan="2">32</td><td rowspan="2">25</td></tr>
<tr><td rowspan="2">M20</td><td rowspan="2">T20×4 左</td><td rowspan="2">M30×2</td><td rowspan="2">36</td><td rowspan="6">0
−0.340</td><td rowspan="2">41.6</td><td rowspan="2">34</td><td rowspan="2">27</td><td rowspan="2">23.5</td></tr>
<tr><td>40</td><td>35</td></tr>
<tr><td rowspan="2">M24</td><td rowspan="2">T24×6 左</td><td rowspan="2">M36×3</td><td>35</td><td>28</td><td rowspan="2">41</td><td rowspan="2">47.3</td><td rowspan="2">39</td><td rowspan="2">31.6</td><td rowspan="6">4.5</td><td rowspan="6">1.5</td><td rowspan="6">2.5</td><td rowspan="2">26</td></tr>
<tr><td>50</td><td>40</td></tr>
<tr><td rowspan="2">M30</td><td rowspan="2">T30×6 左</td><td rowspan="2">M42×3</td><td>45</td><td>35</td><td rowspan="2">46</td><td rowspan="2">53.1</td><td rowspan="2">44</td><td rowspan="2">37.6</td><td rowspan="2">28.5</td></tr>
<tr><td>60</td><td>50</td></tr>
<tr><td rowspan="2">M36</td><td rowspan="2">T36×6 左</td><td rowspan="2">M48×3</td><td>52</td><td>40</td><td rowspan="2">55</td><td rowspan="2">0
−0.400</td><td rowspan="2">63.5</td><td rowspan="2">53</td><td rowspan="2">43.6</td><td rowspan="2">33</td></tr>
<tr><td>72</td><td>60</td></tr>
<tr><td colspan="14">注：摘自 JB/T 8004.5(2)—1999《机床夹具零件及部件　带孔滚花螺母　旋入式螺纹衬套》</td></tr>
</table>

表 4-39　手柄螺母的结构形式和尺寸规格　　(单位:mm)

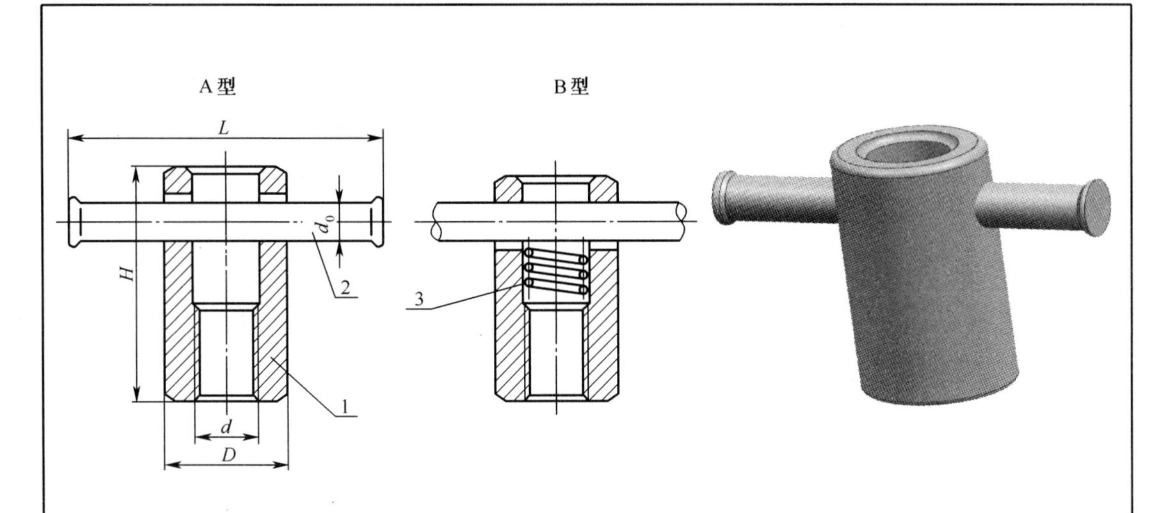

标记示例

d=M10mm、H=45mm 的 A 型手柄螺母:手柄螺母　AM10×45

主　要　尺　寸					件号	1	2	3
					名称	螺母	手柄	弹簧
d	D	H	L	d_0	材料	45	Q235-A	弹簧钢
					数量	1	1	1
					标准号	JB/T 8004.8(1)—1999	JB/T 8024.1—1999	GB/T 2089—2009
M6	15	28	50	5	规格	M6×H	5×50	0.8×7×13
		50						0.8×7×36
M8	18	32	60	6		M8×H	6×60	0.8×9×17
		60						0.8×9×45
M10	22	45	80	8		M10×H	8×80	1.2×12×22
		80						1.2×12×65
M12	25	50	100	10		M12×H	10×100	1.6×14×20
		100						1.6×14×80
M16	32	60	120	12		M16×H	12×120	1.6×18×25
		110						1.6×18×80
M20	36	70	200	16		M20×H	16×200	2×22×30
		120						2×22×85

注:摘自 JB/T 8004.8—1999《机床夹具零件及部件　手柄螺母》

表 4-40　螺母的结构形式和尺寸规格　　(单位:mm)

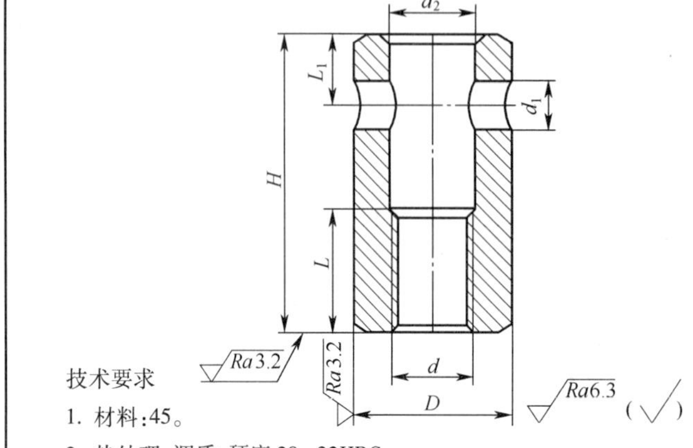

技术要求

1. 材料:45。

2. 热处理:调质,硬度 28~32HRC。

标记示例

d=M10mm、H=45mm 的螺母:螺母　M10×45

d	D	H	d_1	d_2	L	L_1
M6	15	28	5. 1	9	10	6
		50				
M8	18	32	6. 1	11	12	7
		60				
M10	22	45	8. 2	15	16	8
		80				
M12	25	50	10. 2	17	20	9
		100				
M16	32	60	12. 2	21	25	11
		110				
M20	36	70	16. 2	25	32	13
		120				

注:摘自 JB/T 8004. 8(1)—1999《机床夹具零件及部件　手柄螺母　螺母》

表 4-41　回转手柄螺母的结构形式和尺寸规格　　(单位:mm)

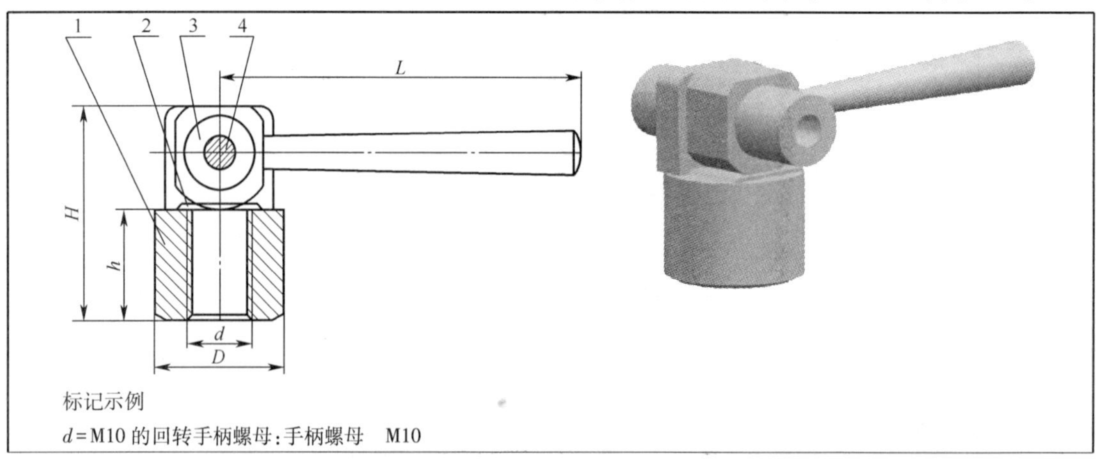

标记示例

d=M10 的回转手柄螺母:手柄螺母　M10

(续)

主要尺寸					件号	1	2	3	4
					名称	螺母	弹簧片	手柄	销
					材料	45	65Mn	45	45
d	*D*	*L*	*H*	*h*	数量	1	1	1	1
					标准号	JB/T 8004.9(1)—1999	JB/T 8004.9(2)—1999	JB/T 8004.9(3)—1999	GB/T 119—2000
M8	18	65	30	14	规格	M8	10	65	5n6×16
M10	22	80	36	16		M10	12	80	6n6×20
M12	25	100	45	20		M12	14	100	6n6×22
M16	32	120	58	26		M16	18	120	8n6×30
M20	40	160	72	32		M20	22	160	10n6×35
注:摘自 JB/T 8004.9—1999《机床夹具零件及部件 回转手柄螺母》									

表 4-42 螺母结构形式和尺寸规格 (单位:mm)

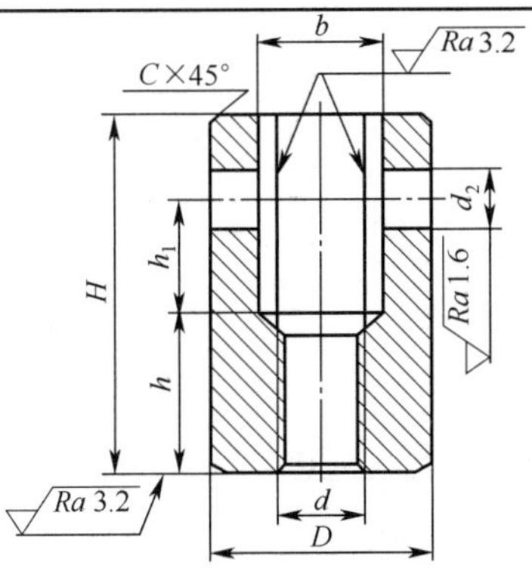

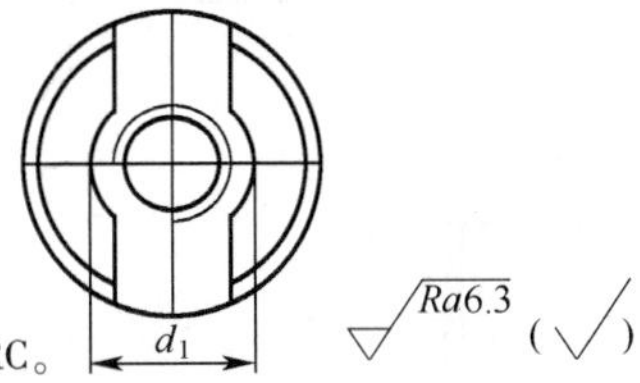

技术要求

1. 材料:45。
2. 热处理:调质,硬度 28~32HRC。

标记示例

d=M10mm 的螺母:螺母 M10

d	*D*	*H*	*b*		d_1	d_2		*h*	h_1		*C*
			基本尺寸	偏差带 H11		基本尺寸	偏差带 H9		基本尺寸	极限偏差	
M8	18	30	8	+0.090 0	10.2	5	+0.030 0	14	8.6	0 -0.100	2
M10	22	36	10		12.2	6		16	10.6		3
M12	25	45	12	+0.110 0	14.2			20	13.3		
M16	32	58	16		18.2	8	+0.036 0	26	17		4
M20	40	72	20	+0.130 0	22.2	10		32	21.5		5
注:摘自 JB/T 8004.9(1)—1999《机床夹具零件及部件 回转手柄螺母 螺母》											

表 4-43　弹簧片的结构形式和尺寸规格　(单位:mm)

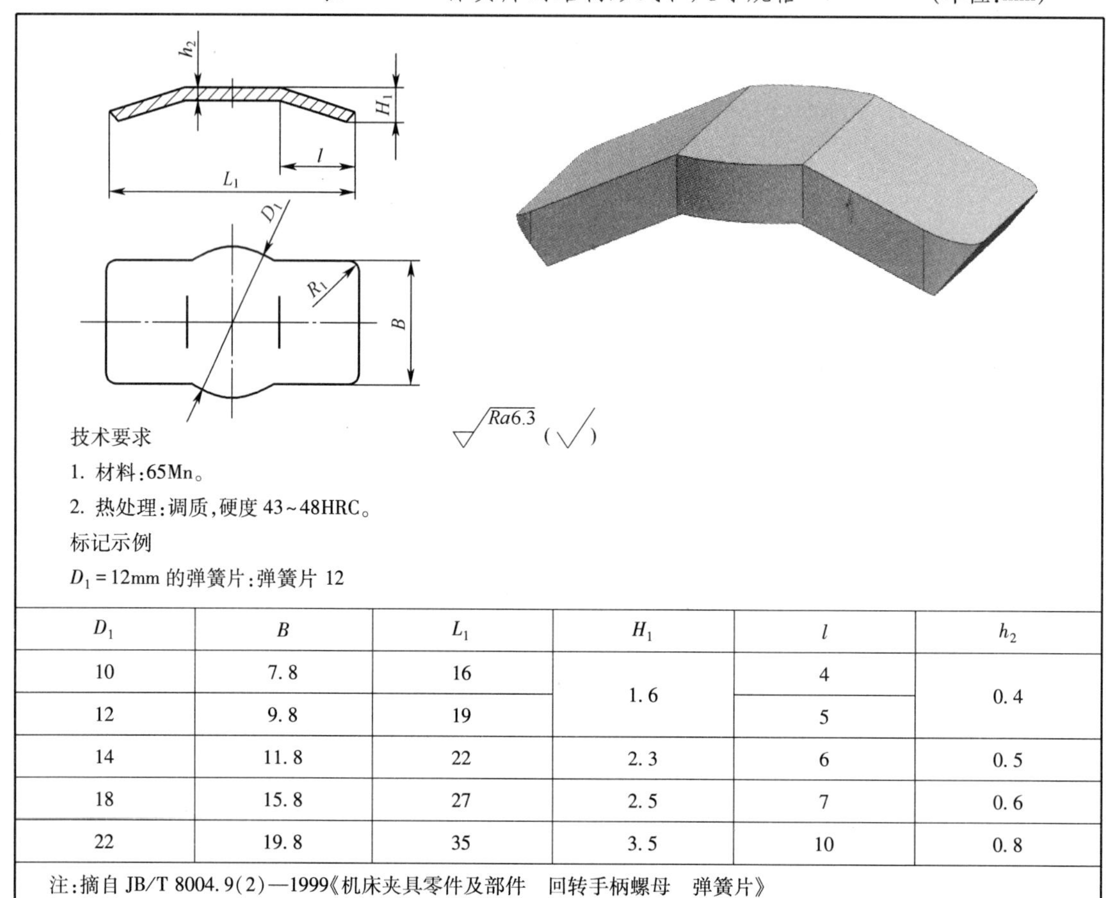

技术要求

1. 材料:65Mn。

2. 热处理:调质,硬度 43~48HRC。

标记示例

D_1 = 12mm 的弹簧片:弹簧片 12

D_1	B	L_1	H_1	l	h_2
10	7.8	16	1.6	4	0.4
12	9.8	19		5	
14	11.8	22	2.3	6	0.5
18	15.8	27	2.5	7	0.6
22	19.8	35	3.5	10	0.8

注:摘自 JB/T 8004.9(2)—1999《机床夹具零件及部件　回转手柄螺母　弹簧片》

表 4-44　手柄的结构形式和尺寸规格　(单位:mm)

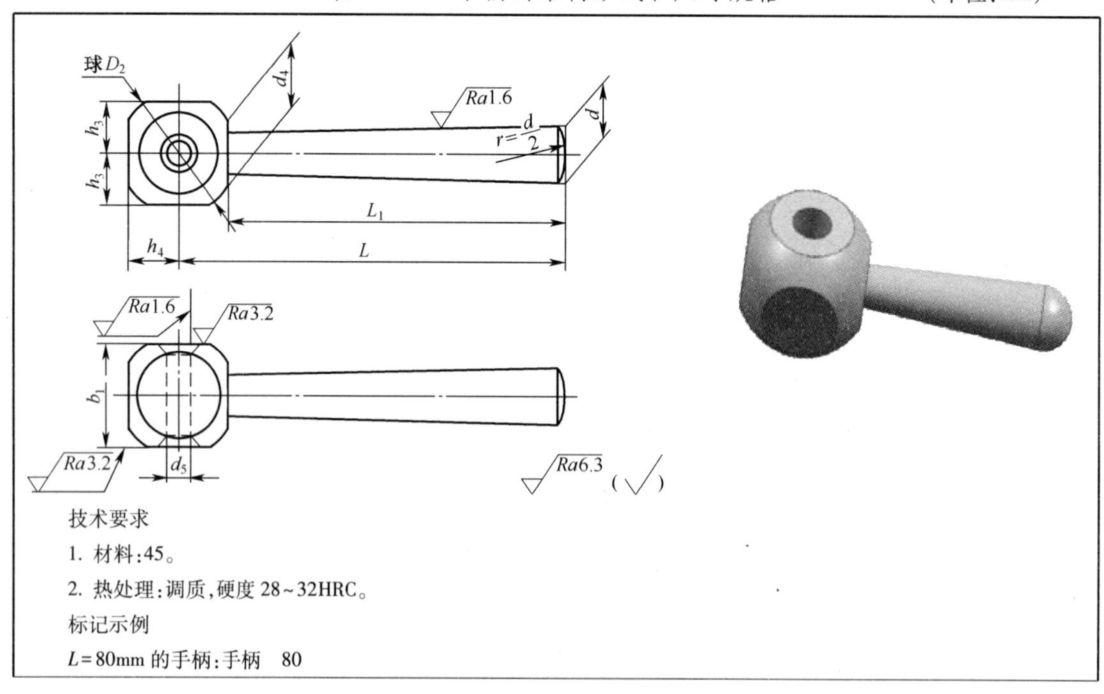

技术要求

1. 材料:45。

2. 热处理:调质,硬度 28~32HRC。

标记示例

L=80mm 的手柄:手柄　80

（续）

L	D_2	b_1		d	d_4	d_5	L_1	h_3	h_4	
		基本尺寸	偏差带 d11						基本尺寸	极限偏差
65	16	8	-0.040 -0.150	10	6	5.1	57.6	7	7.2	0 -0.100
80	20	10		12	8	6.1	70.8	9	9.2	
100	25	12	-0.050 0.160	15	10		88.6	11	11.2	
120	32	16		18	12	8.2	105.1	14.5	14.8	
160	40	20	-0.065 -0.195	22	16	10.2	141.7	18	18.3	

注：摘自 JB/T 8004.9(3)《机床夹具零件及部件　回转手柄螺母　手柄》

表 4-45　多手柄螺母的结构形式和尺寸规格　　（单位：mm）

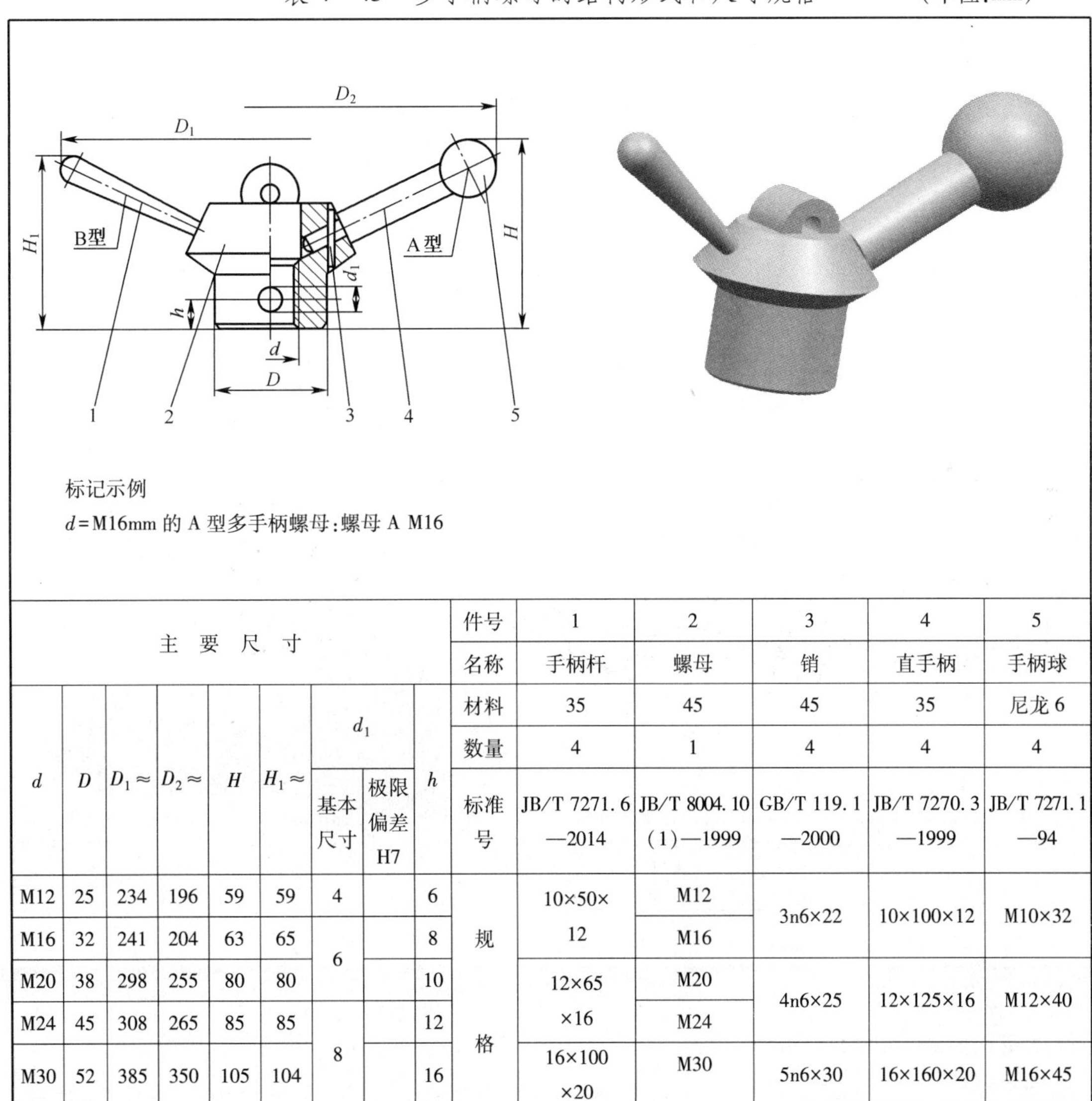

标记示例

d=M16mm 的 A 型多手柄螺母：螺母 A M16

主要尺寸									件号	1	2	3	4	5
									名称	手柄杆	螺母	销	直手柄	手柄球
d	D	$D_1\approx$	$D_2\approx$	H	$H_1\approx$	d_1 基本尺寸	d_1 极限偏差 H7	h	材料	35	45	45	35	尼龙 6
									数量	4	1	4	4	4
									标准号	JB/T 7271.6—2014	JB/T 8004.10(1)—1999	GB/T 119.1—2000	JB/T 7270.3—1999	JB/T 7271.1—94
M12	25	234	196	59	59	4		6	规格	10×50×12	M12	3n6×22	10×100×12	M10×32
M16	32	241	204	63	65	6		8			M16			
M20	38	298	255	80	80			10		12×65×16	M20	4n6×25	12×125×16	M12×40
M24	45	308	265	85	85	8		12			M24			
M30	52	385	350	105	104			16		16×100×20	M30	5n6×30	16×160×20	M16×45

注：摘自 JB/T 8004.10—1999《机床夹具零件及部件　多手柄螺母》

表 4－46　螺母的结构形式和尺寸规格

(单位:mm)

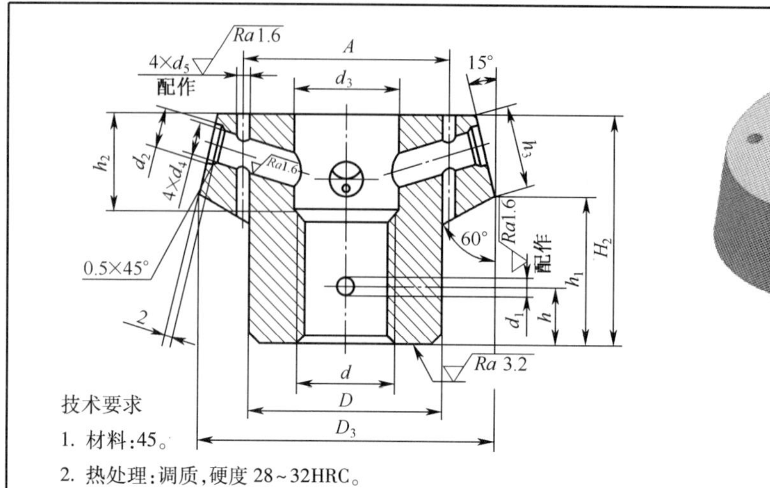

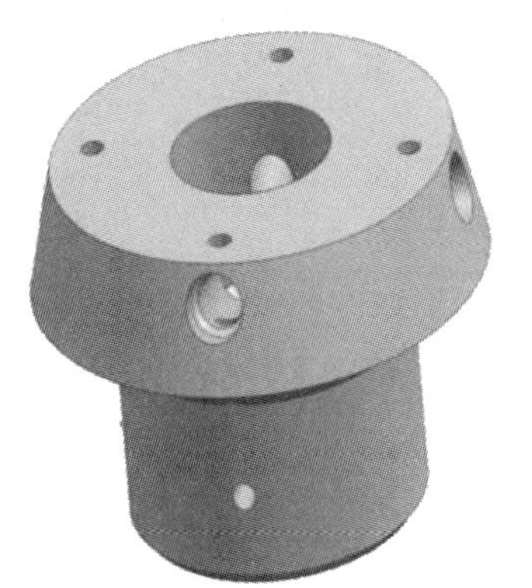

技术要求

1. 材料:45。
2. 热处理:调质,硬度 28~32HRC。

标记示例

d=M16mm 的螺母:螺母　M16

d	D	H_2	D_3	A	d_1 基本尺寸	d_1 偏差带 H7	d_2	d_3	d_4 基本尺寸	d_4 偏差带 H7	d_5 基本尺寸	d_5 偏差带 H7	h	h_1	h_2	h_3
M12	25	35	48	29	4	+0.012 0	14	14	10	+0.015 0	3	+0.010 0	6	18	18	9
M16	32	40	55	36	6			18					8	22	20	
M20	38	50	65	43			17	22	12	+0.018 0	4	+0.012 0	10	27	25	12
M24	45	55	75	50	8	+0.015 0		26					12	32		
M30	52	65	85	58			21	32	16		5		16	38	30	14

注:摘自 JB/T 8004.10(1)《机床夹具零件及部件　多手柄螺母　螺母》

表 4－47　六角头压紧螺钉的结构形式和尺寸规格

(单位:mm)

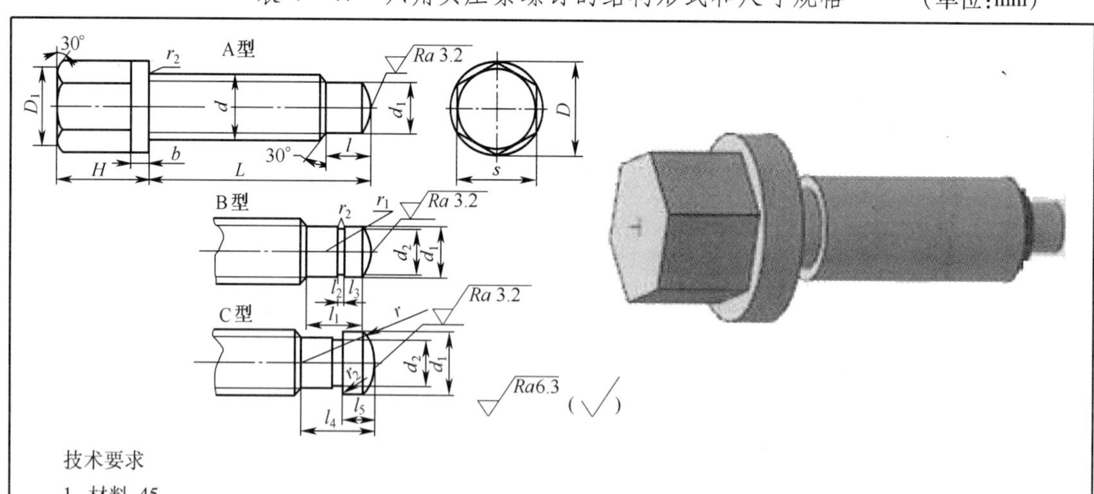

技术要求

1. 材料:45。
2. 热处理:调质,硬度 28~32HRC。

标记示例

d=M16mm、L=60mm 的 A 型六角头压紧螺钉:螺钉　AM16×60　JB/T 8006.2—1999

（续）

d		M8	M10	M12	M16	M20	M24	M30	M36
$D\approx$		13.8	16.2	19.6	25.4	31.2	36.9	47.3	57.7
$D_1\approx$		11.5	13.5	16.5	21	26	31	39	47.5
H		10	12	16	18	24	30	36	40
h		2	3		4	5		6	7
S	基本尺寸	12	14	17	22	27	32	41	50
	极限偏差	0 -0.240			0 -0.280		0 -0.340		
d_1		6	7	9	12	16	18		
d_2		4.6	5.7	7.8	10.4	13.2	15.2		
d_3		M8	M10	M12	M16	M20	M24		
l		5	6	7	8	10	12		
l_1		8.5	10	13	15	18	20		
l_2		2.5			3.4	5			
l_3		2.6	3.2	4.8	6.3	7.5	8.5		
l_4		9	11	13.5	15	17	20		
l_5		4	5	6.5	8	9	11		
r		8	10	12	16	20	25		
r_1		6	7	9	12	16	18		
r_2		0.5			0.7	1			
L		25							
		30	30						
		35	35	35					
		40	40	40	40				
		50	50	50	50	50			
			60	60	60	60	60		
				70	70	70	70		
				80	80	80	80	80	
				90	90	90	90	90	
					100	100	100	100	100
						110	110	110	110
						120	120	120	120
							140	140	140
								160	160
									180
									200

注：摘自 JB/T 8006.2—1999《机床夹具零件及部件　六角头压紧螺钉》

表 4-48　活动手柄压紧螺钉的结构形式和尺寸规格　　(单位:mm)

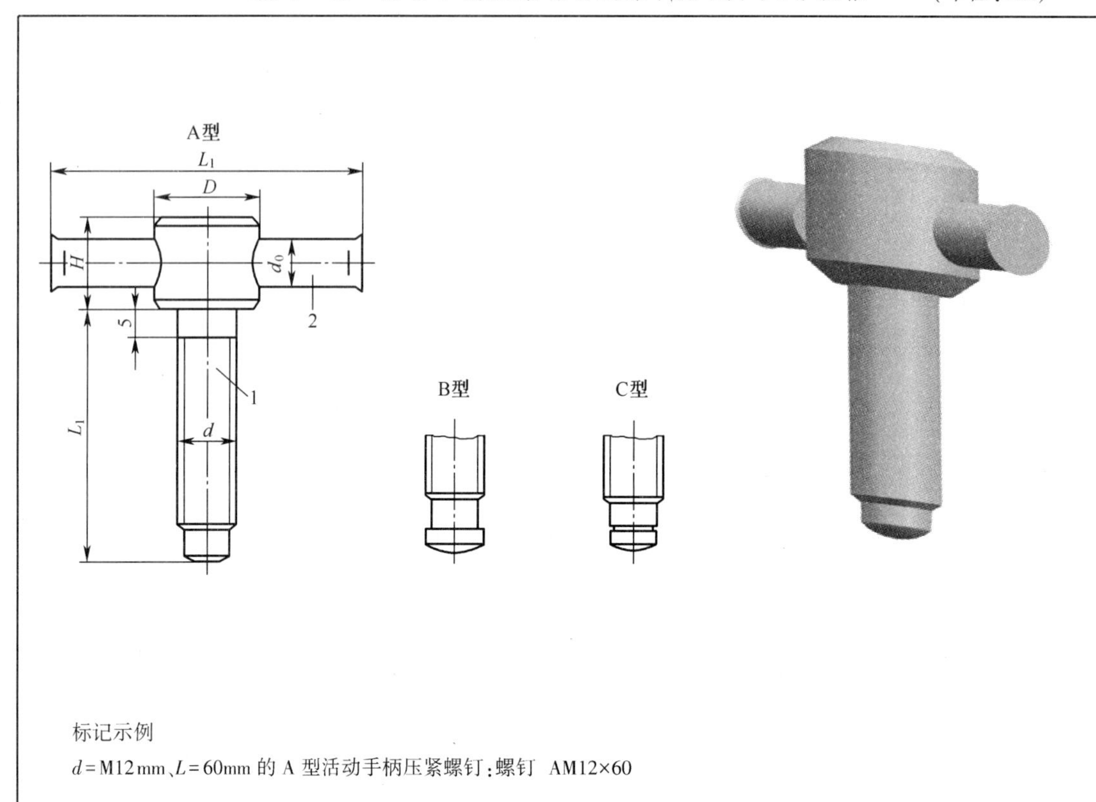

标记示例

d=M12mm、L=60mm 的 A 型活动手柄压紧螺钉:螺钉　AM12×60

<table>
<tr><td colspan="18" rowspan="2">主　要　尺　寸</td><td>件号</td><td>1</td><td>2</td></tr>
<tr><td>名称</td><td>螺钉</td><td>手柄</td></tr>
<tr><td rowspan="3">d</td><td rowspan="3">d₀</td><td rowspan="3">D</td><td rowspan="3">H</td><td rowspan="3">L₁</td><td colspan="13" rowspan="3">L</td><td>材料</td><td>45</td><td>Q235-A</td></tr>
<tr><td>数量</td><td>1</td><td>1</td></tr>
<tr><td>标准号</td><td>JB/T 8006.4(1)—1999</td><td>JB/T 8024.1—1999</td></tr>
<tr><td>M6</td><td>5</td><td>12</td><td>10</td><td>50</td><td>30</td><td>35</td><td>40</td><td>50</td><td></td><td></td><td></td><td></td><td></td><td></td><td></td><td></td><td></td><td rowspan="7">规格</td><td rowspan="7">Ad×L
Bd×L
Cd×L</td><td>5×50</td></tr>
<tr><td>M8</td><td>6</td><td>15</td><td>12</td><td>60</td><td>30</td><td>35</td><td>40</td><td>50</td><td>60</td><td></td><td></td><td></td><td></td><td></td><td></td><td></td><td></td><td>6×60</td></tr>
<tr><td>M10</td><td>8</td><td>18</td><td>14</td><td>80</td><td></td><td>35</td><td>40</td><td>50</td><td>60</td><td>70</td><td>80</td><td></td><td></td><td></td><td></td><td></td><td></td><td>8×80</td></tr>
<tr><td>M12</td><td>10</td><td>20</td><td>16</td><td>100</td><td></td><td></td><td>40</td><td>50</td><td>60</td><td>70</td><td>80</td><td>90</td><td>100</td><td>120</td><td></td><td></td><td></td><td>10×100</td></tr>
<tr><td>M16</td><td>12</td><td>24</td><td>20</td><td>120</td><td></td><td></td><td></td><td>50</td><td>60</td><td>70</td><td>80</td><td>90</td><td>100</td><td>120</td><td>140</td><td>160</td><td></td><td>12×120</td></tr>
<tr><td>M20</td><td rowspan="2">16</td><td rowspan="2">30</td><td rowspan="2">25</td><td>160</td><td></td><td></td><td></td><td></td><td>60</td><td>70</td><td>80</td><td>90</td><td>100</td><td>120</td><td>140</td><td>160</td><td></td><td>16×160</td></tr>
<tr><td>M24</td><td>200</td><td></td><td></td><td></td><td></td><td></td><td>70</td><td>80</td><td>90</td><td>100</td><td>120</td><td>140</td><td>160</td><td>180</td><td>16×200</td></tr>
<tr><td colspan="21">注:摘自 JB/T 8006.4—1999《机床夹具零件及部件　活动手柄压紧螺钉》</td></tr>
</table>

表 4-49 螺钉的结构形式和尺寸规格 (单位:mm)

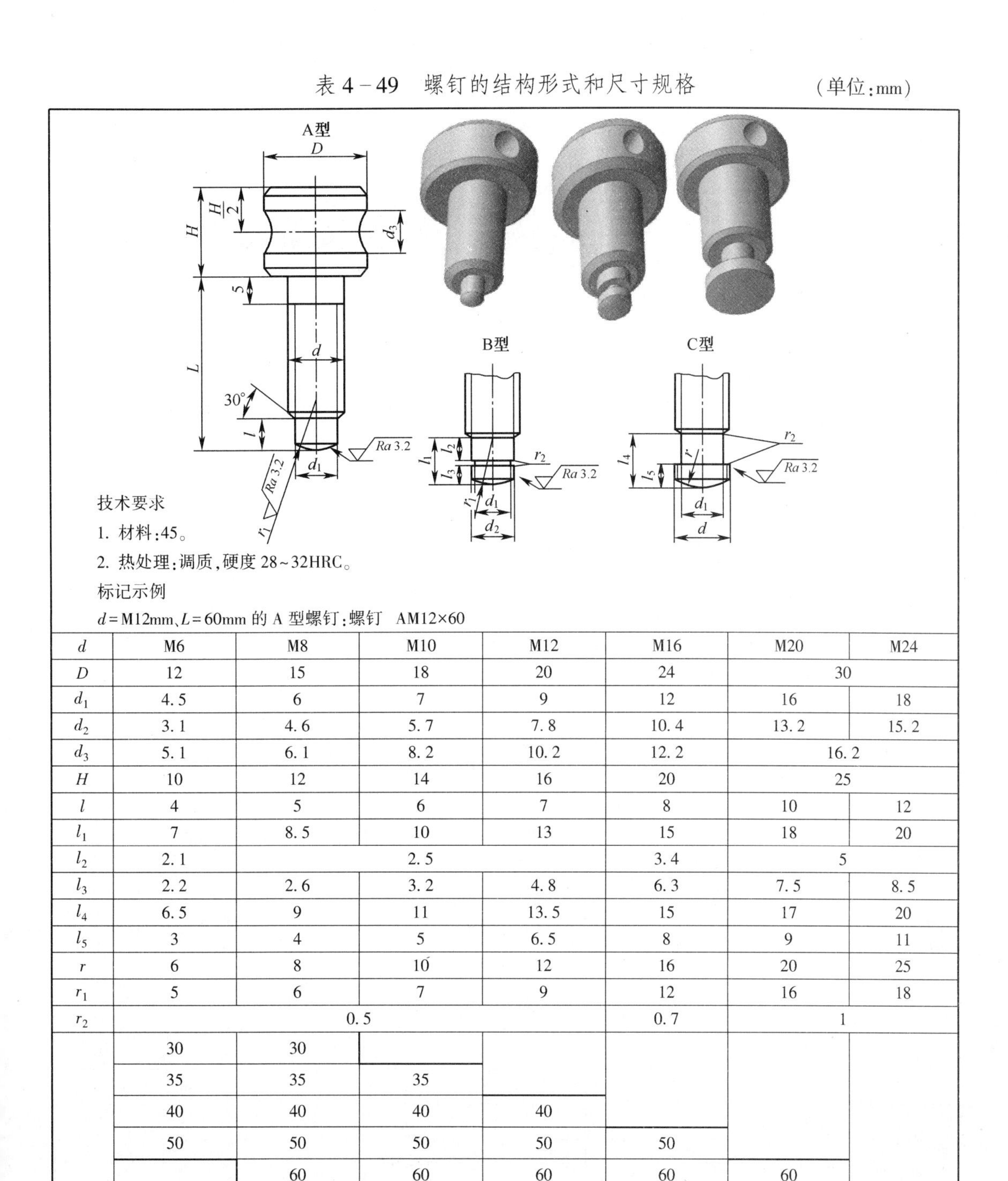

技术要求

1. 材料:45。

2. 热处理:调质,硬度 28~32HRC。

标记示例

d=M12mm、L=60mm 的 A 型螺钉:螺钉 AM12×60

d	M6	M8	M10	M12	M16	M20	M24
D	12	15	18	20	24	30	
d_1	4.5	6	7	9	12	16	18
d_2	3.1	4.6	5.7	7.8	10.4	13.2	15.2
d_3	5.1	6.1	8.2	10.2	12.2	16.2	
H	10	12	14	16	20	25	
l	4	5	6	7	8	10	12
l_1	7	8.5	10	13	15	18	20
l_2	2.1	2.5			3.4	5	
l_3	2.2	2.6	3.2	4.8	6.3	7.5	8.5
l_4	6.5	9	11	13.5	15	17	20
l_5	3	4	5	6.5	8	9	11
r	6	8	10	12	16	20	25
r_1	5	6	7	9	12	16	18
r_2	0.5				0.7	1	
L	30	30					
	35	35	35				
	40	40	40	40			
	50	50	50	50	50		
		60	60	60	60	60	
			70	70	70	70	70
			80	80	80	80	80
				90	90	90	90
				100	100	100	100
				120	120	120	120
					140	140	140
					160	160	160
							180

注:摘自 JB/T 8006.4(1)—1999《机床夹具零件及部件 活动手柄压紧螺钉 螺钉》

表 4-50 球头螺栓的结构形式和尺寸规格 （单位：mm）

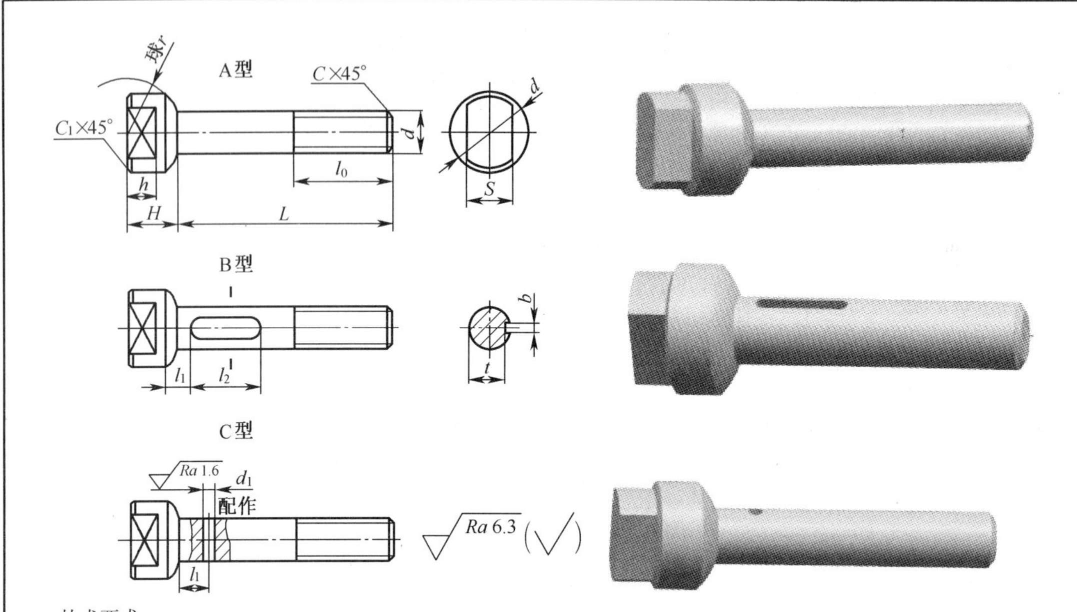

技术要求

1. 材料：45。
2. 热处理：头部 H 长度及螺纹 l_0 长度，调质，硬度 28~32HRC。

标记示例

1. d=M20、L=120mm 的 A 型球头螺栓：螺栓 AM20×120
2. d=M18、L=100mm、l_1=30 mm 的 B 型球头螺栓：螺栓 BM18×100×30

d		M6	M8	M10	M12	M16	M20	M24	M30	M34
D		12.5	17	21	24	30	37	44	56	66
S	基本尺寸	10	14	17	19	24	30	36	46	55
	极限偏差	0 -0.200	0 -0.24		0 -0.28			0 -0.34		0 -0.34
H		7	9	10	12	14	16	20	22	24
h		4	5	6	7	8	9	10	12	14
r		10	12	16	20	25	32	36	40	50
d_1	基本尺寸	2	3		4	5	6		8	10
	极限偏差	+0.01 0			+0.012 0				+0.015 0	
b		2	3		4	5	6.5		8	10
l		4.9	6	8	9.5	13	16.5	20.5	25.5	31.5
l_0		16	20	25	30	40	50	60	70	80
l_1		根据设计需要决定								
l_2		8	10	15	20				30	
C		1	1.2	1.5	2		2.5	3	4	5
C_1		0.5		1		1.5			2	

（续）

L	25								
	30	30							
	35	35							
	40	40	40						
	45	45	45						
	50	50	50	50					
	60	60	60	60	60				
	70	70	70	70	70	70			
		80	80	80	80	80	80		
		90	90	90	90	90	90		
		100	100	100	100	100	100	100	
			110	110	110	110	110	110	
			120	120	120	120	120	120	120
			140	140	140	140	140	140	140
			160	160	160	160	160	160	160
				180	180	180	180	180	180
				200	200	200	200	200	200
					220	220	220	220	220
						250	250	250	250
							280	280	280
							320	320	320
								360	360
									400

注：摘自 JB/T 8007.1—1999《机床夹具零件及部件　球头螺栓》

表 4-51　T 形槽快卸螺栓的结构形式和尺寸规格　　（单位：mm）

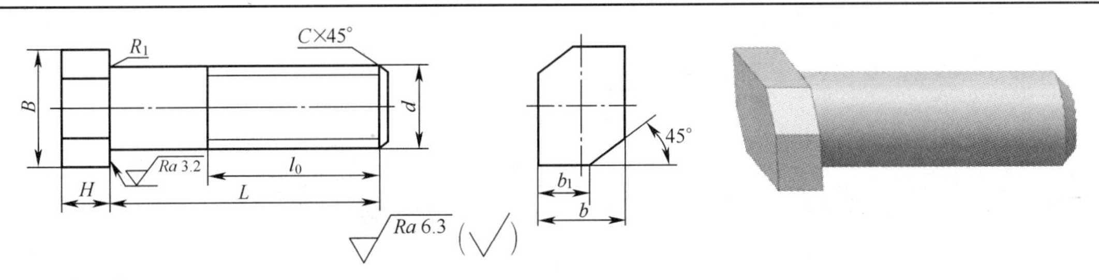

技术要求

1. 材料：45。
2. 热处理：$L \leq 100$mm，全部调质，硬度 28~32HRC；$L>100$mm，两端调质，硬度 28~32HRC。

标记示例

d=M10mm、L=40mm 的 T 形槽快卸螺栓：螺栓　M10×40

T 形槽宽度	10	12	14	18	22	28	36
d	M8	M10	M12	M16	M20	M24	M30
B	20	25	30	36	46	58	74
H	6	7	9	12	14	16	20
l_0	25	30	40	50	60	75	90
b	8	10	12	16	20	24	30
b_1	5	6	7	10	12	15	20
C	1.2	1.5	2		2.5		3

(续)

L	30						
	40	40					
	50	50					
	60	60	60				
		80	80				
			100	100	100		
			120	120	120	120	
			160	160	160	160	160
				200	200	200	200
					250	250	250
						320	320
							400

注:摘自 JB/T 8007.2—1999《机床夹具零件及部件　T 形槽快卸螺栓》

表 4-52　钩形螺栓的结构形式和尺寸规格　(单位:mm)

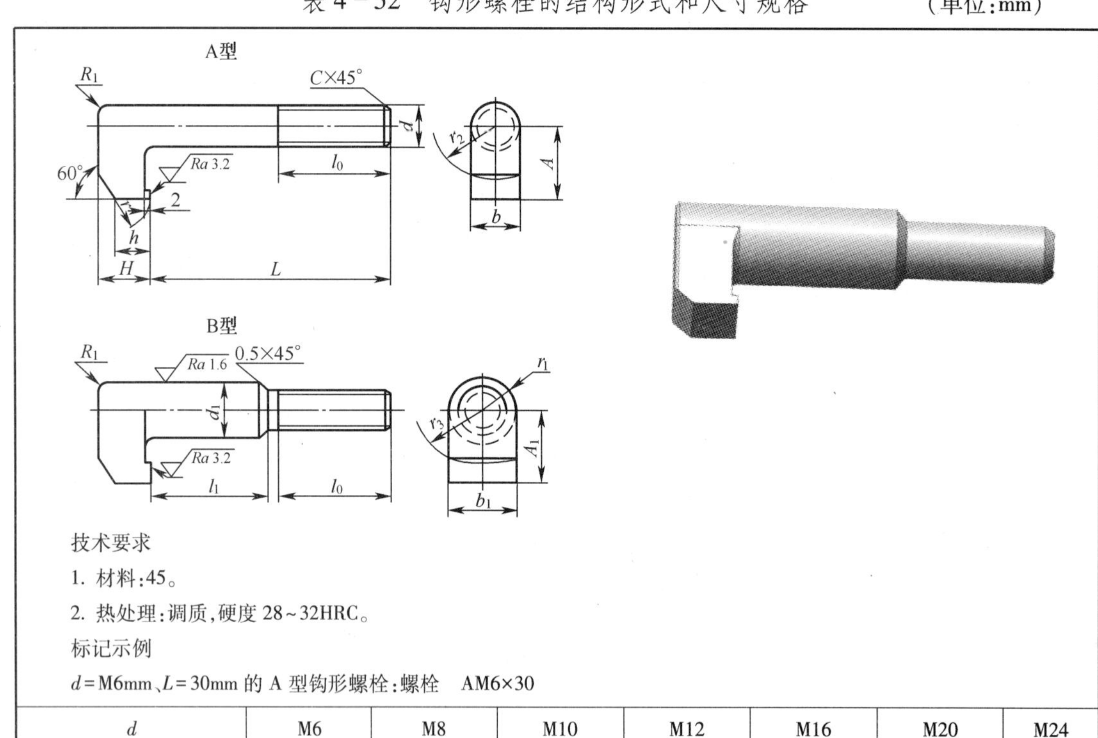

技术要求

1. 材料:45。
2. 热处理:调质,硬度 28~32HRC。

标记示例

d=M6mm、L=30mm 的 A 型钩形螺栓:螺栓　AM6×30

d		M6	M8	M10	M12	M16	M20	M24
d_1	基本尺寸	10	12	16	18	22	28	34
	偏差带 f9	−0.013 −0.049	−0.016 −0.059			−0.020 −0.072		−0.025 −0.087
A		12	16	20	25	32	40	50
		15	20	24	30	38	46	60

（续）

A_1	15	20	24	30	38	46	60
b	6	8	10	12	16	20	24
b_1	10	12	16	18	22	28	34
l_0	14	18	25	30	40	45	
l_1	14	18	22	25	32	40	48
r	12			14	18	22	26
r_1 基本尺寸	5	6	8	9	11	14	17
r_1 偏差带 h11	0 -0.075		0 -0.090		0 -0.011		
r_2	7	10	12	15	20	24	30
r_3	10	14	16	20	26	30	40
H	8	10	12	14	18	22	26
h	5	6	7	8	10	12	14
C	1	1.2	1.5	2		2.5	
L	30						
	40	40					
	50	50	50				
		60	60	60			
			70	70			
				80	80		
				90	90	90	
					100	100	100
					110	110	110
						120	120
							140
							160

注：摘自 JB/T 8007.3—1999《机床夹具零件及部件　全角形螺栓》

表 4-53　活节螺栓的结构形式和尺寸规格　　（单位：mm）

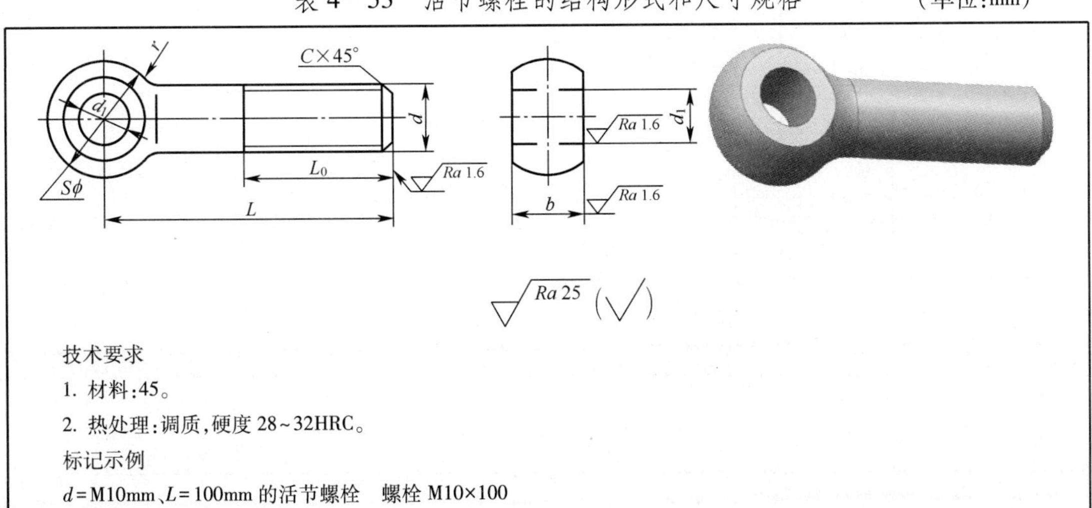

技术要求

1. 材料：45。
2. 热处理：调质，硬度 28～32HRC。

标记示例

d=M10mm、L=100mm 的活节螺栓　螺栓 M10×100

（续）

<table>
<tr><td colspan="2">d</td><td>5</td><td>6</td><td>8</td><td>10</td><td>12</td><td>16</td><td>20</td><td>24</td></tr>
<tr><td rowspan="2">d_1</td><td>公称尺寸</td><td>4</td><td>5</td><td>6</td><td>8</td><td>10</td><td>12</td><td>16</td><td>20</td></tr>
<tr><td>偏　差</td><td colspan="3"></td><td colspan="2"></td><td colspan="2"></td><td></td></tr>
<tr><td rowspan="2">b</td><td>公称尺寸</td><td>6</td><td>8</td><td>10</td><td>12</td><td>14</td><td>18</td><td>22</td><td>26</td></tr>
<tr><td>偏　差</td><td></td><td colspan="2"></td><td colspan="3"></td><td colspan="2"></td></tr>
<tr><td colspan="2">D</td><td>10</td><td>12</td><td>14</td><td>16</td><td>20</td><td>28</td><td>34</td><td>42</td></tr>
<tr><td colspan="2">r</td><td>4</td><td>5</td><td>5</td><td>6</td><td>8</td><td>10</td><td>12</td><td>16</td></tr>
<tr><td colspan="2">L</td><td colspan="8" rowspan="2">L_0</td></tr>
<tr><td>公称尺寸</td><td>偏　差</td></tr>
<tr><td>25</td><td rowspan="6">±1.5</td><td rowspan="6">16</td><td></td><td></td><td></td><td></td><td></td><td></td><td></td></tr>
<tr><td>30</td><td rowspan="7">18</td><td></td><td></td><td></td><td></td><td></td><td></td></tr>
<tr><td>35</td><td rowspan="10">22</td><td></td><td></td><td></td><td></td><td></td></tr>
<tr><td>40</td><td rowspan="15">26</td><td></td><td></td><td></td><td></td></tr>
<tr><td>45</td><td></td><td></td><td></td><td></td></tr>
<tr><td>50</td><td rowspan="15">30</td><td></td><td></td><td></td></tr>
<tr><td>55</td><td rowspan="10">±1.8</td><td></td><td></td><td></td><td></td></tr>
<tr><td>60</td><td></td><td rowspan="13">38</td><td></td><td></td></tr>
<tr><td>65</td><td></td><td></td><td></td><td></td></tr>
<tr><td>70</td><td></td><td></td><td rowspan="11">52</td><td></td></tr>
<tr><td>75</td><td></td><td></td><td></td></tr>
<tr><td>80</td><td></td><td></td><td></td></tr>
<tr><td>85</td><td></td><td></td><td></td><td rowspan="8">60</td></tr>
<tr><td>90</td><td></td><td></td><td></td></tr>
<tr><td>95</td><td></td><td></td><td></td></tr>
<tr><td>100</td><td></td><td></td><td></td></tr>
<tr><td>110</td><td rowspan="4">±2.0</td><td></td><td></td><td></td></tr>
<tr><td>120</td><td></td><td></td><td></td></tr>
<tr><td>130</td><td></td><td></td><td></td><td></td></tr>
<tr><td>140</td><td></td><td></td><td></td><td></td></tr>
<tr><td colspan="10">注：摘自 GB/T 798—1998《活节螺栓》</td></tr>
</table>

表 4－54　转动垫圈的结构形式和尺寸规格　　（单位:mm）

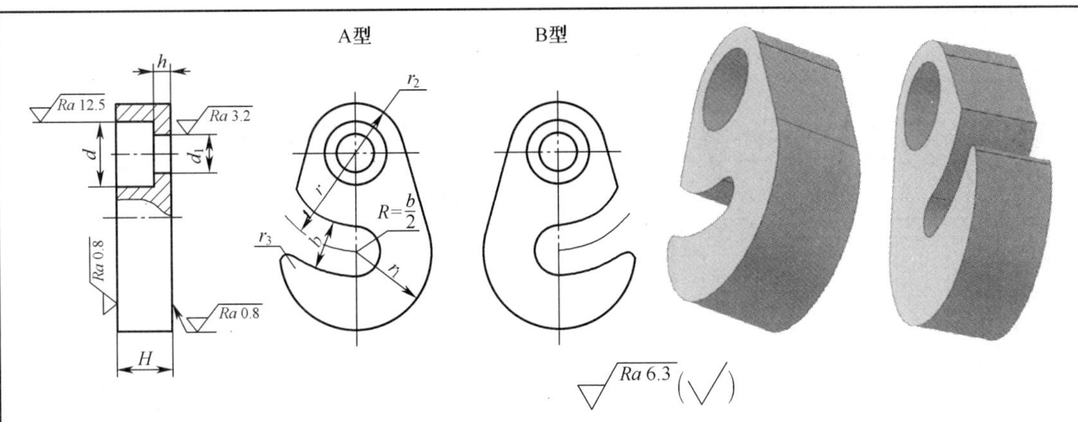

技术要求

1. 材料:45。
2. 热处理:调质,硬度 28~32HRC。

标记示例

公称直径为 8mm、r=22mm 的 A 型转动垫圈:垫圈 A8×22

<table>
<tr><th rowspan="2">公称直径
（螺纹直径）</th><th rowspan="2">r</th><th rowspan="2">r_1</th><th rowspan="2">H</th><th rowspan="2">d</th><th colspan="2">d_1</th><th colspan="2">h</th><th rowspan="2">b</th><th rowspan="2">r_2</th><th rowspan="2">r_3</th></tr>
<tr><th>基本尺寸</th><th>偏差带 H11</th><th>基本尺寸</th><th>极限偏差</th></tr>
<tr><td rowspan="2">5</td><td>15</td><td>11</td><td rowspan="2">6</td><td rowspan="2">9</td><td rowspan="2">5</td><td rowspan="4">+0.075
0</td><td rowspan="4">3</td><td rowspan="20">0
-0.100</td><td rowspan="2">7</td><td rowspan="2">7</td><td rowspan="4">1</td></tr>
<tr><td>20</td><td>14</td></tr>
<tr><td rowspan="2">6</td><td>18</td><td>13</td><td rowspan="2">7</td><td rowspan="2">11</td><td rowspan="2">6</td><td rowspan="2">8</td><td rowspan="2">8</td></tr>
<tr><td>25</td><td>18</td></tr>
<tr><td rowspan="2">8</td><td>22</td><td>16</td><td rowspan="2">8</td><td rowspan="2">14</td><td rowspan="2">8</td><td rowspan="6">+0.090
0</td><td rowspan="6">4</td><td rowspan="2">10</td><td rowspan="2">10</td><td rowspan="4">1.5</td></tr>
<tr><td>30</td><td>22</td></tr>
<tr><td rowspan="2">10</td><td>26</td><td>20</td><td rowspan="4">10</td><td rowspan="4">18</td><td rowspan="4">10</td><td rowspan="2">12</td><td rowspan="4">13</td></tr>
<tr><td>35</td><td>26</td></tr>
<tr><td rowspan="2">12</td><td>32</td><td>25</td><td rowspan="2">14</td><td rowspan="4">2</td></tr>
<tr><td>45</td><td>32</td></tr>
<tr><td rowspan="2">16</td><td>38</td><td>28</td><td rowspan="2">12</td><td rowspan="6">22</td><td rowspan="6">12</td><td rowspan="10">+0.110
0</td><td rowspan="2">5</td><td rowspan="2">18</td><td rowspan="6">15</td></tr>
<tr><td>50</td><td>36</td></tr>
<tr><td rowspan="2">20</td><td>45</td><td>32</td><td rowspan="2">14</td><td rowspan="2">6</td><td rowspan="2">22</td><td rowspan="8">3</td></tr>
<tr><td>60</td><td>42</td></tr>
<tr><td rowspan="2">24</td><td>50</td><td>38</td><td rowspan="2">16</td><td rowspan="4">8</td><td rowspan="2">26</td></tr>
<tr><td>70</td><td>50</td></tr>
<tr><td rowspan="2">30</td><td>60</td><td>45</td><td rowspan="2">18</td><td rowspan="4">26</td><td rowspan="4">16</td><td rowspan="2">32</td><td rowspan="4">18</td></tr>
<tr><td>80</td><td>58</td></tr>
<tr><td rowspan="2">36</td><td>70</td><td>55</td><td rowspan="2">20</td><td rowspan="2">10</td><td rowspan="2">38</td></tr>
<tr><td>95</td><td>70</td></tr>
<tr><td colspan="12">注:摘自 JB/T 8008.4—1999《机床夹具零件及部件　转动垫圈》</td></tr>
</table>

表 4－55　光面压块的结构形式和尺寸规格　　（单位:mm）

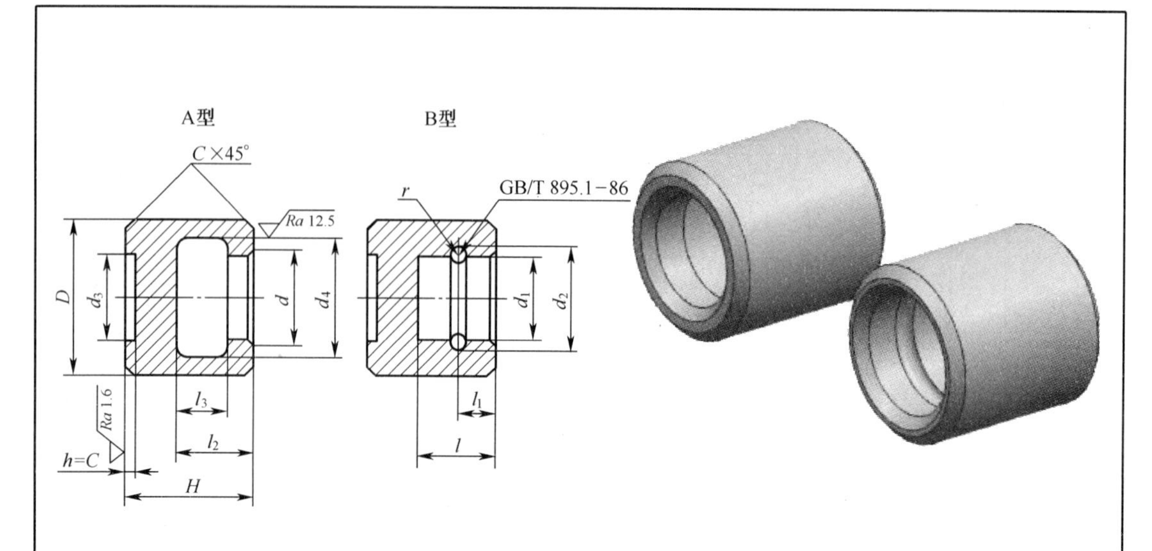

技术要求

1. 材料:45。

2. 热处理:调质,硬度 28～32HRC。

标记示例

公称直径为 12mm 的 A 型光面压块:压块 A12

公称直径（螺纹直径）	D	H	d	d_1	d_2		d_3	d_4	l	l_1	l_2	l_3	r	C	挡圈 GB/T 895.1—86
					基本尺寸	极限偏差									
4	8	7	M4	—	—	—	3	4.5	—	—	4.5	2.5	—	0.5	—
5	10	9	M5	—	—	—	4	6	—	—	6	3.5	—	1	—
6	12		M6	4.8	5.3	+0.100 0	5	7	6	2.4.			0.4		5
8	16	12	M8	6.3	6.9		8	10	7.5	3.1	8	5			6
10	18	15	M10	7.4	7.9		10	12	8.5	3.5	9	6			7
12	20	18	M12	9.5	10		12	14	10.5	4.2	11.5	7.5		1.5	9
16	25	20	M16	12.5	13.1	+0.120 0	14	18	13	4.4	13	9	0.6		12
20	30	25	M20	16.5	17.5		16	22	16	5.4	15	10.5	1	2	16
24	36	28	M24	18.5	19.5	+0.280 0	20	26	18	6.4	17.5	12.5			18

注:摘自 JB/T 8009.1—1999《机床夹具零件及部件　光面压块》

表 4-56　槽面压块结构形式和尺寸规格　　（单位:mm）

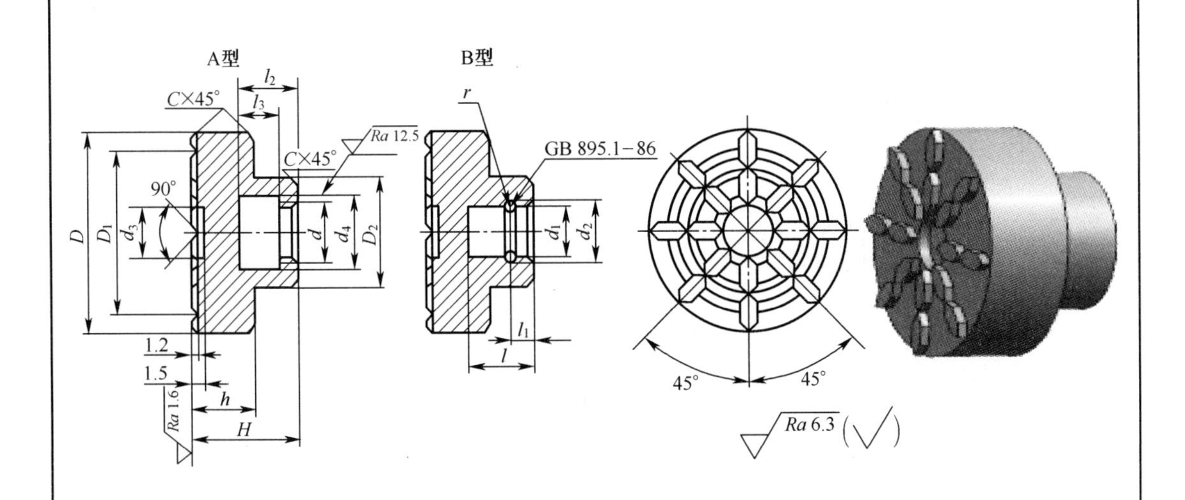

技术要求

1. 材料:45。
2. 热处理:调质,硬度 28~32HRC。

标记示例

公称直径为 12mm 的 A 型槽面压块:压块 A12

公称直径（螺纹直径）	D	D_1	D_2	H	h	d	d_1	d_2		d_3	d_4	l	l_1	l_2	l_3	r	C	挡圈 GB/T 895.1—86
								基本尺寸	极限偏差									
8	20	14	16	12	6	M8	6.3	6.9	+0.100 0	8	10	7.5	3.1	8	5	0.4	1	6
10	25	18	18	15	8	M10	7.4	7.9		10	12	8.5	3.5	9	6			7
12	30	21	20	18	10	M12	9.5	10		12	14	10.5	4.2	11.5	7.5		1.5	9
16	35	25	25	20	12	M16	12.5	13.1	+0.120 0	14	18	13	4.4	13	9	0.6		12
20	45	30	30	25		M20	16.5	17.5		16	22	16	5.4	15	10.5	1	2	16
24	55	38	36	28	14	M24	18.5	19.7	+0.280 0	20	26	18	6.4	17.5	12.5			18

注:摘自 JB/T 8001.2—1999《机床夹具零件及部件　横面压块》

表 4－57　圆压块的结构形式和尺寸规格　（单位:mm）

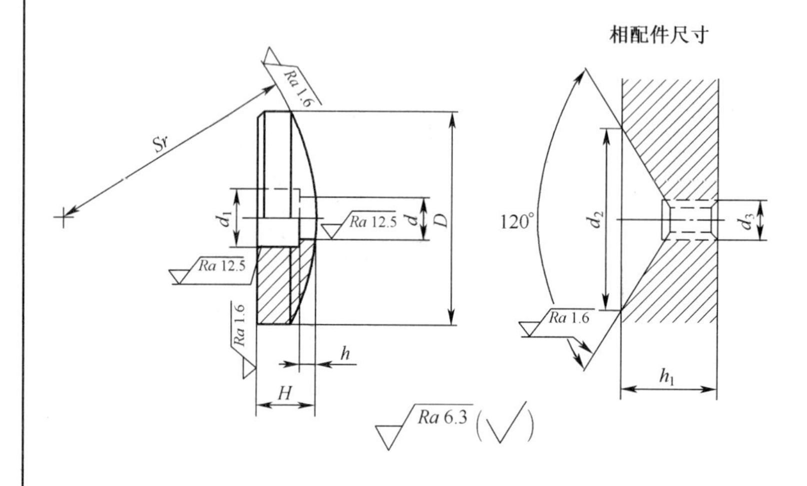

技术要求

1. 材料:45。
2. 热处理:调质,硬度 28～32HRC

标记示例

D＝32mm 的圆压块:压块 32

D	H	r	d	d_1	h	相配件		
						d_2	d_3	$h_{1\min}$
20	7	16	6	10	3	18	M4	10
25	8	20	7	12		23	M5	12
32	10	25	9	15	4	30	M6	15
40	12	32			5	35		18
50	15	36	11	18	7	45	M8	22
60	18	40			11	55		25

注:摘自 JB/T 8009.3—1999《机床夹具零件及部件　圆压块》

表 4-58　弧形压块的结构形式和尺寸规格　（单位:mm）

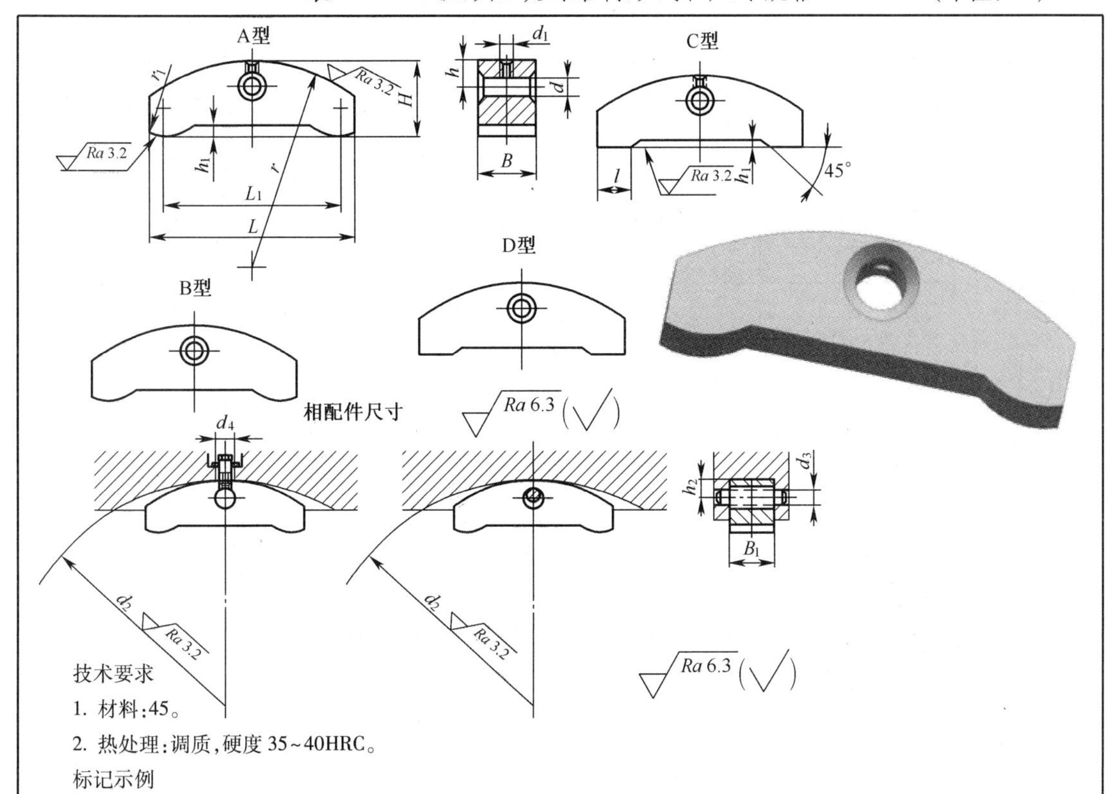

技术要求

1. 材料:45。
2. 热处理:调质,硬度 35~40HRC。

标记示例

L=60mm、B=14mm 的 A 型弧形压块:压块 A60×14

<table>
<tr><th rowspan="2">L</th><th colspan="2">B</th><th rowspan="2">H</th><th rowspan="2">h</th><th rowspan="2">d</th><th rowspan="2">d₁</th><th rowspan="2">L₁</th><th rowspan="2">l</th><th rowspan="2">h₁</th><th rowspan="2">r</th><th rowspan="2">r</th><th colspan="5">相配件</th></tr>
<tr><th>基本尺寸</th><th>偏差带 a11</th><th>d₂</th><th>d₃</th><th>d₄</th><th>h₂</th><th>B₁</th></tr>
<tr><td rowspan="2">30</td><td>10</td><td rowspan="12">-0.290
-0.400</td><td rowspan="2">14</td><td rowspan="4">6.5</td><td rowspan="4">6</td><td rowspan="4">M4</td><td rowspan="2">25</td><td rowspan="2">6</td><td rowspan="4">1.2</td><td rowspan="4">25</td><td rowspan="2">5</td><td rowspan="4">63</td><td rowspan="4">3</td><td rowspan="4">7</td><td rowspan="4">6.2</td><td>10</td></tr>
<tr><td>14</td><td>14</td></tr>
<tr><td rowspan="2">40</td><td>10</td><td rowspan="2">16</td><td rowspan="2">32</td><td rowspan="2">8</td><td rowspan="2">6</td><td>10</td></tr>
<tr><td>14</td><td>14</td></tr>
<tr><td rowspan="3">50</td><td>10</td><td rowspan="3">20</td><td rowspan="3">8.2</td><td rowspan="3">8</td><td rowspan="3">M5</td><td rowspan="2">40</td><td rowspan="2">10</td><td rowspan="3">1.6</td><td rowspan="3">32</td><td rowspan="3">8</td><td rowspan="3">80</td><td rowspan="3">4</td><td rowspan="3">8</td><td rowspan="3">7.5</td><td>10</td></tr>
<tr><td>14</td><td>14</td></tr>
<tr><td>18</td><td rowspan="2">50</td><td rowspan="2">12</td><td>18</td></tr>
<tr><td rowspan="3">60</td><td>10</td><td rowspan="3">25</td><td rowspan="3">10.5</td><td rowspan="3">10</td><td rowspan="3">M6</td><td rowspan="3">2</td><td rowspan="3">40</td><td rowspan="3">10</td><td rowspan="3">100</td><td rowspan="3">5</td><td rowspan="3">10</td><td rowspan="3">9.5</td><td>10</td></tr>
<tr><td>14</td><td rowspan="4">60</td><td rowspan="4">16</td><td>14</td></tr>
<tr><td>18</td><td>18</td></tr>
<tr><td rowspan="3">80</td><td>14</td><td rowspan="3">32</td><td rowspan="3">11.5</td><td rowspan="3">12</td><td rowspan="6">M8</td><td rowspan="3">2.5</td><td rowspan="3">50</td><td rowspan="3">12</td><td rowspan="3">125</td><td rowspan="3">6</td><td rowspan="6">13</td><td rowspan="3">10.5</td><td>14</td></tr>
<tr><td>16</td><td>16</td></tr>
<tr><td>20</td><td>-0.300
-0.430</td><td rowspan="3">80</td><td rowspan="3">20</td><td>20</td></tr>
<tr><td rowspan="3">100</td><td>14</td><td rowspan="2">-0.290
-0.400</td><td rowspan="3">40</td><td rowspan="3">14</td><td rowspan="5">16</td><td rowspan="3">3.2</td><td rowspan="3">60</td><td rowspan="3">16</td><td rowspan="3">165</td><td rowspan="5">8</td><td rowspan="3">12.5</td><td>14</td></tr>
<tr><td>16</td><td>16</td></tr>
<tr><td>20</td><td>-0.300
-0.430</td><td rowspan="3">100</td><td rowspan="3">25</td><td>20</td></tr>
<tr><td rowspan="2">125</td><td>16</td><td>-0.290
-0.400</td><td rowspan="2">50</td><td rowspan="2">16.5</td><td rowspan="2">M10</td><td rowspan="2">4</td><td rowspan="2">80</td><td rowspan="2">18</td><td rowspan="2">200</td><td rowspan="2">16</td><td rowspan="2">14.5</td><td>16</td></tr>
<tr><td>20</td><td>-0.300
-0.430</td><td>20</td></tr>
</table>

注:摘自 JB/T 8009.4—1999《机床夹具零件及部件　弧形压块》

表 4－59　移动压板的结构形式和尺寸规格

（单位：mm）

A型　B型　C型

技术要求
1. 材料：45。
2. 热处理：调质，硬度 28～32HRC。

标记示例

公称直径为 6mm、L=45mm 的 A 型移动压板：压板 A6×45

<table>
<tr><th rowspan="2">公称直径
（螺纹直径）</th><th colspan="3">L</th><th rowspan="2">B</th><th rowspan="2">H</th><th rowspan="2">l</th><th rowspan="2">l₁</th><th rowspan="2">b</th><th rowspan="2">b₁</th><th rowspan="2">d</th><th rowspan="2">h</th><th rowspan="2">h₁</th><th rowspan="2">k</th><th rowspan="2">m</th></tr>
<tr><th>A 型</th><th>B 型</th><th>C 型</th></tr>
<tr><td rowspan="3">6</td><td>40</td><td>—</td><td>40</td><td>18</td><td>6</td><td>17</td><td>9</td><td rowspan="3">6.6</td><td rowspan="3">7</td><td rowspan="3">M6</td><td rowspan="3">2.5</td><td rowspan="6">1</td><td rowspan="3">5</td><td>4</td></tr>
<tr><td colspan="2">45</td><td>—</td><td>20</td><td>8</td><td>19</td><td>11</td><td>6</td></tr>
<tr><td colspan="3">50</td><td>22</td><td>12</td><td>22</td><td>14</td><td>8</td></tr>
<tr><td rowspan="3">8</td><td>45</td><td>—</td><td>—</td><td>20</td><td>8</td><td>18</td><td>8</td><td rowspan="3">9</td><td rowspan="3">9</td><td rowspan="3">M8</td><td rowspan="3">3</td><td rowspan="3">6</td><td>4</td></tr>
<tr><td colspan="3">50</td><td>22</td><td>10</td><td>22</td><td>12</td><td>6</td></tr>
<tr><td rowspan="2">60</td><td colspan="2">60</td><td rowspan="2">25</td><td>14</td><td rowspan="2">27</td><td>17</td><td>10</td></tr>
<tr><td rowspan="3">10</td><td>—</td><td>—</td><td>10</td><td>14</td><td rowspan="3">11</td><td rowspan="3">10</td><td rowspan="3">M10</td><td rowspan="3">4</td><td rowspan="7">1.5</td><td rowspan="3">8</td><td>6</td></tr>
<tr><td colspan="3">70</td><td>28</td><td>12</td><td>30</td><td>17</td><td>8</td></tr>
<tr><td colspan="3">80</td><td>30</td><td>16</td><td>36</td><td>23</td><td>12</td></tr>
<tr><td rowspan="4">12</td><td>70</td><td>—</td><td>—</td><td rowspan="2">32</td><td>14</td><td>30</td><td>15</td><td rowspan="4">14</td><td rowspan="4">12</td><td rowspan="4">M12</td><td rowspan="4">5</td><td rowspan="4">10</td><td>6</td></tr>
<tr><td colspan="3">80</td><td>16</td><td>35</td><td>20</td><td>10</td></tr>
<tr><td colspan="3">100</td><td rowspan="3">36</td><td>18</td><td>45</td><td>30</td><td>15</td></tr>
<tr><td colspan="3">120</td><td>22</td><td>55</td><td>43</td><td>25</td></tr>
<tr><td rowspan="4">16</td><td>80</td><td>—</td><td>—</td><td>18</td><td>35</td><td>15</td><td rowspan="4">18</td><td rowspan="4">16</td><td rowspan="4">M16</td><td rowspan="4">6</td><td rowspan="12">2</td><td rowspan="4">12</td><td>6</td></tr>
<tr><td colspan="3">100</td><td>40</td><td>22</td><td>44</td><td>24</td><td>12</td></tr>
<tr><td colspan="3">120</td><td rowspan="3">45</td><td>25</td><td>54</td><td>36</td><td>18</td></tr>
<tr><td colspan="3">160</td><td>30</td><td>74</td><td>54</td><td>35</td></tr>
<tr><td rowspan="4">20</td><td>100</td><td>—</td><td>—</td><td>22</td><td>42</td><td>18</td><td rowspan="4">22</td><td rowspan="4">20</td><td rowspan="4">M20</td><td rowspan="4">7</td><td rowspan="4">15</td><td>10</td></tr>
<tr><td colspan="3">120</td><td rowspan="2">50</td><td>25</td><td>52</td><td>30</td><td>15</td></tr>
<tr><td colspan="3">160</td><td>30</td><td>72</td><td>48</td><td>25</td></tr>
<tr><td colspan="3">200</td><td>55</td><td>35</td><td>92</td><td>68</td><td>40</td></tr>
<tr><td rowspan="4">24</td><td>120</td><td>—</td><td>—</td><td>50</td><td>28</td><td>52</td><td>22</td><td rowspan="4">26</td><td rowspan="4">24</td><td rowspan="4">M24</td><td rowspan="4">8</td><td rowspan="4">18</td><td>12</td></tr>
<tr><td colspan="3">160</td><td>55</td><td>30</td><td>70</td><td>40</td><td>20</td></tr>
<tr><td colspan="3">200</td><td rowspan="2">60</td><td>35</td><td>90</td><td>60</td><td>30</td></tr>
<tr><td colspan="3">250</td><td>40</td><td>115</td><td>85</td><td>45</td></tr>
<tr><td rowspan="3">30</td><td>160</td><td>—</td><td>—</td><td rowspan="3">65</td><td rowspan="2">35</td><td>70</td><td>35</td><td rowspan="3">33</td><td rowspan="3">—</td><td rowspan="3">M30</td><td rowspan="3">10</td><td rowspan="6">3</td><td rowspan="3">20</td><td>15</td></tr>
<tr><td colspan="2">200</td><td>—</td><td>90</td><td>55</td><td>30</td></tr>
<tr><td colspan="2">250</td><td>—</td><td rowspan="2">40</td><td>115</td><td>80</td><td>50</td></tr>
<tr><td rowspan="3">36</td><td>200</td><td>—</td><td>—</td><td rowspan="2">75</td><td>85</td><td>45</td><td rowspan="3">39</td><td rowspan="3">—</td><td rowspan="3">—</td><td rowspan="3">12</td><td rowspan="3">25</td><td>20</td></tr>
<tr><td>250</td><td>—</td><td>—</td><td>45</td><td>110</td><td>70</td><td>40</td></tr>
<tr><td>320</td><td>—</td><td>—</td><td>80</td><td>50</td><td>145</td><td>105</td><td>65</td></tr>
</table>

注：摘自 JB/T 8010.1—1999《机床夹具零件及部件　移动压板》

表 4－60　转动压板的结构形式和尺寸规格　　　　（单位:mm）

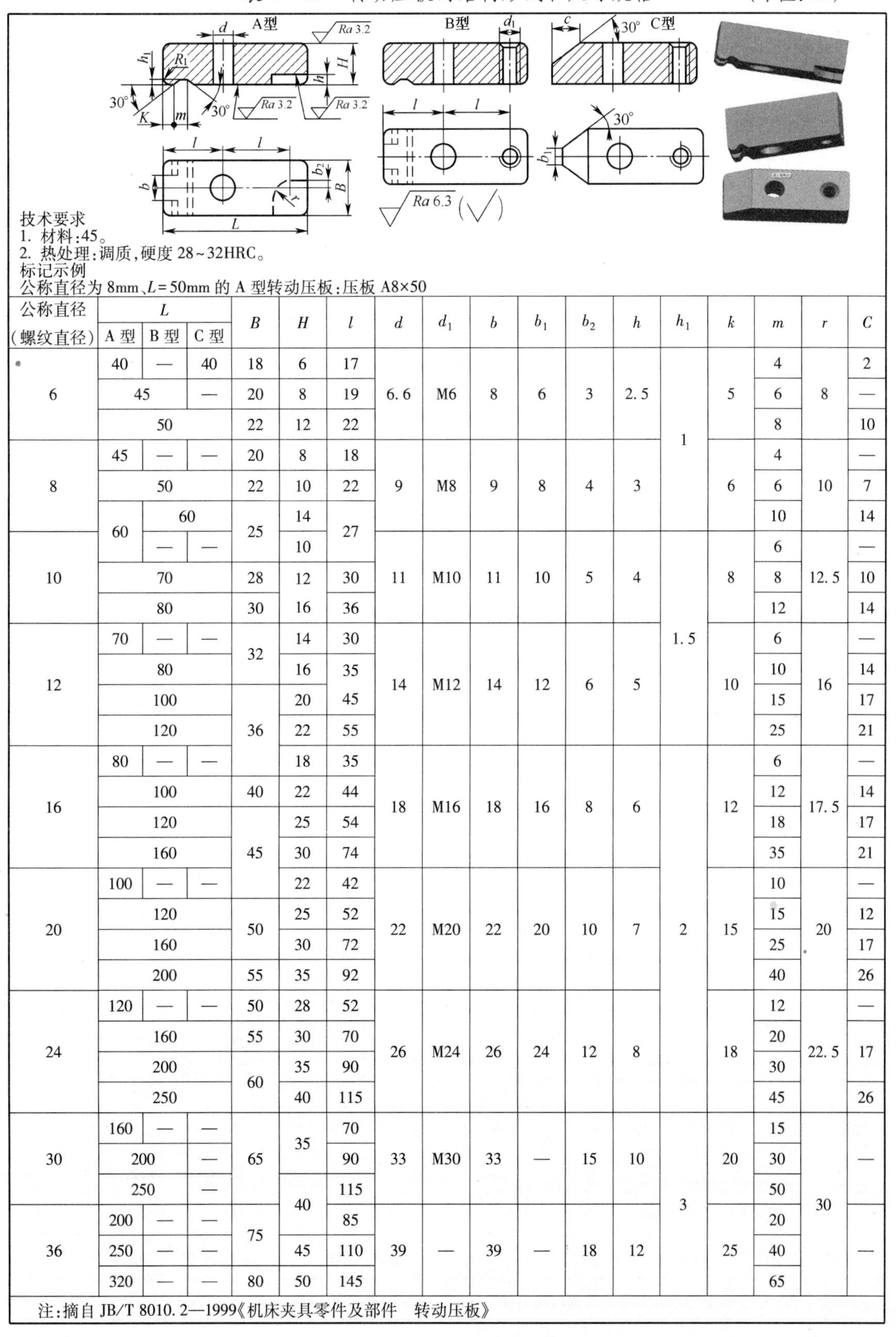

技术要求

1. 材料:45。
2. 热处理:调质,硬度 28～32HRC。

标记示例

公称直径为 8mm、$L=50$mm 的 A 型转动压板:压板 A8×50

公称直径（螺纹直径）	L A 型	L B 型	L C 型	B	H	l	d	d_1	b	b_1	b_2	h	h_1	k	m	r	C
6	40	—	40	18	6	17	6.6	M6	8	6	3	2.5	1	5	4	8	2
	45		—	20	8	19									6		—
	50			22	12	22									8		10
8	45	—	—	20	8	18	9	M8	9	8	4	3		6	4	10	—
	50			22	10	22									6		7
	60	60		25	14	27									10		14
10		—	—		10		11	M10	11	10	5	4	1.5	8	6	12.5	—
	70			28	12	30									8		10
	80			30	16	36									12		14
12	70	—	—	32	14	30	14	M12	14	12	6	5		10	6	16	—
	80				16	35									10		14
	100			36	20	45									15		17
	120				22	55									25		21
16	80	—	—		18	35	18	M16	18	16	8	6		12	6	17.5	—
	100			40	22	44									12		14
	120			45	25	54									18		17
	160				30	74									35		21
20	100	—	—		22	42	22	M20	22	20	10	7	2	15	10	20	—
	120			50	25	52									15		12
	160				30	72									25		17
	200			55	35	92									40		26
24	120	—	—	50	28	52	26	M24	26	24	12	8		18	12	22.5	—
	160			55	30	70									20		17
	200			60	35	90									30		
	250				40	115									45		26
30	160	—	—	65	35	70	33	M30	33	—	15	10	3	20	15	30	—
	200		—			90									30		
	250		—		40	115									50		
36	200	—	—	75		85	39	—	39	—	18	12		25	20		—
	250	—	—		45	110									40		
	320	—	—	80	50	145									65		

注:摘自 JB/T 8010.2—1999《机床夹具零件及部件　转动压板》

表 4－61　移动弯压板的结构形式和尺寸规格　　(单位:mm)

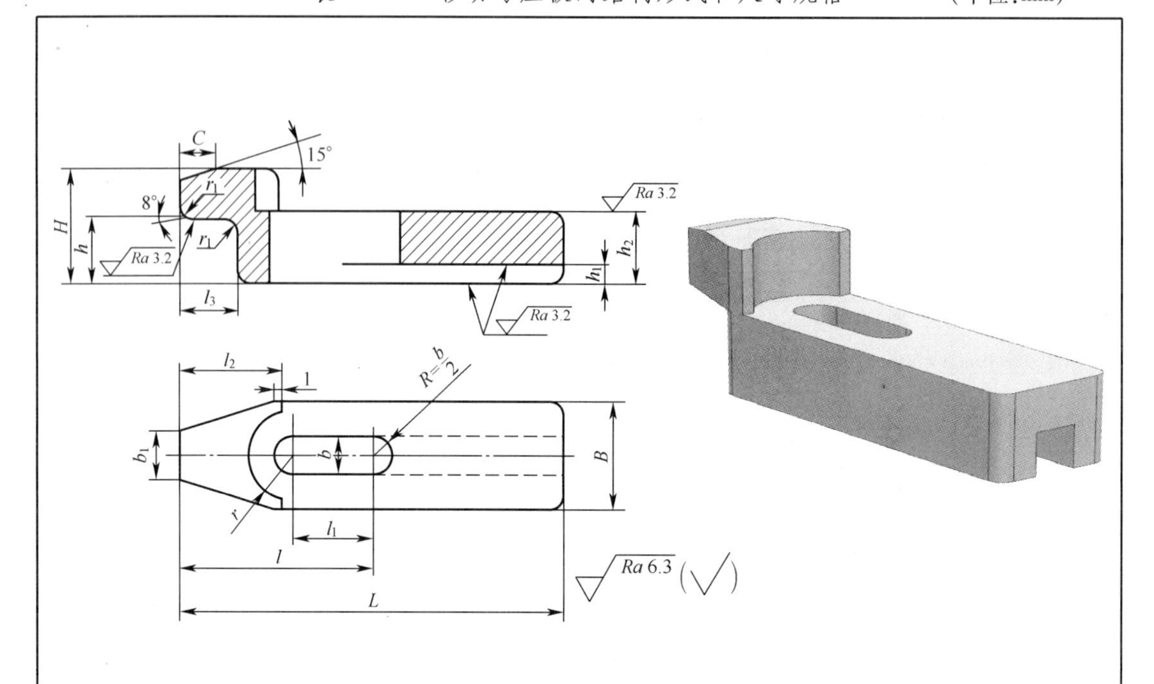

技术要求

1. 材料:45。
2. 热处理:调质,硬度 28~32HRC。

标记示例

公称直径为 8mm 、L=80mm 的移动弯压板:压板　8×80

公称直径（螺纹直径）	L	B	H	h	h_1	h_2	C	l	l_1	l_2	l_3	b	b_1	r	r_1
6	60	20	20	12	3	10	4	32	12	18	8	6.6	10	8	2
8	80	25	25	15		12	6	40		22	12	9	12	10	
10	100	32	32	20		16	8	52	16	30	16	11	15	13	3
12	120	40	40	23	5	18	10	65	20	38	20	14	20	15	
16	160	45	50	30		23	12	80	25	45	25	18	22	18	
20	200	55	60	36	6	30	16	100	30	56	30	22	25	22	5
24	250	65	70	44	8	32	20	125	35	75	35	26	28	26	
30	320	75	100	60		40	25	160	45	90	45	33	32	30	8
36	360	90	115	65	10	45	30	180	50	100	50	39	40	36	
42	400	105	130	75		50	35	200	60	115	60	45	45	42	10

注:摘自 JB/T 8010.3—1999《机床夹具零件及部件　移动弯压板》

表 4-62　转动弯压板的结构形式和尺寸规格　（单位:mm）

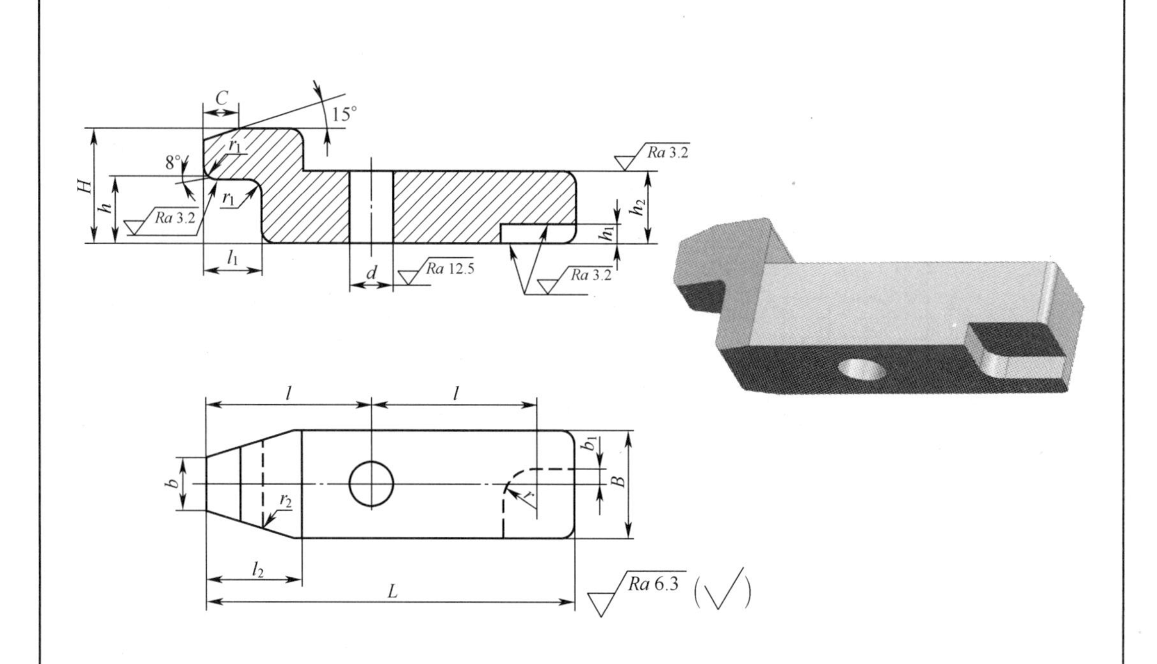

技术要求

1. 材料:45。

2. 热处理:调质,硬度 28~32HRC。

标记示例

公称直径为 8mm、L=80mm 的转动弯压板:压板　8×80

公称直径（螺纹直径）	L	B	H	h	h_1	h_2	C	d	l	l_1	l_2	b	b_1	r	r_1	r_2
6	60	20	20	12	3	10	4	6.6	27	8	18	10	3	8	2	2
8	80	25	25	15		12	6	9	36	12	22	12	4	10		
10	100	32	32	18		16	8	11	45	16	30	15	5	12.5	3	3
12	120	40	40	23	5	18	10	14	55	20	38	20	6	16		
16	160	45	50	30		23	12	18	74	25	45	22	8	17.5		
20	200	55	60	34	6	30	16	22	92	30	56	25	10	20	5	5
24	250	65	70	42	8	32	20	26	115	35	65	28	12	22.5		
30	320	75	100	60		40	25	33	145	45	80	32	15	30	8	
36	360	90	115	65	10	45	30	39	165	50	90	40	18			
42	400	105	130	75		50	35	45	185	60	110	45	21		10	

注:摘自 JB/T 8010.4—1999《机床夹具零件及部件　转动弯压板》

表 4-63　偏心轮用压板的结构形式和尺寸规格　　(单位:mm)

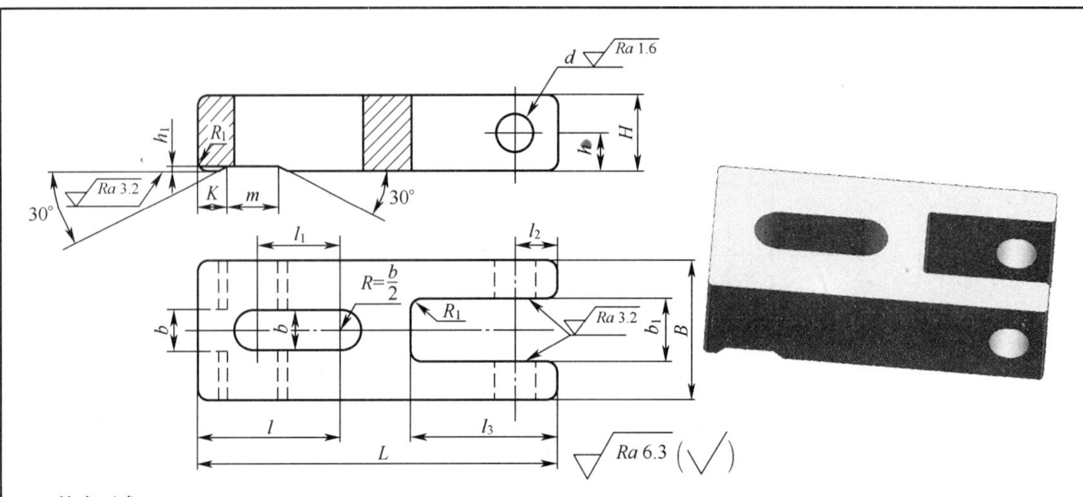

技术要求

1. 材料:45。
2. 热处理:调质,硬度 28~32HRC。

标记示例

公称直径为 8mm、L=70mm 的偏心轮用压板:压板　8×70

<table>
<tr><th rowspan="2">公称直径
(螺纹直径)</th><th rowspan="2">L</th><th rowspan="2">B</th><th rowspan="2">H</th><th colspan="2">d</th><th rowspan="2">b</th><th colspan="2">bb_1</th><th rowspan="2">l</th><th rowspan="2">l_1</th><th rowspan="2">l_2</th><th rowspan="2">l_3</th><th rowspan="2">h</th><th rowspan="2">h_1</th><th rowspan="2">k</th><th rowspan="2">m</th></tr>
<tr><th>基本尺寸</th><th>偏差带 H7</th><th>基本尺寸</th><th>偏差带 H11</th></tr>
<tr><td>6</td><td>60</td><td>25</td><td>12</td><td>6</td><td>$^{+0.012}_{0}$</td><td>6.6</td><td>12</td><td rowspan="4">$^{+0.110}_{0}$</td><td>24</td><td>14</td><td>6</td><td>24</td><td>5</td><td rowspan="2">1</td><td>5</td><td>8</td></tr>
<tr><td>8</td><td>70</td><td>30</td><td>16</td><td>8</td><td rowspan="2">$^{+0.015}_{0}$</td><td>9</td><td>14</td><td>28</td><td>16</td><td>8</td><td>28</td><td>7</td><td>6</td><td>10</td></tr>
<tr><td>10</td><td>80</td><td>36</td><td>18</td><td>10</td><td>11</td><td>16</td><td>32</td><td>18</td><td>10</td><td>32</td><td>8</td><td rowspan="2">1.5</td><td>8</td><td>12</td></tr>
<tr><td>12</td><td>100</td><td>40</td><td>22</td><td>12</td><td rowspan="3">$^{+0.018}_{0}$</td><td>14</td><td>18</td><td>42</td><td>24</td><td>12</td><td>38</td><td>10</td><td>10</td><td>15</td></tr>
<tr><td>16</td><td>120</td><td>45</td><td>25</td><td rowspan="2">16</td><td>18</td><td>22</td><td rowspan="2">$^{+0.130}_{0}$</td><td>54</td><td>32</td><td>14</td><td>45</td><td>12</td><td rowspan="2">2</td><td>12</td><td>18</td></tr>
<tr><td>20</td><td>160</td><td>50</td><td>30</td><td>22</td><td>24</td><td>70</td><td>45</td><td>15</td><td>52</td><td>14</td><td>15</td><td>25</td></tr>
</table>

注:摘自 JB/T 8010.7—1999《机床夹具零件及部件　偏心轮用压板》

表 4-64　平压板的结构形式和尺寸规格　　(单位:mm)

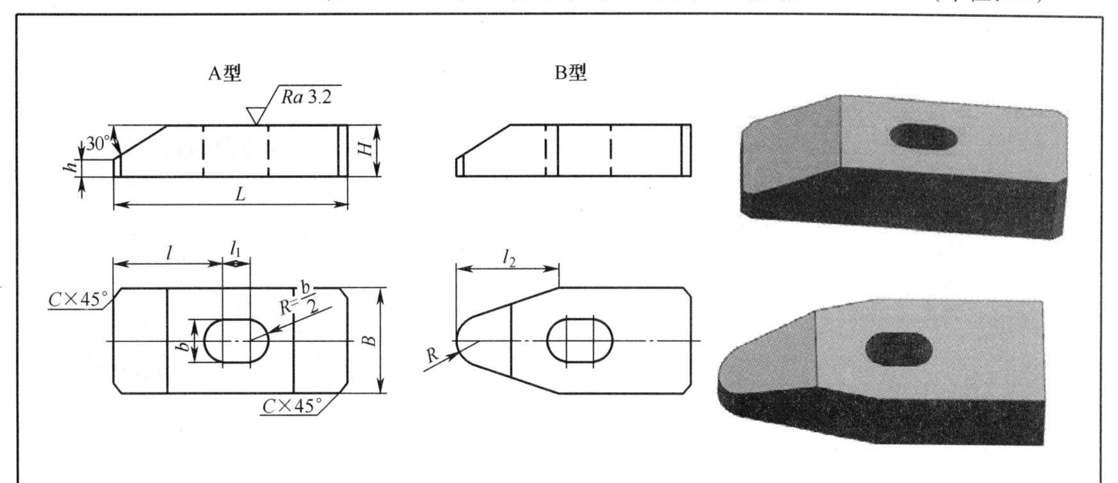

技术要求

1. 材料:45。
2. 热处理:调质,硬度 28~32HRC。

标记示例

公称直径为 20mm、L=200mm 的 A 型平压板:压板　A20×200

<table>
<tr><th>公称直径</th><th>L</th><th>B</th><th>H</th><th>h</th><th>b</th><th>l</th><th>l_1</th><th>l_2</th><th>R</th><th>C</th></tr>
<tr><td rowspan="2">6</td><td>40</td><td>18</td><td>8</td><td rowspan="3">3</td><td rowspan="2">7</td><td>18</td><td rowspan="8">7</td><td>16</td><td>4</td><td rowspan="6">2</td></tr>
<tr><td>50</td><td rowspan="2">22</td><td>12</td><td>23</td><td>21</td><td>5</td></tr>
<tr><td rowspan="2">8</td><td>45</td><td>10</td><td rowspan="2">10</td><td>21</td><td>19</td><td>6</td></tr>
<tr><td rowspan="2">60</td><td rowspan="2">25</td><td rowspan="2">12</td><td rowspan="4">4</td><td rowspan="2">28</td><td rowspan="2">26</td><td rowspan="5">8</td></tr>
<tr><td rowspan="2">10</td><td rowspan="2">12</td></tr>
<tr><td rowspan="2">80</td><td>30</td><td rowspan="2">16</td><td rowspan="2">38</td><td rowspan="2">35</td></tr>
<tr><td rowspan="2">12</td><td>32</td><td rowspan="2">15</td><td rowspan="2">4</td></tr>
<tr><td>100</td><td>40</td><td>20</td><td>6</td><td>48</td><td>45</td></tr>
<tr><td rowspan="2">16</td><td>120</td><td rowspan="2">50</td><td rowspan="2">25</td><td rowspan="2">8</td><td rowspan="2">19</td><td>52</td><td>15</td><td>55</td><td rowspan="2">10</td><td rowspan="2">6</td></tr>
<tr><td>160</td><td>70</td><td rowspan="3">20</td><td>60</td></tr>
<tr><td rowspan="2">20</td><td>200</td><td>60</td><td>28</td><td rowspan="2">10</td><td rowspan="2">24</td><td>90</td><td>75</td><td rowspan="2">12</td><td rowspan="2">8</td></tr>
<tr><td rowspan="2">250</td><td>70</td><td>32</td><td rowspan="2">110</td><td>85</td></tr>
<tr><td rowspan="2">24</td><td rowspan="2">80</td><td rowspan="2">35</td><td rowspan="2">12</td><td rowspan="2">28</td><td rowspan="2">30</td><td>100</td><td rowspan="2">16</td><td rowspan="2">10</td></tr>
<tr><td>320</td><td rowspan="2">130</td><td rowspan="2">110</td></tr>
<tr><td rowspan="2">30</td><td>360</td><td rowspan="4">100</td><td rowspan="2">40</td><td rowspan="2">16</td><td rowspan="2">35</td><td rowspan="2">40</td><td rowspan="4">20</td><td rowspan="4">12</td></tr>
<tr><td>320</td><td>150</td><td>130</td></tr>
<tr><td rowspan="2">36</td><td rowspan="2">360</td><td rowspan="2">45</td><td rowspan="2">20</td><td rowspan="2">42</td><td>130</td><td rowspan="2">50</td><td>110</td></tr>
<tr><td>150</td><td>130</td></tr>
</table>

注:摘自 JB/T 8010.9—1999《机床夹具零件及部件　平压板》

表 4－65　U 形压板的结构形式和尺寸规格　（单位：mm）

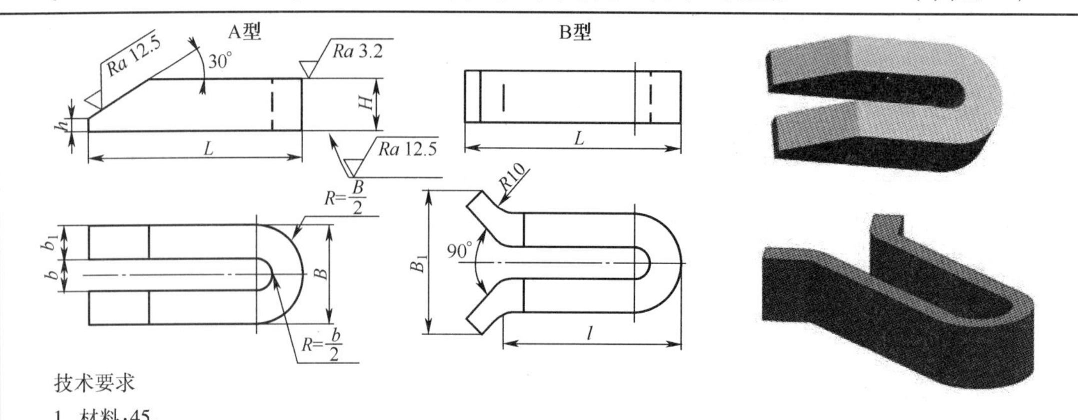

技术要求

1. 材料：45。

2. 热处理：调质，硬度 28～32HRC。

标记示例

公称直径为 24mm、L＝250mm 的 A 型 U 形压板：压板　A24×250

公称直径（螺纹直径）	L	B	H	b	b_1	h	l	$B_1\approx$	$l_1\approx$	
									A 型	B 型
12	100	42	22	14	14	6	65	93	202	221
	120						70	117	242	265
16	160	54	28	18	18	8	105	138	323	351
	200						130	168	403	444
20								177		
	250	66	35	22	22	10	170	197	503	553
	320						220	237	643	709
24	250	84	42	28	28	12	170	198	504	534
	320						220	238	644	690
	400						270	303	814	882
30	320	105	50	35	35	14	220	260	645	696
	400						265	325	805	878
	500						335	390	1005	1110
36	400	120	60	40	40	16	—	—	846	—
	500								1046	
	630								1306	
42	500	138	70	46	46	22	—	—	1007	—
	630								1267	
	800								1607	
48	630	156	80	52	52	25	—	—	1268	—
	800								1608	
	1000								2008	

注：摘自 JB/T 8010.11—1999《机床夹具零件及部件　U 形压板》

表 4－66　直压板的结构形式和尺寸规格　（单位：mm）

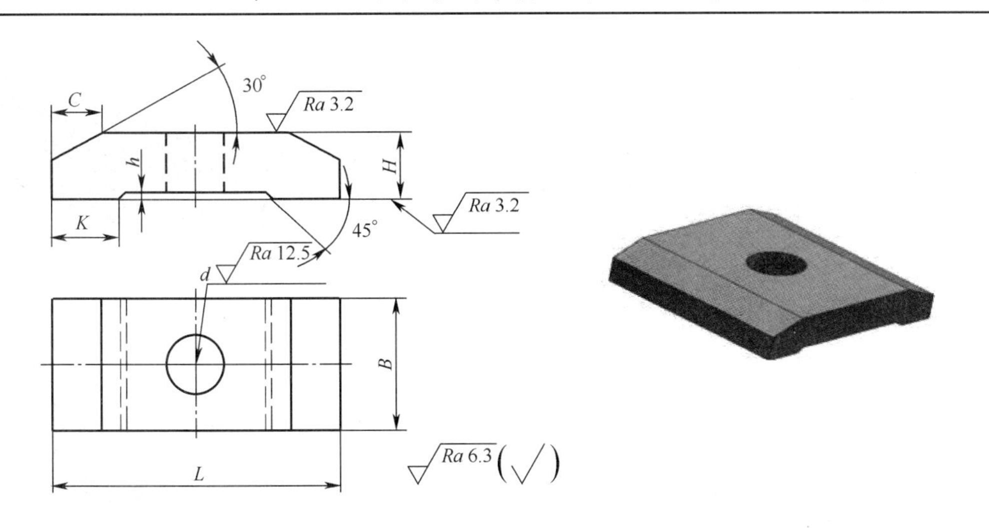

技术要求

1. 材料：45。
2. 热处理：调质，硬度 28～32HRC。

标记示例

公称直径为 8mm、L=80mm 的 A 型直压板：压板　8×80

<table>
<tr><th>公称直径
（螺纹直径）</th><th>L</th><th>B</th><th>H</th><th>d</th><th>h</th><th>K</th><th>C</th></tr>
<tr><td rowspan="3">8</td><td>50</td><td rowspan="3">25</td><td rowspan="3">12</td><td rowspan="3">9</td><td rowspan="6">1.5</td><td>12</td><td rowspan="3">8</td></tr>
<tr><td>60</td><td>16</td></tr>
<tr><td>80</td><td>20</td></tr>
<tr><td rowspan="3">10</td><td>60</td><td rowspan="6">32</td><td rowspan="2">16</td><td rowspan="3">11</td><td>16</td><td rowspan="3">10</td></tr>
<tr><td>80</td><td>20</td></tr>
<tr><td>100</td><td rowspan="3">20</td><td>25</td></tr>
<tr><td rowspan="3">12</td><td>80</td><td rowspan="3">14</td><td rowspan="6">2</td><td>20</td><td rowspan="3">12</td></tr>
<tr><td>100</td><td>25</td></tr>
<tr><td>120</td><td rowspan="5">25</td><td>32</td></tr>
<tr><td rowspan="3">16</td><td>100</td><td rowspan="3">40</td><td rowspan="3">18</td><td>25</td><td rowspan="3">15</td></tr>
<tr><td>120</td><td>32</td></tr>
<tr><td>160</td><td>40</td></tr>
<tr><td rowspan="3">20</td><td>120</td><td rowspan="3">50</td><td rowspan="3">22</td><td rowspan="3">2.5</td><td>32</td><td rowspan="3">20</td></tr>
<tr><td>160</td><td rowspan="2">32</td><td>40</td></tr>
<tr><td>200</td><td>50</td></tr>
<tr><td colspan="8">注：摘自 JB/T 8010.13—1999《机床夹具零件及部件　直压板》</td></tr>
</table>

表 4-67 铰链压板的结构形式和尺寸规格 (单位:mm)

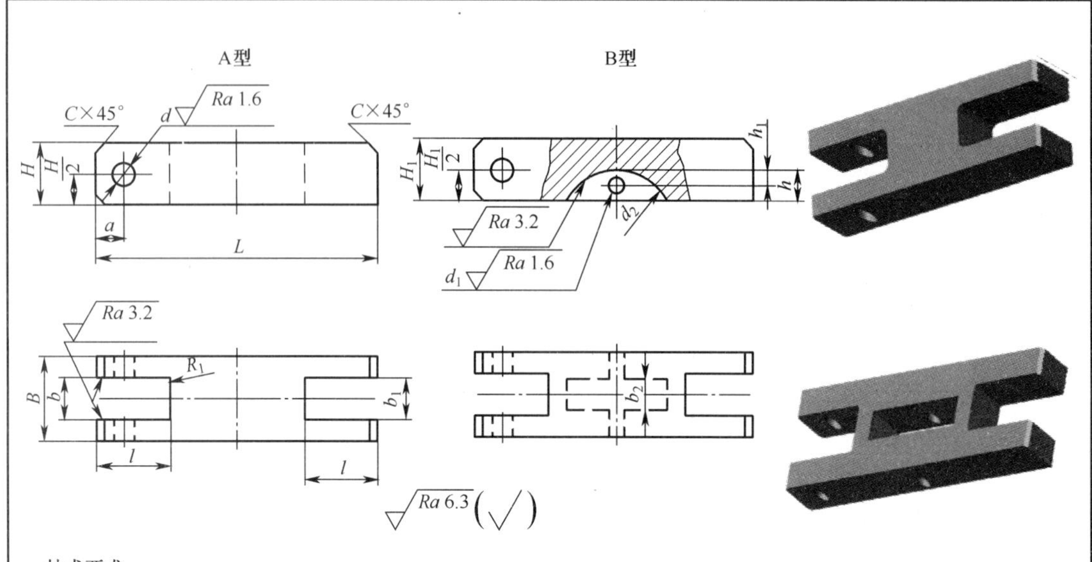

技术要求

1.材料：45。

2.热处理：A型调质，硬度28～32HRC；B型表面淬火，硬度35～40HRC。

标记示例

公称直径为8mm、L=100mm的A型铰链压板：压板 A8×100

b 基本尺寸	b 偏差带 H7	L	B	H	H_1	b_1	b_2	d 基本尺寸	d 偏差带 H7	d_1 基本尺寸	d_1 偏差带 H7	d_2	a	l	h	h_1	C
6	+0.075 0	70	16	12	—	6		4	+0.120 0	—	+0.010 0	—	5	12	—	—	2
		90															
8	+0.090 0	100	18	15	20	8	10	5		3		63	6	15	10	6.2	3
		120	24				14										
10				18		10	10	6					7	18			
		140					14										
12	+0.110 0		32	22	26	12	10	8	+0.015 0	4	+0.012 0	80	9	22	14	7.5	4
		160					14										
		180					18										
14				26	32	14	10	10		5		100	10	25	18	9.5	6
		200					14										
		220					18										
18			40	32	38	18	14	12	+0.018 0	6		125	14	32	22	10.5	8
		250					16										
		280					20										
22	+0.130 0	250	50	40	45	22	14	16		8	+0.015 0	160	18	40	26	12.5	10
		280					16										

(续)

b 基本尺寸	b 偏差带 H7	L	B	H	H_1	b_1	b_2	d 基本尺寸	d 偏差带 H7	d_1 基本尺寸	d_1 偏差带 H7	d_2	a	l	h	h_1	C
22	+0.130 0	300	50	40	45	22	20	16	+0.018 0	8	+0.015 0	160	18	40	26	12.5	10
26			60	45		26	16	20	+0.021 0			200	22	48		14.5	
		320															
		360					20										
注:摘自 JB/T 10.14—1999《机床夹具零件及部件　铰链压板》																	

表 4-68　回转压板的结构形式和尺寸规格　(单位:mm)

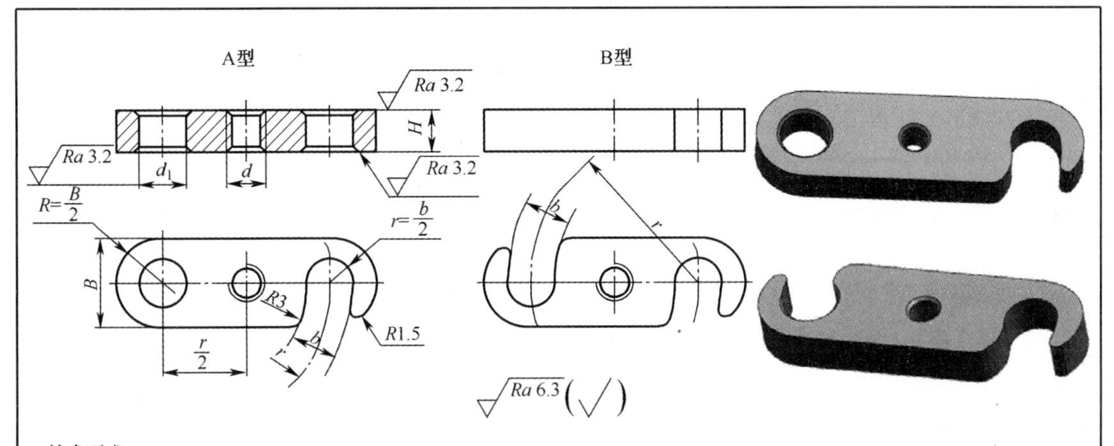

技术要求
1.材料：45。
2.热处理：调质,硬度28～32HRC。
标记示例
d=M10、r=50mm的A型回转压板：压板 AM10×50

d		M5	M6	M8	M10	M12	M16
B		14	18	20	22	25	32
H	基本尺寸	6	8	10	12	16	20
	偏差带 h11	0 -0.075	0 -0.090		0 -0.110		0 -0.130
b		5.5	6.6	9	11	14	18
d_1	基本尺寸	6	8	10	12	14	18
	偏差带 H11	+0.075 0	+0.090 0		+0.110 0		+0.130 0
r		20					
		25					
		30	30				
		35	35				

（续）

d_1	基本尺寸	6	8	10	12	14	18
	偏差带 H11	+0.075 0	+0.090 0		+0.110 0		+0.130 0
r		40	4	40			
			45	45			
			50	50	50		
				55	55		
				60	60	60	
				65	65	65	
				70	70	70	
					75	75	
					80	80	80
					85	85	85
					90	90	90
						100	100
							110
							120
配用螺钉		M5×6	M6×8	M8×10	M10×12	M12×16	M16×20
注：摘自 JB/T 8010.15—1999《机床夹具零件及部件　回转压板》							

表 4－69　双向压板的结构形式和尺寸规格　（单位：mm）

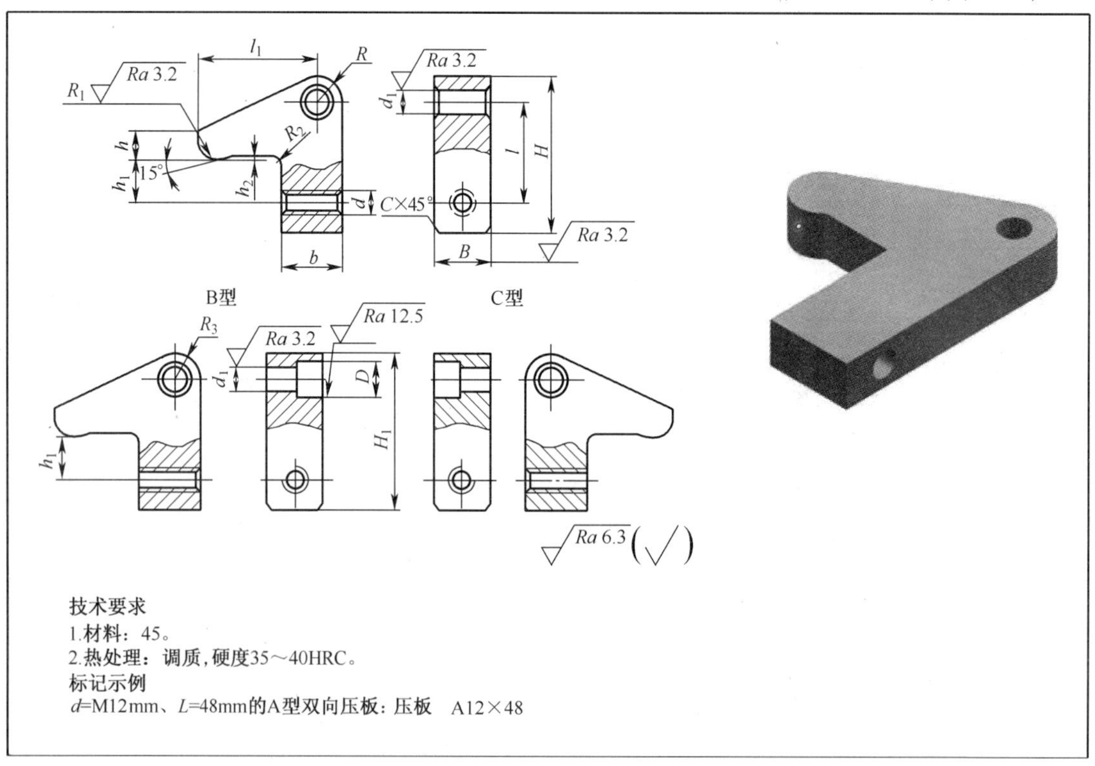

技术要求

1.材料：45。

2.热处理：调质，硬度35～40HRC。

标记示例

d=M12mm、L=48mm的A型双向压板：压板　A12×48

（续）

d	l		l_1		B		H	H_1	d_1		D	b	b_1		h	h_1	h_2	h_3	R	R_1	R_2	R_3	C
	A型	B、C型	A型	B、C型	基本尺寸	偏差带H7			基本尺寸	偏差带H7			基本尺寸	偏差带H7									
M4	12	—	14	—	8	-0.150 -0.300	20	—	4	+0.215 +0.140	—	7	—		4	5	1	—	4	2	3	—	2
	—	—	—	—																			
	—	—	—	—																			
M5	15	15	18	22	10		25		5		10	9	6		5	6		8	5			7	
	20	20	25	30			30											12					
	—	25	—	38			—											16					
M6	18	22	22	30	12	-0.150 -0.330	30	27	6		12	11	8		7	8		12	6	3		8	
	24	30	30	45			36	32									2	20					
	—	40	—	60			—	37										30					
M8	24	25	28	38	15		39		8	+0.240 +0.150	15	14	10		9	10		15	7.5			9.5	3
	30	35	38	52			45											25					
	—	45	—	68			—											35					
M10	30	30	35	45	18		48		10		18	18	12		12	12		20	9	4		11	
	38	45	45	68			56											35					
	—	60	—	90			—											50					
M12	38	40	42	60	22	-0.160 -0.370	60		12	+0.260 +0.150	22	22	16		15	15		28	11			13	
	48	55	52	82			70											42					
	—	70	—	105			—											57					
M16	48	45	52	68	26		74		16		28	28			18	20		32	13	5		16	4
	60	60	65	90			86											47					
	—	75	—	112			—											62					
M20	60	—	65	—	32	-0.170 -0.420	92		20	+0.290 +0.160	—	34	—		22	25	3	—	16		4	—	
	—	—	—	—			—																
	—	—	—	—			—																
M24	76	—	80	—	38						—	40	—		26	30		—	19			—	
	—	—	—	—																			
	—	—	—	—																			

注：摘自 JB/T 8010.16—1999《机床夹具零件及部件　双向压板》

表 4-70 圆偏心轮的结构形式和尺寸规格 (单位:mm)

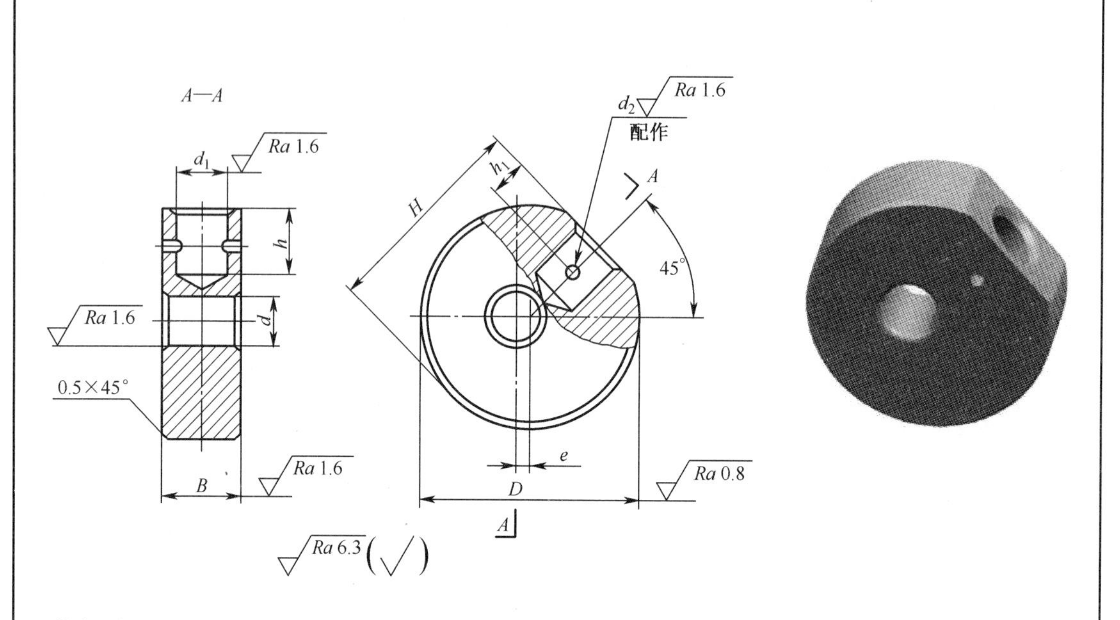

技术要求

1.材料：20。

2.热处理：表面渗碳淬火，硬度58～64HRC；渗碳深度0.8～1.2mm。

标记示例

D=32mm的圆偏心轮：偏心轮32

<table>
<tr><th rowspan="2">D</th><th colspan="2">e</th><th colspan="2">B</th><th colspan="2">d</th><th colspan="2">d_1</th><th colspan="2">d_2</th><th rowspan="2">H</th><th rowspan="2">h</th><th rowspan="2">h_1</th></tr>
<tr><th>基本尺寸</th><th>极限偏差</th><th>基本尺寸</th><th>偏差带 d11</th><th>基本尺寸</th><th>偏差带 D9</th><th>基本尺寸</th><th>偏差带 H7</th><th>基本尺寸</th><th>偏差带 H7</th></tr>
<tr><td>25</td><td>1.3</td><td rowspan="6">±0.200</td><td>12</td><td rowspan="4">-0.050
-0.160</td><td>6</td><td>+0.060
+0.030</td><td>6</td><td>+0.012
0</td><td>2</td><td rowspan="3">+0.010
0</td><td>24</td><td>9</td><td>4</td></tr>
<tr><td>32</td><td>1.7</td><td>14</td><td>8</td><td rowspan="2">+0.076
+0.040</td><td>8</td><td rowspan="2">+0.015
0</td><td rowspan="2">3</td><td>31</td><td>11</td><td>5</td></tr>
<tr><td>40</td><td>2</td><td>16</td><td>10</td><td>10</td><td>38.5</td><td>14</td><td>6</td></tr>
<tr><td>50</td><td>2.5</td><td>18</td><td>12</td><td rowspan="3">+0.093
+0.050</td><td>12</td><td rowspan="3">+0.018
0</td><td>4</td><td rowspan="3">+0.012
0</td><td>48</td><td>18</td><td>8</td></tr>
<tr><td>60</td><td>3</td><td>22</td><td rowspan="2">-0.065
-0.195</td><td rowspan="2">16</td><td rowspan="2">16</td><td rowspan="2">5</td><td>58</td><td>22</td><td rowspan="2">10</td></tr>
<tr><td>70</td><td>3.5</td><td>24</td><td>68</td><td>24</td></tr>
</table>

注：摘自 JB/T 8011.1—1999《机床夹具零件及部件 圆偏心轮》

表 4－71　叉形偏心轮的结构形式和尺寸规格　　（单位:mm）

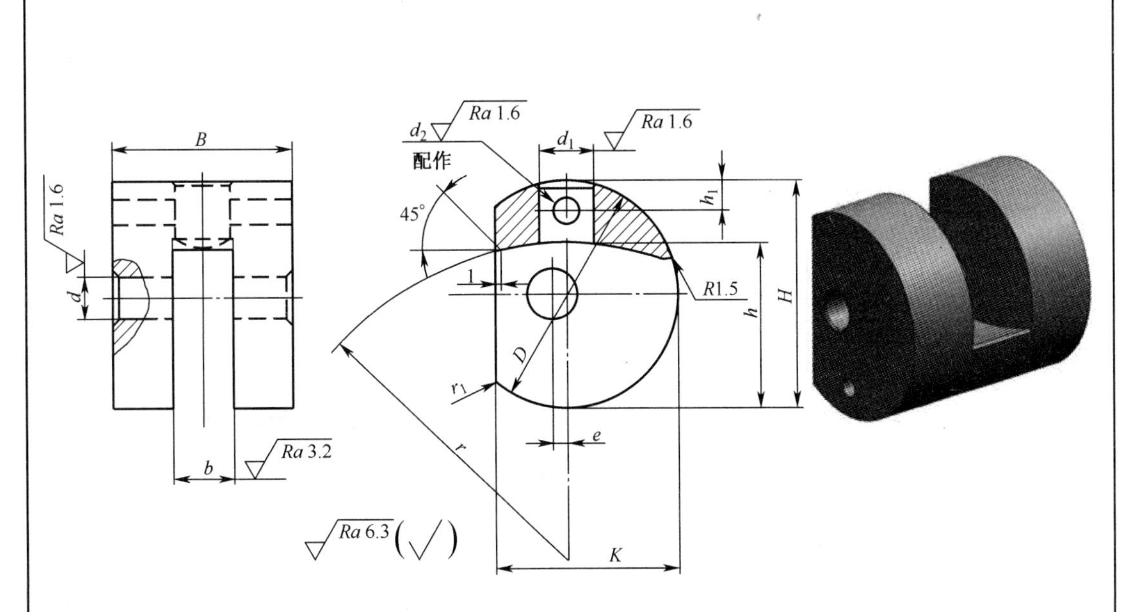

技术要求

1.材料：20。

2.热处理：表面渗碳淬火,硬度58～64HRC；渗碳深度0.8～1.2mm。

标记示例

D=50mm的叉形偏心轮：偏心轮50

D	e		B	b	d		d_1		d_2		H	h	h_1	K	r	r_1
	基本尺寸	极限偏差			基本尺寸	偏差带H7	基本尺寸	偏差带H7	基本尺寸	偏差带H7						
25	1.3	±0.200	14	6	4	+0.01 20	5	+0.012 0	1.5	+0.010 0	24	18	3	20	32	2
32	1.7		18	8	5		6		2		31	24	4	27	45	
40	2		25	10	6		8	+0.015 0	3		39	30	5	34	50	3
50	2.5		32	12	8	+0.01 50	10				49	36	6	42	62	
65	3.5		38	14	10		12	+0.018 0	4		64	47	8	55	70	5
80	5		45	18	12	+0.01 80	16		5	+0.012 0	78	58	10	65	58	8
100	6		52	22	16		20	+0.021 0	6		98	72	12	80	100	10

注:摘自 JB/T 8011.2—1999《机床夹具零件及部件　叉形偏心轮》

表 4-72　双面偏心轮的结构形式和尺寸规格　(单位:mm)

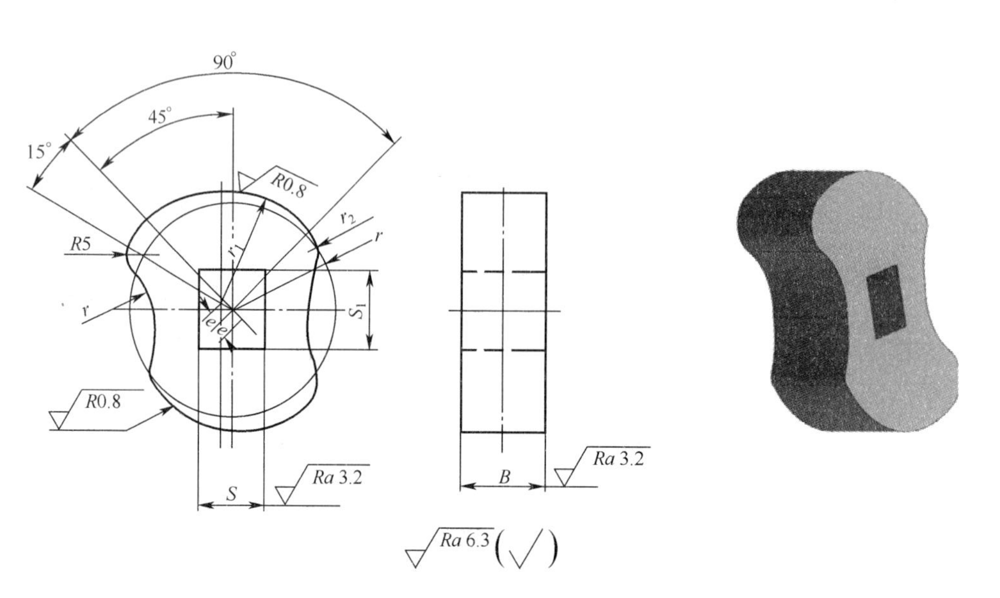

技术要求
1.材料：20。
2.热处理：表面渗碳淬火，硬度58～64HRC；渗碳深度0.8～1.2mm。
标记示例
r=30mm的双面偏心轮：偏心轮30

<table>
<tr><th rowspan="2">r</th><th rowspan="2">r₁</th><th rowspan="2">r₂</th><th colspan="2">e</th><th colspan="2">B</th><th colspan="2">S</th><th rowspan="2">S₁</th></tr>
<tr><th>基本尺寸</th><th>极限偏差</th><th>基本尺寸</th><th>偏差带 d11</th><th>基本尺寸</th><th>偏差带 H11</th></tr>
<tr><td>30</td><td>30.9</td><td>10</td><td>3</td><td rowspan="5">±0.200</td><td rowspan="2">22</td><td rowspan="5">-0.065
-0.195</td><td>17</td><td>+0.110
0</td><td>20</td></tr>
<tr><td>40</td><td>41.2</td><td>15</td><td>4</td><td>22</td><td rowspan="4">+0.130
0</td><td>25</td></tr>
<tr><td>50</td><td>51.5</td><td>18</td><td>5</td><td rowspan="2">24</td><td rowspan="2">24</td><td rowspan="2">28</td></tr>
<tr><td>60</td><td>61.8</td><td>22</td><td>6</td></tr>
<tr><td>70</td><td>72.1</td><td>25</td><td>7</td><td>29</td><td>27</td><td>32</td></tr>
</table>

注:摘自 JB/T 8011.4—1999《机床夹具零件及部件　双面偏心轮》

表 4－73　偏心轮用垫板的结构形式和尺寸规格　　（单位：mm）

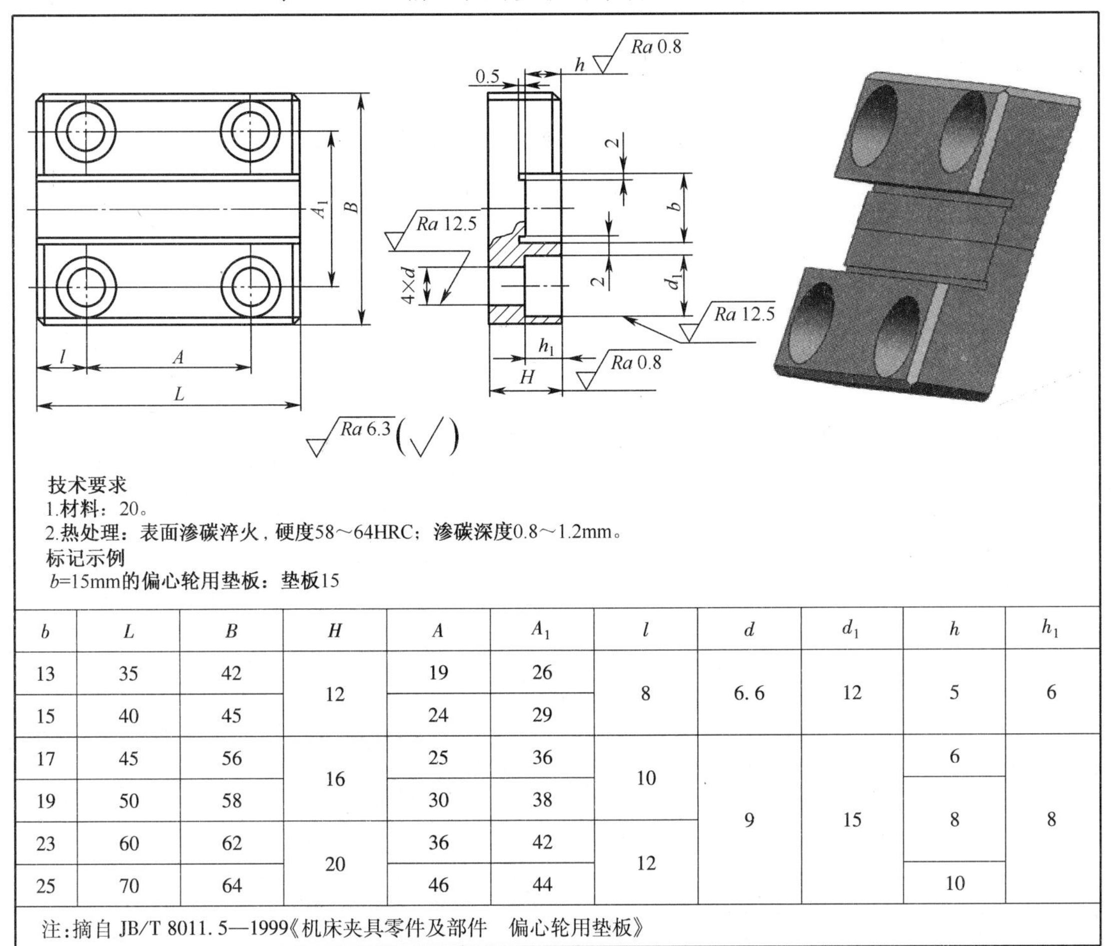

技术要求

1.材料：20。

2.热处理：表面渗碳淬火，硬度58～64HRC；渗碳深度0.8～1.2mm。

标记示例

b=15mm的偏心轮用垫板：垫板15

b	L	B	H	A	A_1	l	d	d_1	h	h_1
13	35	42	12	19	26	8	6.6	12	5	6
15	40	45		24	29					
17	45	56	16	25	36	10	9	15	6	8
19	50	58		30	38				8	
23	60	62	20	36	42	12				
25	70	64		46	44				10	

注：摘自 JB/T 8011.5—1999《机床夹具零件及部件　偏心轮用垫板》

表 4－74　钩形压板的结构形式和尺寸规格　　（单位：mm）

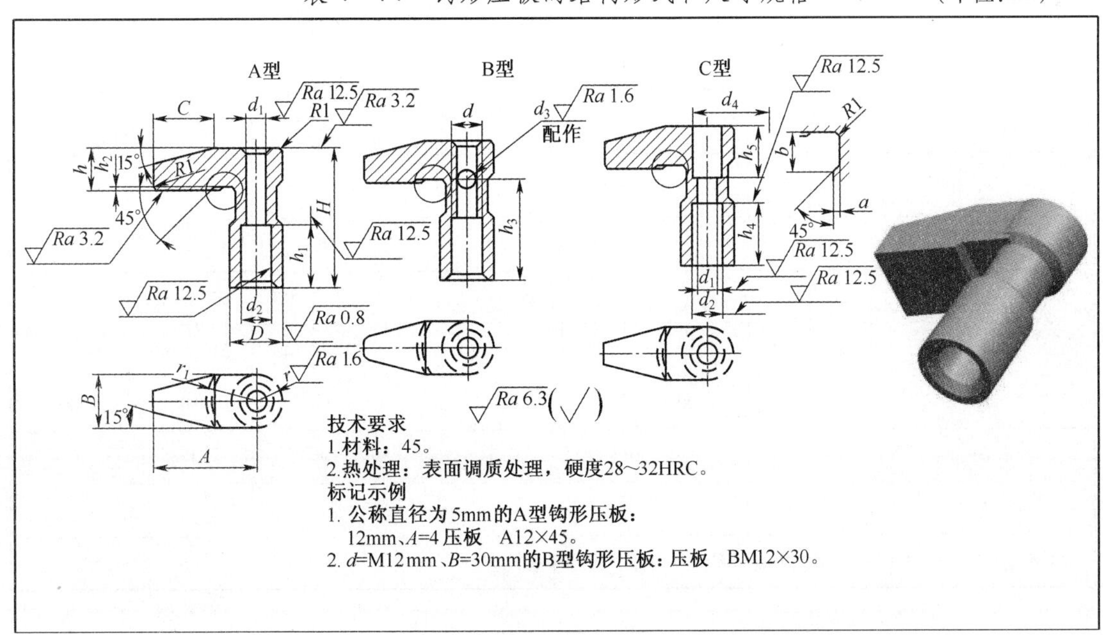

技术要求

1.材料：45。

2.热处理：表面调质处理，硬度28～32HRC。

标记示例

1. 公称直径为 5mm的A型钩形压板：
   12mm、A=4 压板　A12×45。
2. d=M12mm、B=30mm的B型钩形压板：压板　BM12×30。

（续）

<table>
<tr><td>A、C 型</td><td>公称直径（螺纹直径）</td><td colspan="2">6</td><td colspan="2">8</td><td colspan="2">10</td><td colspan="2">12</td><td colspan="2">16</td><td colspan="2">20</td><td colspan="2">24</td></tr>
<tr><td>B 型</td><td>d</td><td colspan="2">M6</td><td colspan="2">M8</td><td colspan="2">M10</td><td colspan="2">M12</td><td colspan="2">M16</td><td colspan="2">M20</td><td colspan="2">M24</td></tr>
<tr><td colspan="2">A</td><td>18</td><td colspan="2">24</td><td colspan="2">28</td><td colspan="2">35</td><td colspan="2">45</td><td colspan="2">55</td><td colspan="2">65</td><td>75</td></tr>
<tr><td colspan="2">B</td><td colspan="2">16</td><td colspan="2">20</td><td colspan="2">25</td><td colspan="2">30</td><td colspan="2">35</td><td colspan="2">40</td><td colspan="2">50</td></tr>
<tr><td rowspan="2">D</td><td>基本尺寸</td><td colspan="2">16</td><td colspan="2">20</td><td colspan="2">25</td><td colspan="2">30</td><td colspan="2">35</td><td colspan="2">40</td><td colspan="2">50</td></tr>
<tr><td>偏差带 f9</td><td colspan="2">−0. 016
−0. 059</td><td colspan="6">−0. 020
−0. 072</td><td colspan="6">−0. 025
−0. 087</td></tr>
<tr><td colspan="2">H</td><td>28</td><td colspan="2">35</td><td colspan="2">45</td><td>58</td><td>55</td><td colspan="2">70</td><td>90</td><td>80</td><td>100</td><td>95</td><td>120</td></tr>
<tr><td colspan="2">h</td><td>8</td><td>10</td><td>11</td><td colspan="2">13</td><td colspan="2">16</td><td>20</td><td>22</td><td>25</td><td>28</td><td>30</td><td>32</td><td>35</td></tr>
<tr><td rowspan="2">r</td><td>基本尺寸</td><td colspan="2">8</td><td colspan="2">10</td><td colspan="2">12. 5</td><td colspan="2">15</td><td colspan="2">17. 5</td><td colspan="2">20</td><td colspan="2">25</td></tr>
<tr><td>偏差带 h11</td><td colspan="4">0
−0. 090</td><td colspan="6">0
−0. 110</td><td colspan="4">0
−0. 130</td></tr>
<tr><td colspan="2">r_1</td><td>14</td><td>20</td><td>18</td><td>24</td><td>22</td><td>30</td><td>26</td><td>36</td><td>35</td><td>45</td><td>42</td><td>52</td><td>50</td><td>60</td></tr>
<tr><td colspan="2">C</td><td>8</td><td>12</td><td>10</td><td>14</td><td>12</td><td>16</td><td>15</td><td>18</td><td>20</td><td colspan="2">25</td><td colspan="2">30</td><td>35</td></tr>
<tr><td colspan="2">d_1</td><td colspan="2">6. 6</td><td colspan="2">9</td><td colspan="2">11</td><td colspan="2">13</td><td colspan="2">17</td><td colspan="2">21</td><td colspan="2">25</td></tr>
<tr><td colspan="2">d_2</td><td colspan="2">10</td><td colspan="2">14</td><td colspan="2">16</td><td colspan="2">18</td><td colspan="2">23</td><td colspan="2">28</td><td colspan="2">34</td></tr>
<tr><td rowspan="2">d_3</td><td>基本尺寸</td><td colspan="2">2</td><td colspan="2">3</td><td colspan="4">4</td><td colspan="2">5</td><td colspan="4">6</td></tr>
<tr><td>偏差带 H7</td><td colspan="4">+0. 010
0</td><td colspan="10">+0. 012
0</td></tr>
<tr><td colspan="2">d_4</td><td colspan="2">10. 5</td><td colspan="2">14. 5</td><td colspan="2">18. 5</td><td colspan="2">22. 5</td><td colspan="2">25. 5</td><td colspan="2">30. 5</td><td colspan="2">39</td></tr>
<tr><td colspan="2">h_1</td><td>16</td><td>21</td><td>20</td><td>28</td><td>25</td><td>36</td><td>30</td><td>42</td><td>40</td><td>60</td><td>45</td><td>60</td><td>50</td><td>75</td></tr>
<tr><td colspan="2">h_2</td><td colspan="8">1</td><td colspan="4">1. 5</td><td colspan="2">2</td></tr>
<tr><td colspan="2">h_3</td><td>22</td><td colspan="2">28</td><td colspan="2">35</td><td>45</td><td>42</td><td colspan="2">55</td><td>75</td><td>60</td><td>75</td><td>70</td><td>95</td></tr>
<tr><td colspan="2">h_4</td><td>8</td><td>14</td><td>11</td><td>20</td><td>16</td><td>25</td><td>20</td><td>30</td><td>24</td><td>40</td><td>24</td><td>40</td><td>28</td><td>50</td></tr>
<tr><td colspan="2">h_5</td><td colspan="2">16</td><td colspan="2">20</td><td colspan="2">25</td><td colspan="2">30</td><td colspan="2">40</td><td colspan="2">50</td><td colspan="2">60</td></tr>
<tr><td colspan="2">a</td><td colspan="8">0. 5</td><td colspan="6">1</td></tr>
<tr><td colspan="2">b</td><td colspan="4">3</td><td colspan="6">4</td><td colspan="4">5</td></tr>
<tr><td colspan="16">注：摘自 JB/T 8012. 1—1999《机床夹具零件及部件　钩形压板》</td></tr>
</table>

表 4-75 钩形压板(组合)的结构形式和尺寸规格 (单位:mm)

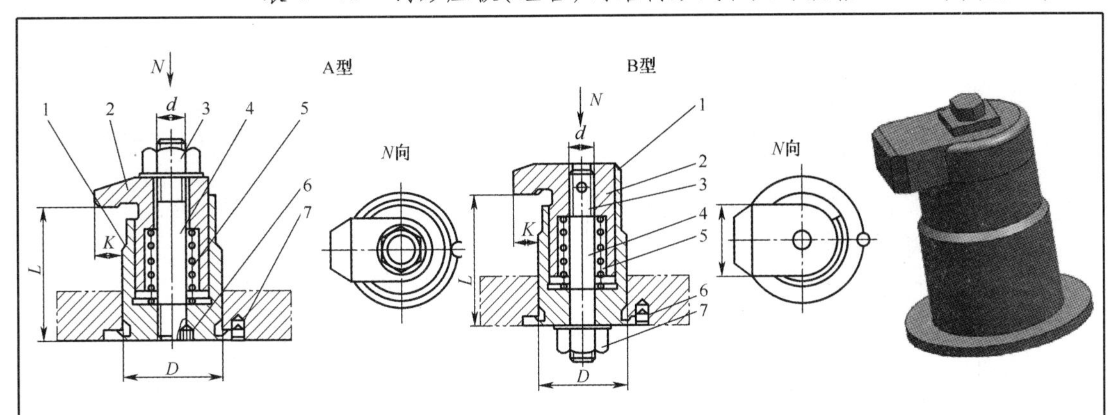

标记示例

1. d=M8mm K=10mm的A型钩形压板：压板 AM8×10。
2. d=M12mm K=14mm的B型钩形压板：压板 M12×14。

主要尺寸						件号	1	2	3	4	5	6	7
						名称	套筒	钩形压板	螺母	双头螺柱	弹簧	螺钉	销
d	K	D	B	L		材料	45	45	35	35	弹簧钢	35	45
						数量	1	1	1	1	1	1	1
				最大	最小	标准号	JB/T 8012.2(1)—1999	JB/T 8012.1—1999	JB/T 8004.1—1999	GB/T 900—1988	GB/T 2089—2009	GB/T 71—1985	GB/T 119.1—2000
M6	7	22	16	31	36	规格	AM6×40	A6×18	M6	M6×45	0.8×8×38	M3×5	3m6×12
	13			36	42		AM6×48	A6×24		M6×50			
M8	10	28	20	37	44		AM8×50	A8×24	M8	M8×55	1×10×45	M4×6	
	14			45	52		AM8×60	A8×28		M8×65			
M10	10.5	35	25	48	58		AM10×62	A10×28	M10	M10×70	1.2×12×52		
	17.5			58	70		AM10×75	A10×35		M10×85			
M12	14	42	30	57	68		AM12×75	A12×35	M12	M12×80	1.4×14×75	M6×8	4m6×16
	24			70	82		AM12×90	A12×45		M12×100			
M16	21	48	35		86		AM16×95	A16×45	M16	M16×100	1.6×20×95		
	31			87	105		AM16×115	A16×55		M16×120			
M20	27.5	55	40	81	100		AM20×112	A20×55	M20	M20×120	2×25×105	M8×10	5m6×20
	37.5			99	120		AM20×132	A20×65		M20×140			
M24	32.5	65	50	100			AM24×135	A24×65	M24	M24×140	2.5×28×115	M10×12	
	42.5			125	145		AM24×160	A24×75		M24×170			

注:摘自 JB/T 8012.2—1999《机床夹具零件及部件 钩形压板(组合)》

表4－76　套筒的结构形式和尺寸规格

（单位:mm）

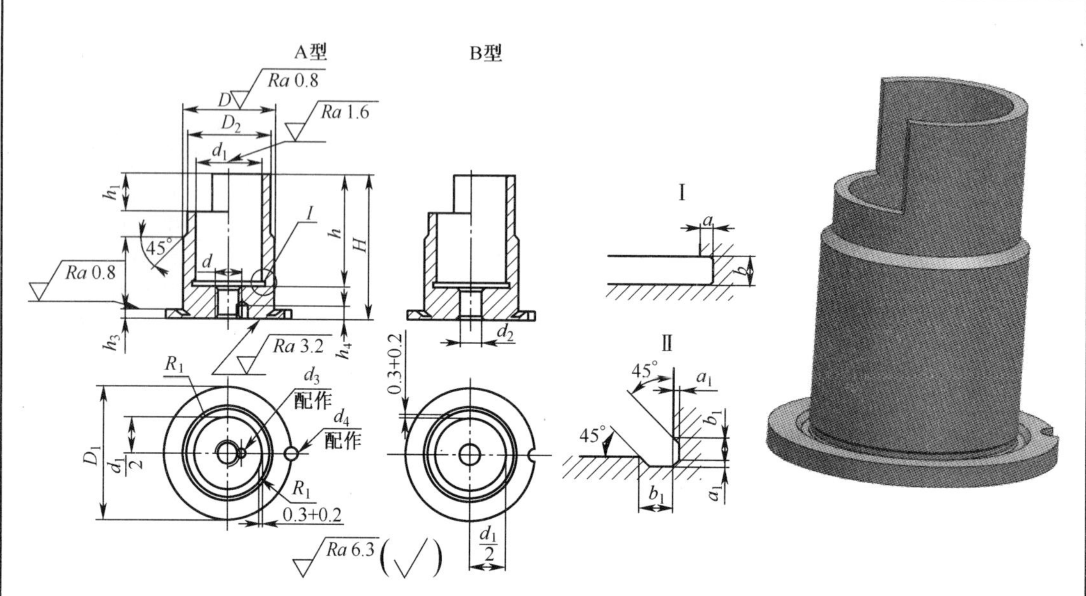

技术要求

1.材料：45。

2.热处理：调质，硬度28～32HRC。

标记示例：

1. d=M12mm、H=75mm的A型套筒：套筒　AM12×75。

2. d=M12mm、H=75mm的B型套筒：套筒　B12×75。

A型	B型	H	d_1		D		D_1	D_2	d_2	d_3	d_4		h	h_1	h_2	h_3	h_4	b	b_1	a	a_1
d	公称直径		基本尺寸	偏差带H9	基本尺寸	偏差带n6					基本尺寸	偏差带H7									
M6	6	40	16		22		28	21.4	6.6	M3	3		30	10	22	3	7	2	2	0.5	0.5
		48											38	12							
M8	8	50	20		28		35	27.4	9	M4				14	28	4	10				
		60											48	16							
M10	10	62	25		35		45	34.4	11						35	5			3		1
		75											60	18							
M12	12		30		42		52	41.4	13	M6	4		58	20	42	6	12				
		90											72	22							
M16	16	95	35		48		58	47.4	17				75	26	50			3		1	
		115											95	30							
M20	20	112	40		55		65	54.4	21	M8	5		85	32	60	8	15		4		
		132											105	34							
M24	24	135	50		65		75	64.4	25	M10			100	38	70		18				
		160											125	40							

注：摘自 JB/T 8012.2(1)—1999《机床夹具零件及部件　钩形压板(组合)　套筒》

表 4－77　立式钩形压板(组合)的结构形式和尺寸规格　(单位:mm)

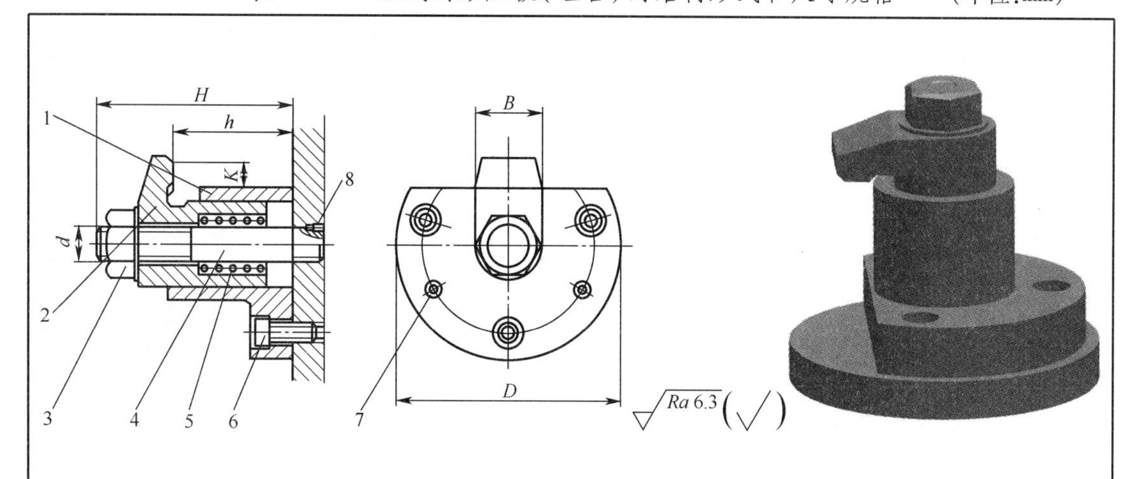

标记示例

d=M8mm、K=14mm的立式钩形压板：压板　M8×14

主要尺寸							件号	1	2	3	4	5	6	7	8
							名称	基座	钩形压板	螺母	双头螺柱	弹簧	螺钉	销	螺钉
d	K	D	B	H	h		材料	45	45	45	35	弹簧钢	35	35	35
							数量	1	1	1	1	1	3	2	1
					最大	最小	标准号	JB/T8012.3(1)—1999	JB/T 8012.1—1999	JB/T 8004.1—1999	GB/T 900—1988	GB/T 2089—2009	GB/T 70—2000	GB/T 119.1—2000	GB/T 71—1985
M6	7	48	16	45	21	26	规格	16×30	A6×18	M6	M6×45	0.8×8×38	M5×16	4m6×20	M3×5
	13			50	24	30		16×38	A6×24		M6×50				
M8	10	58	20	55	25	32		20×38	A8×24	M8	M8×55	1×10×45	M6×16	5m6×20	M4×6
	14			65	33	40		20×48	A8×28		M8×65				
M10	11	70	25	70		42		25×48	A10×28	M10	M10×70	1.2×12×52	M8×20	6m6×25	
	18			85	45	54		25×60	A10×35		M10×85				
M12	15	82	30		40	50		30×58	A12×35	M12	M12×85	1.4×14×75	M10×20	8m6×32	M6×8
	25			100	51	64		30×72	A12×45		M12×100				
M16	21	98	35	110	49			35×75	A16×45	M16	M16×110	1.6×20×95	M12×20	10m6×38	
	31			130	66	82		35×95	A16×55		M16×130				
M20	27	106	40		54	72		40×85	A20×55	M20	M20×130	2×25×105			M8×10
	37			150	72	92		40×105	A20×65		M20×150				

注:摘自 JB/T 8012.3—1999《机床夹具零件及部件　立式钩形压板(组合)》

表 4－78　基座的结构形式和尺寸规格　　（单位：mm）

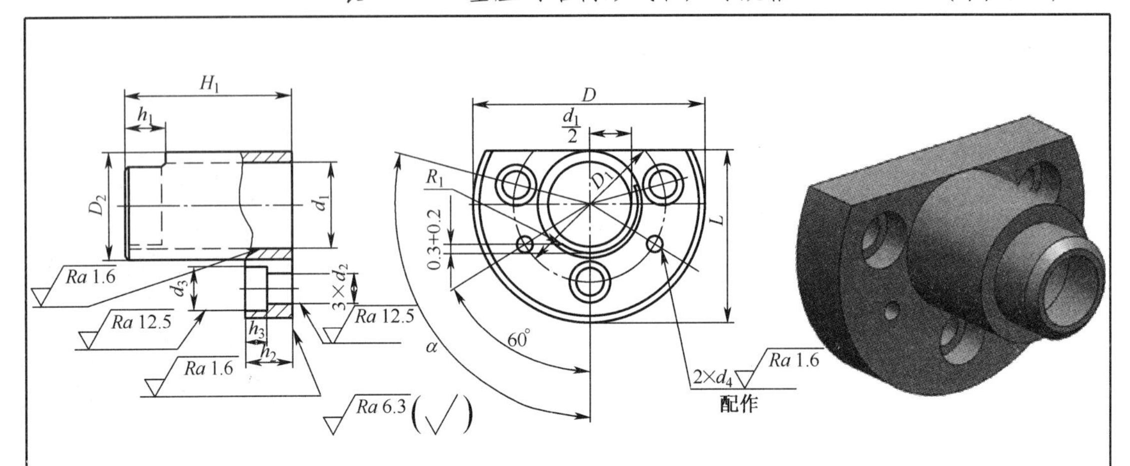

技术要求

1.材料：45。

2.热处理：调质，硬度28～32HRC。

标记示例

d_1=20mm、H_1=38mm的基座：基座　20×38

d_1		H_1	L	D	D_1	D_2	d_2	d_3	d_4		h_1	h_2	h_3	α
基本尺寸	偏差带 H9								基本尺寸	偏差带 H7				
16	+0.043 0	30	34	48	33	22	5.5	10	4	+0.012 0	10	10	5	100°
		38									12			
20	+0.052 0		42	58	41	28	6.6	12	5		14		6	105°
		48									16			
25			52	70	50	34	9	15	6			12	8	
		60									18			
30		58	60	82	60	40	11	18	8	+0.015 0	20	15	10	
		72									22			
35	+0.062 0	75	74	98	72	48	14	22	10		26	18	12	110°
		95									30			
40		85	80	106	80	56					32			
		105									34			

注：摘自 JB/T 8012.3(1)《机床夹具零件及部件　立式钩形压板（组合）　基座》

表 4-79　端面钩形压板(组合)的结构形式和尺寸规格　　(单位:mm)

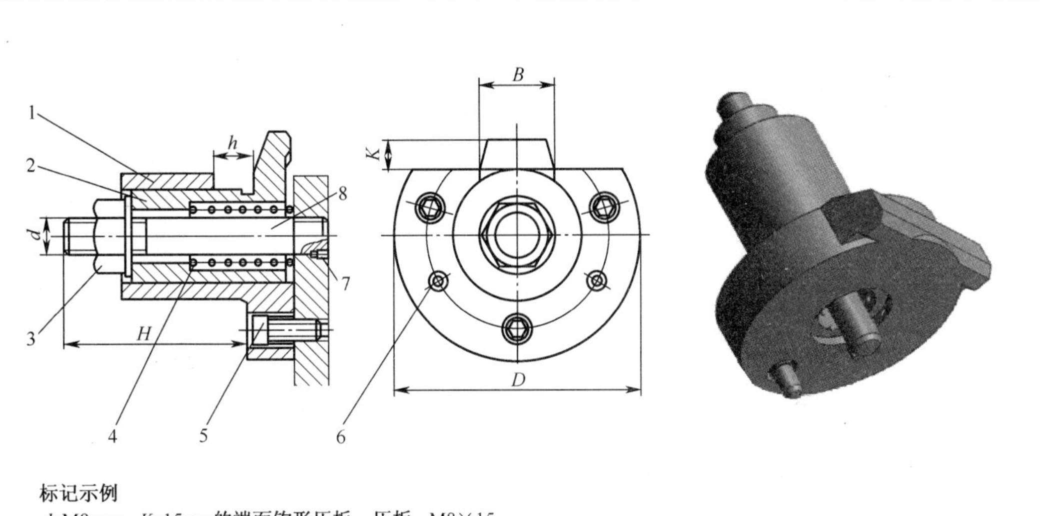

标记示例

d=M8mm、K=15mm的端面钩形压板：压板　M8×15

主要尺寸						件号	1	2	3	4	5	6	7	8
						名称	基座	压板	螺母	弹簧	螺钉	销	螺钉	双头螺柱
d	K	D	B	H	h	材料	45	45	45	弹簧钢	35	35	35	35
						数量	1	1	1	1	2	2	1	1
						标准号	JB/T 8012.3(1)—1999	JB/T 8012.1—1999	JB/T 8004.1—1999	GB/T 2089—2009	GB/T 70—2000	GB/T 119.1—2000	GB/T 71—1985	GB/T 900—1988
M6	8	48	16	45	5	规格	16×30	6×18	M6	0.8×8×38	M5×16	4m6×20	M3×5	M6×45
	14			50			16×38	6×24						M6×50
M8	11	58	20	55	6		20×38	8×24	M8	1×11×45	M6×16	5m6×20	M4×6	M8×55
	15			65			20×48	8×28						M8×65
M10	10	70	25	70	8		25×48	10×28	M10	1.2×12×52	M8×20	6m6×25		M10×70
	17			85			25×60	10×35						M10×85
M12	16	82	30		10		30×58	12×35	M12	1.5×16×75	M10×20	8m6×32	M6×8	M12×85
	26			100			30×72	12×45						M12×100
M16	20	98	35	110	12		35×75	16×45	M16	1.5×20×95	M12×20	10m6×38		M16×110
	30			130			35×95	16×55						M16×130
M20	28	106	40		14		40×85	20×55	M20	2×25×105			M8×10	M20×130
	38			150			40×105	20×65						M20×150

注:摘自 JB/T 8012.4—1999《机床夹具零件及部件　端面钩形压板(组合)》

表 4－80　基座的结构形式和尺寸规格　　　（单位：mm）

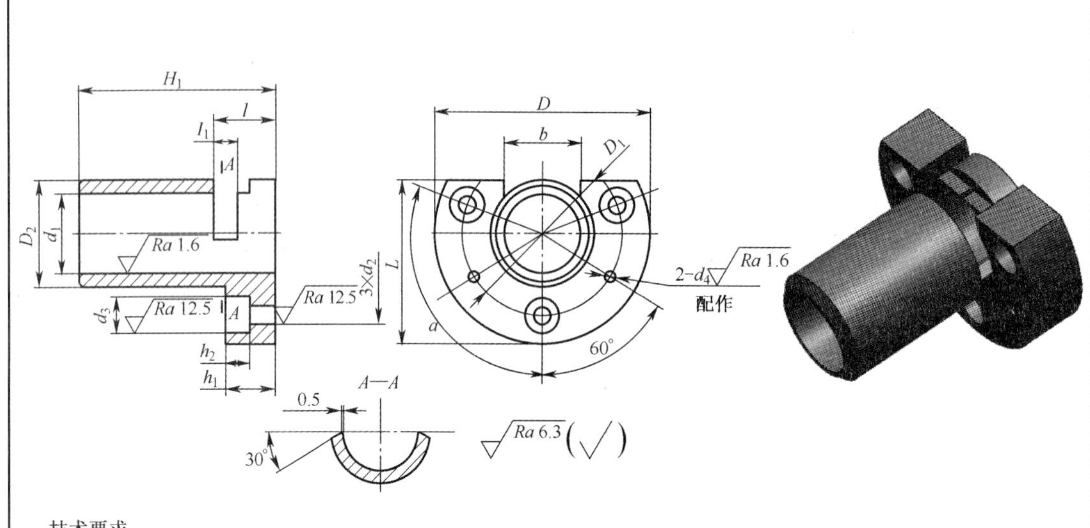

技术要求

1.材料：45。

2.热处理：调质，硬度28～32HRC。

标记示例

d_1=20mm、H_1=48mm的基座：基座　20×48

d_1 基本尺寸	d_1 偏差带 H9	H_1	D	D_1	D_2	b	d_2	d_3	d_4 基本尺寸	d_4 偏差带 H7	h_1	h_2	L	l	l_1	α
16	$^{+0.043}_{0}$	30	48	33	22	16.1	5.5	10	4	$^{+0.012}_{0}$	10	5	34	13	5	100°
		38												15		
20	$^{+0.052}_{0}$	38	58	41	28	20.1	6.6	12	5			6	42	17	6	105°
		48												19		
25		48	70	50	34	25.1	9	15	6		12	8	52	21	8	
		60												24		
30		58	82	60	40	30.1	11	18	8	$^{+0.015}_{0}$	15	10	60	26	10	
		72												30		
35	$^{+0.062}_{0}$	75	98	72	48	35.1	14	22	10		18	12	74	34	12	
		95												37		
40		85	106	80	56	40.1							80	42	14	110°
		105												44		

注：摘自 JB/T 8012.4(1)—1999《机床夹具零件及部件　端面钩形压板(组合)　基座》

表 4-81　压板的结构形式和尺寸规格　　（单位:mm）

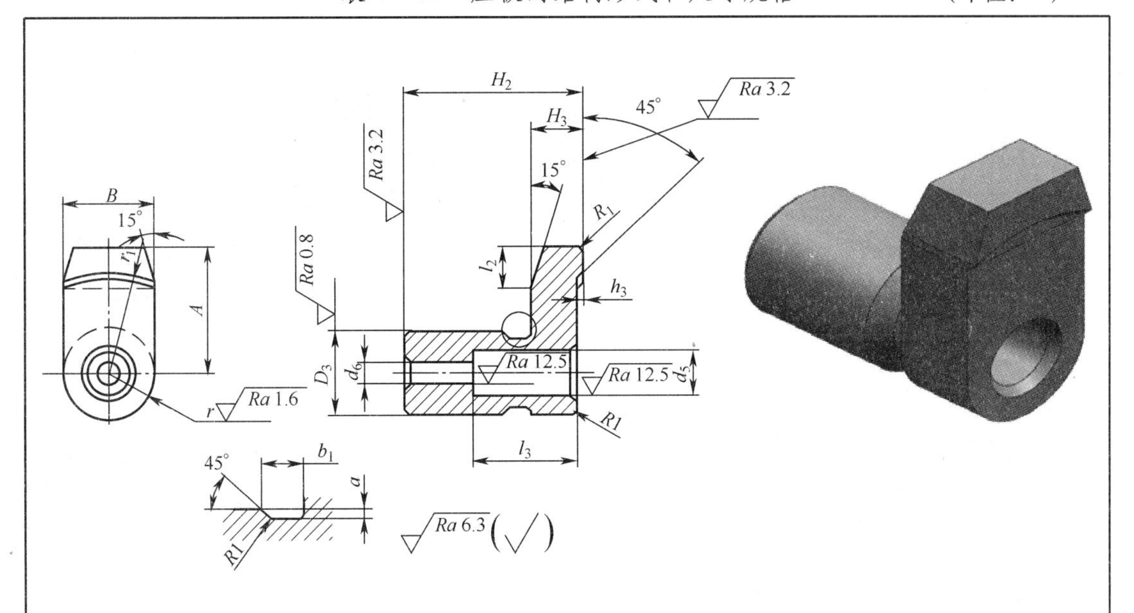

技术要求
1.材料：45。
2.热处理：调质，硬度28～32HRC。
标记示例
公称直径为8mm、A=28mm的压板：压板　8×28

<table>
<tr><th rowspan="2">公称直径
（螺纹直径）</th><th rowspan="2">A</th><th rowspan="2">B</th><th colspan="2">D_3</th><th rowspan="2">H_2</th><th rowspan="2">H_3</th><th rowspan="2">h_3</th><th rowspan="2">d_5</th><th rowspan="2">d_6</th><th rowspan="2">l_2</th><th rowspan="2">l_3</th><th rowspan="2">a</th><th rowspan="2">b_1</th><th colspan="2">r</th><th rowspan="2">r_1</th></tr>
<tr><th>基本尺寸</th><th>偏差带 f9</th><th>基本尺寸</th><th>偏差带 h11</th></tr>
<tr><td rowspan="2">6</td><td>18</td><td rowspan="2">16</td><td rowspan="2">16</td><td rowspan="2">-0.016
-0.059</td><td>28</td><td>8</td><td rowspan="8">1</td><td rowspan="2">10</td><td rowspan="2">6.6</td><td>8</td><td>16</td><td rowspan="8">0.5</td><td rowspan="8">2</td><td rowspan="2">8</td><td rowspan="4">0
-0.090</td><td>14</td></tr>
<tr><td rowspan="2">24</td><td rowspan="2">35</td><td>10</td><td>12</td><td>21</td><td>20</td></tr>
<tr><td rowspan="2">8</td><td rowspan="2">20</td><td rowspan="2">20</td><td rowspan="6">-0.020
-0.072</td><td>11</td><td rowspan="2">14</td><td rowspan="2">9</td><td>10</td><td>20</td><td rowspan="2">10</td><td>18</td></tr>
<tr><td rowspan="2">28</td><td rowspan="2">45</td><td rowspan="2">13</td><td>14</td><td>28</td><td>24</td></tr>
<tr><td rowspan="2">10</td><td rowspan="2">25</td><td rowspan="2">25</td><td rowspan="2">16</td><td rowspan="2">11</td><td>12</td><td>25</td><td rowspan="2">12.5</td><td rowspan="6">0
-0.110</td><td>22</td></tr>
<tr><td rowspan="2">35</td><td>58</td><td rowspan="2">16</td><td>16</td><td>26</td><td>30</td></tr>
<tr><td rowspan="2">12</td><td rowspan="2">30</td><td rowspan="2">30</td><td>55</td><td rowspan="2">18</td><td rowspan="2">13</td><td>15</td><td>30</td><td rowspan="2">15</td><td>26</td></tr>
<tr><td rowspan="2">45</td><td rowspan="2">70</td><td>20</td><td>18</td><td>42</td><td>36</td></tr>
<tr><td rowspan="2">16</td><td rowspan="2">35</td><td rowspan="2">35</td><td rowspan="4">-0.035
-0.087</td><td>22</td><td rowspan="4">1.5</td><td rowspan="2">24</td><td rowspan="2">17</td><td>20</td><td>40</td><td rowspan="4">1</td><td rowspan="4">3</td><td rowspan="2">17.5</td><td>35</td></tr>
<tr><td rowspan="2">55</td><td>90</td><td>25</td><td rowspan="2">25</td><td>60</td><td>45</td></tr>
<tr><td rowspan="2">20</td><td rowspan="2">40</td><td rowspan="2">40</td><td>80</td><td>28</td><td rowspan="2">30</td><td rowspan="2">21</td><td>45</td><td rowspan="2">20</td><td rowspan="2">0
-0.130</td><td>42</td></tr>
<tr><td>65</td><td>100</td><td>30</td><td>30</td><td>60</td><td>52</td></tr>
</table>

注:摘自 JB/T 8012.4(2)—1999《机床夹具零件及部件　端面钩形压板(组合)　压板》

表 4-82　铰链轴的结构形式和尺寸规格　（单位:mm）

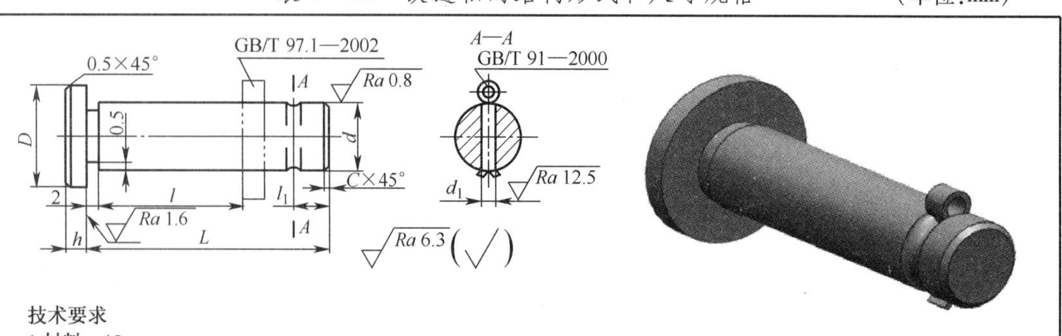

技术要求

1.材料：45。

2.热处理：调质，硬度28～32HRC。

标记示例

d=10mm、偏差带为f9、*L*=45mm的铰链轴：铰链轴　10f9×45

d	基本尺寸	4	5	6	8	10	12	16	20	25
	偏差带 h6	0 -0.008			0 -0.009		0 -0.011		0 -0.013	
	偏差带 f9	-0.010 -0.040			-0.013 -0.049		-0.016 -0.059		-0.020 -0.072	
D		6	8	9	12	14	18	21	26	32
d_1		1		1.5		2		2.5	3	4
$l\approx$		L-4		L-5		L-7	L-8	L-10	L-12	L-15
l_1		2		2.5		3.5	4.5	5.5	6	8.5
h		1.5	2		2.5		3		5	
C		0.5		1			1.5		2	
L		20	20	20	20					
		25	25	25	25	25				
		30	30	30	30	30	30			
			35	35	35	35	35	35		
			40	40	40	40	40	40		
				45	45	45	45	45		
				50	50	50	50	50	50	
					55	55	55	55	55	
					60	60	60	60	60	60
					65	65	65	65	65	65
						70	70	70	70	70
						75	75	75	75	75
						80	80	80	80	80
							90	90	90	90
							100	100	100	100
								110	110	110
								120	120	120
									140	140
									160	160
									180	180
									200	200
										220
										240
相配件	垫圈 GB/T 97.1—2002	B4	B5	B6	B8	B10	B12	B16	B20	B24
	开口销 GB/T 91—2000	1×8		1.5×10	1.5×16	2×20		2.5×25	3×30	4×35

注:摘自 JB/T 8033—1999《机床夹具零件及部件　铰链轴》

表 4-83　铰链支座的结构形式和尺寸规格　　(单位:mm)

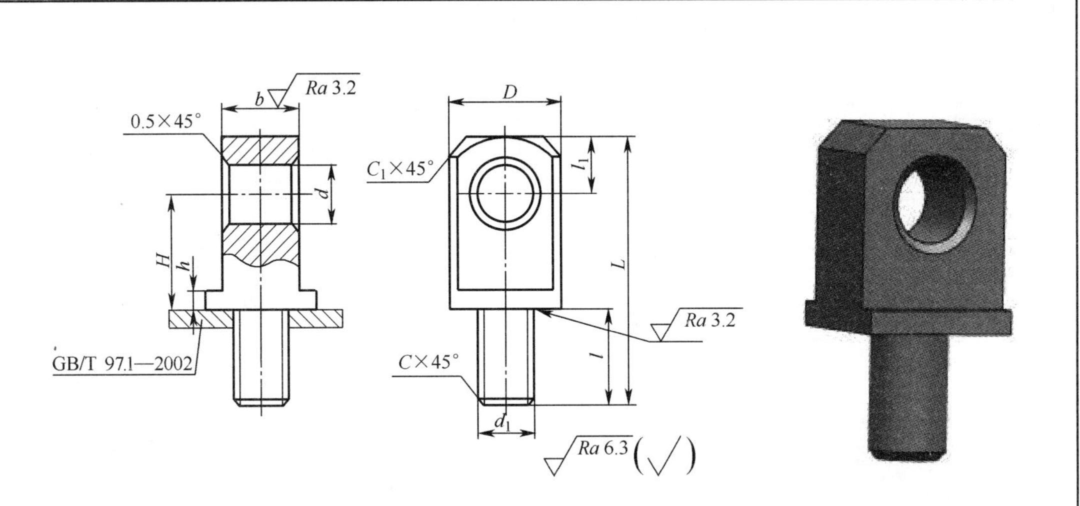

技术要求

1.材料：45。

2.热处理：调质，硬度28～32HRC。

标记示例

b=12mm的铰链支座：支座12

b		*D*	*d*	d_1	*L*	*l*	l_1	*H*≈	*h*	*C*	C_1
基本尺寸	偏差带 d11										
6	-0.030 -0.105	10	4.1	M5	25	10	5	11	2	0.8	2
8	-0.040 -0.130	12	5.2	M6	30	12	6	13.5		1	2.5
10		14	6.2	M8	35	14	7	15.5	3	1.2	3
12	-0.050 -0.160	18	8.2	M10	42	16	9	19		1.5	4
14		20	10.2	M12	50	20	10	22	4	1.8	5
18		28	12.2	M16	65	25	14	29	5	2	7
22	-0.065 -0.195	34	16.2	M20	80	33	17	33		2.5	9
26		42	20.2	M24	95	38	21	40	7	3	12

注:摘自 JB/T 8034—1999《机床夹具零件及部件　铰链支座》

表 4-84 铰链叉座的结构形式和尺寸规格

(单位:mm)

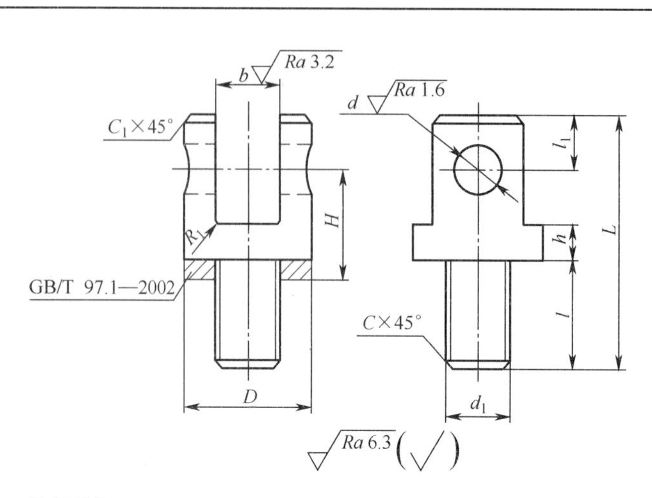

技术要求

1.材料：45。

2.热处理：调质，硬度28～32HRC。

标记示例

b=14mm的铰链叉座：叉座14

b		d		D	d_1	L	l	l_1	$H\approx$	h	C	C_1
基本尺寸	偏差带 H11	基本尺寸	偏差带 H7									
6	$^{+0.075}_{0}$	4	$^{+0.012}_{0}$	14	M5	25	10	5	11	3	0.8	1
8	$^{+0.090}_{0}$	5		18	M6	30	12	6	13.5	4	1	2
10		6		20	M8	35	14	7	15.5	5	1.2	
12	$^{+0.110}_{0}$	8	$^{+0.015}_{0}$	25	M10	42	16	9	19	6	1.5	3
14		10		30	M12	50	20	10	22	7	1.8	
18		12	$^{+0.018}_{0}$	38	M16	65	25	14	29	9	2	4
22	$^{+0.013}_{0}$	16		48	M20	80	33	17	33	10	2.5	5
26		20	$^{+0.021}_{0}$	55	M24	95	38	21	40	12	3	6

注:摘自 JB/T 8035—1999《机床夹具零件及部件　铰链叉座》

表4-85 开口垫圈的结构形式和尺寸规格 （单位:mm）

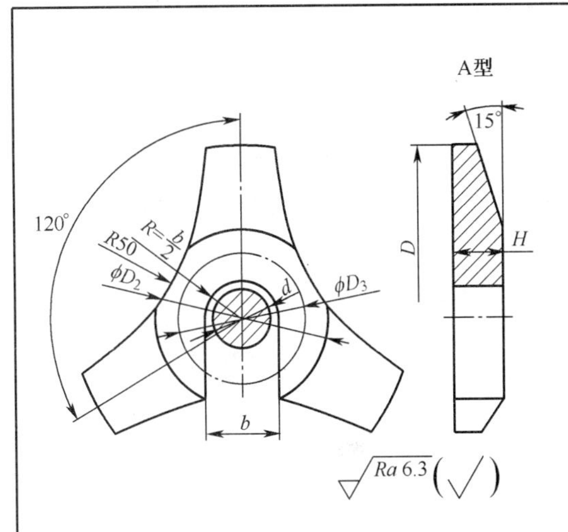

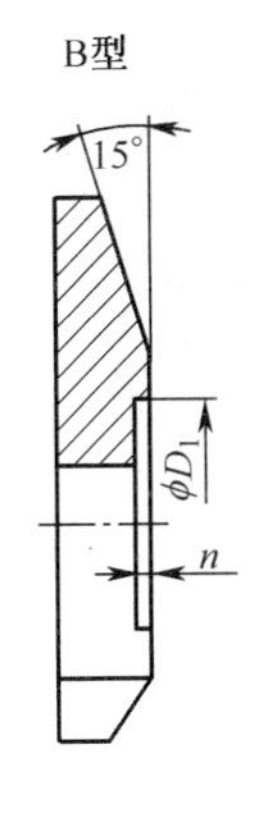

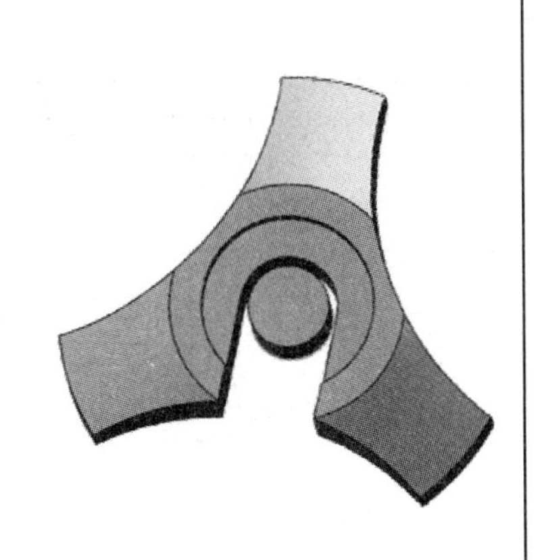

技术要求

1.材料：45。

2.热处理：调质，硬度28～32HRC。

标记示例

d=24mm、D=140mm的A型开口垫圈：垫圈 A24×140

d	b	D	H	A	D_2	D_3	B型	
							D_1	n
20	22	125	16	18	60	50	50	2
		140	18	22	70	55		
		160	18	22	70	55		
		180	22	25	85	65		
		200	22	25	85	65		
24	26	140	20	25	80	60	60	2
		160	20	25	80	60		
		180	25	30	95	70		
		200	25	30	95	70		
		225	30	35	120	80		
		250						
30	32	160					72	2.5
		180						
		200						
		225						
		250						
		280						

注:摘自 GB/T 851—1988《开口垫圈》

表 4-86 快换垫圈的结构形式和尺寸规格

（单位:mm）

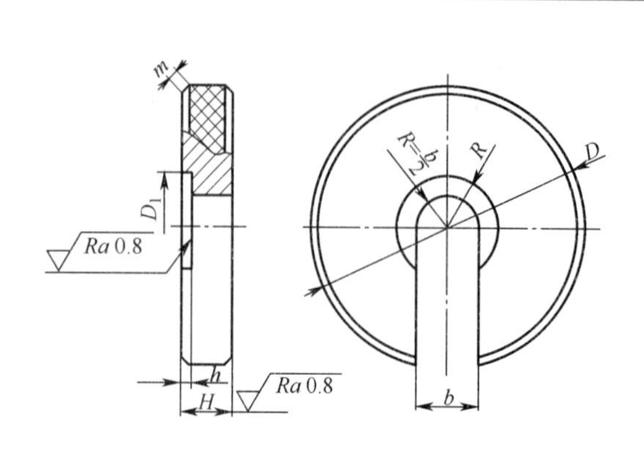

技术要求

1.材料：45。

2.热处理：调质，硬度28～32 HRC。

标记示例

d=6mm、D=30mm的A型快换垫圈：垫圈 A6×30

<table>
<tr><td>公称直径 d_0
（螺纹直径）</td><td>5</td><td>6</td><td>8</td><td>10</td><td>12</td><td>16</td><td>20</td><td>24</td><td>30</td><td>36</td></tr>
<tr><td>b</td><td>6</td><td>7</td><td>9</td><td>11</td><td>13</td><td>17</td><td>21</td><td>25</td><td>31</td><td>37</td></tr>
<tr><td>D_1</td><td>13</td><td>15</td><td>19</td><td>23</td><td>26</td><td>32</td><td>42</td><td>50</td><td>60</td><td>72</td></tr>
<tr><td>m</td><td colspan="4">0.3</td><td colspan="6">0.4</td></tr>
<tr><td>D</td><td colspan="10">H</td></tr>
<tr><td>16</td><td rowspan="4">4</td><td></td><td rowspan="2"></td><td rowspan="3"></td><td rowspan="4"></td><td rowspan="5"></td><td rowspan="6"></td><td rowspan="7"></td><td rowspan="8"></td><td rowspan="10"></td></tr>
<tr><td>20</td><td rowspan="2">5</td></tr>
<tr><td>25</td><td rowspan="2">6</td></tr>
<tr><td>30</td><td rowspan="2">6</td><td rowspan="2">7</td></tr>
<tr><td>35</td><td></td><td rowspan="3">7</td><td rowspan="3">8</td></tr>
<tr><td>40</td><td colspan="2"></td><td rowspan="3">8</td><td rowspan="4">10</td></tr>
<tr><td>50</td><td colspan="2"></td><td rowspan="3">10</td></tr>
<tr><td>60</td><td colspan="3"></td><td rowspan="3">10</td><td rowspan="4">12</td></tr>
<tr><td>70</td><td colspan="4"></td><td rowspan="4">14</td></tr>
<tr><td>80</td><td colspan="4"></td><td rowspan="3">12</td><td rowspan="3">12</td></tr>
<tr><td>90</td><td colspan="5"></td><td rowspan="2">16</td></tr>
<tr><td>100</td><td colspan="5"></td><td rowspan="2">14</td></tr>
<tr><td>110</td><td colspan="6"></td><td>14</td><td>16</td><td>—</td></tr>
</table>

注：摘自 JB/T 8008.5—1999《机床夹具零件及部件 快换垫圈》

表 4-87　球面垫圈的结构形式和尺寸规格　　（单位：mm）

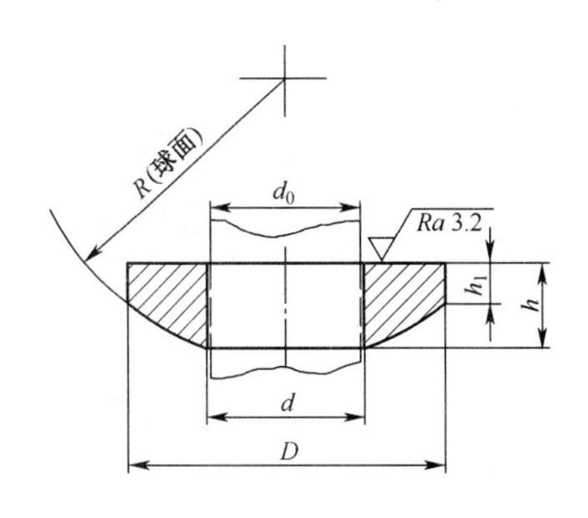

技术要求

1.材料：45。

2.热处理：调质，硬度28～32 HRC。

标记示例

公称直径为16mm的球面垫圈：垫圈16

公称直径 d_0（螺纹直径）	d		D		h		R	$H \approx$
	公称尺寸	允差	公称尺寸	允差	公称尺寸	允差		
6	6.4	+0.20	12.5	-0.43	3	-0.25	10	4
8	8.4		17		4	-0.30	12	5
10	10.5	+0.24	21	-0.52	4		16	6
12	13		24		5		20	7
16	17		30		6		25	8
20	21	+0.28	37	-0.62	6.6	-0.36	32	10
24	25		44		9.6		36	13

注：摘自 GB/T 849—1988《球面垫圈》

表 4-88　锥面垫圈的结构形式和尺寸规格　（单位:mm）

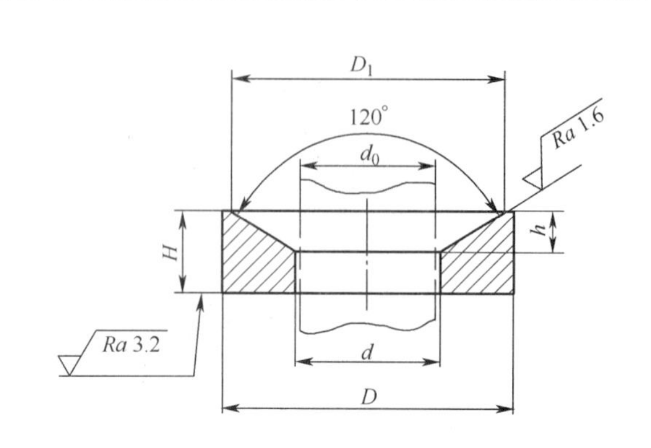

技术要求
1.材料：45。
2.热处理：调质，硬度28～32 HRC。
标记示例
公称直径为16mm的锥面垫圈：垫圈16

<table>
<tr><th rowspan="2">公称直径 d_0
（螺纹直径）</th><th colspan="2">d</th><th>D_1</th><th colspan="2">D</th><th colspan="2">h</th><th rowspan="2">R</th><th rowspan="2">$H\approx$</th></tr>
<tr><th>公称尺寸</th><th>允差</th><th></th><th>公称尺寸</th><th>允差</th><th>公称尺寸</th><th>允差</th></tr>
<tr><td>6</td><td>8</td><td rowspan="2">+0.36</td><td>12</td><td>12.5</td><td rowspan="2">-0.43</td><td>2.6</td><td>-0.25</td><td>12</td><td>4</td></tr>
<tr><td>8</td><td>10</td><td>16</td><td>17</td><td>3.2</td><td rowspan="4">-0.30</td><td>16</td><td>5</td></tr>
<tr><td>10</td><td>12.5</td><td rowspan="2">+0.43</td><td>20</td><td>21</td><td rowspan="3">-0.52</td><td>4</td><td>18</td><td>6</td></tr>
<tr><td>12</td><td>16</td><td>22.5</td><td>24</td><td>4.7</td><td>23.5</td><td>7</td></tr>
<tr><td>16</td><td>20</td><td rowspan="3">+0.52</td><td>28</td><td>30</td><td>5.1</td><td>29</td><td>8</td></tr>
<tr><td>20</td><td>25</td><td>36</td><td>37</td><td rowspan="2">-0.62</td><td>6.6</td><td rowspan="2">-0.36</td><td>34</td><td>10</td></tr>
<tr><td>24</td><td>30</td><td>42.5</td><td>44</td><td>6.8</td><td>38.5</td><td>13</td></tr>
<tr><td colspan="10">注:摘自 GB/T 850—1988《锥面垫圈》</td></tr>
</table>

4.3 铣床夹具设计常用对刀元件

铣床夹具设计常用对刀元件见表 4-89~表 4-94。

表 4-89　圆形对刀块的结构形式和尺寸规格　　（单位:mm）

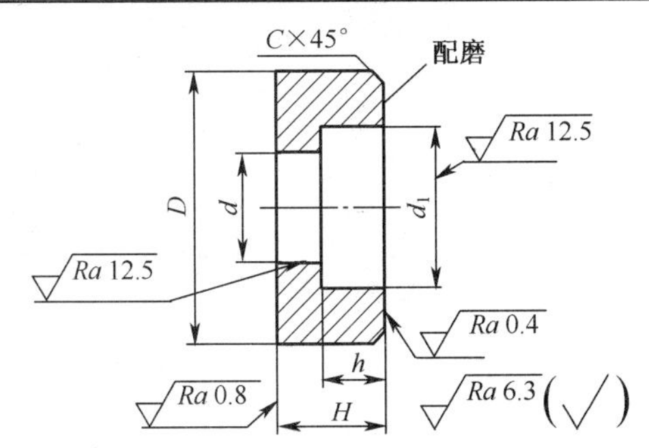

技术要求

1.材料：20。

2.热处理：渗碳淬火，硬度58～64HRC；渗碳深度0.8～1.2mm。

标记示例

D=25mm的圆形对刀块：对刀块25

D	H	h	d	d_1	C
16	10	6	5.5	10	0.5
25		7	6.6	12	1

注:摘自 JB/T 8031.1—1999《机床夹具零件及部件　圆形对刀块》

表 4-90　方形对刀块的结构形式和尺寸规格　　（单位:mm）

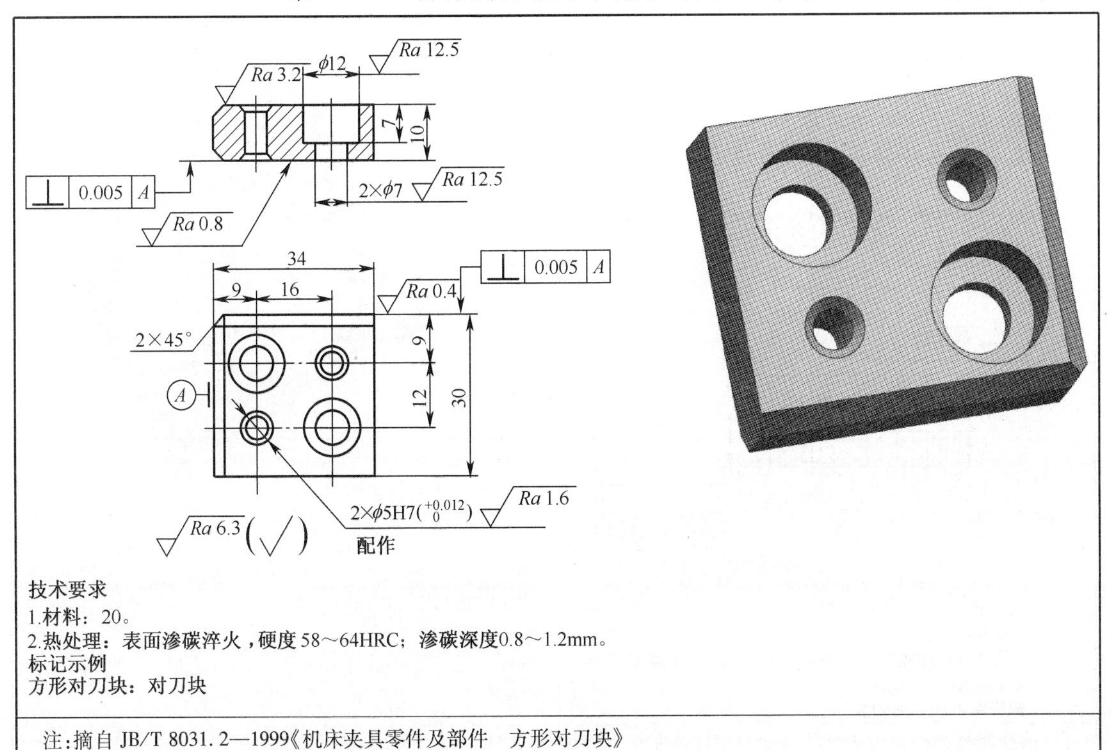

技术要求

1.材料：20。

2.热处理：表面渗碳淬火，硬度58～64HRC；渗碳深度0.8～1.2mm。

标记示例

方形对刀块：对刀块

注:摘自 JB/T 8031.2—1999《机床夹具零件及部件　方形对刀块》

表 4－91　直角对刀块的结构形式和尺寸规格　　　　（单位:mm）

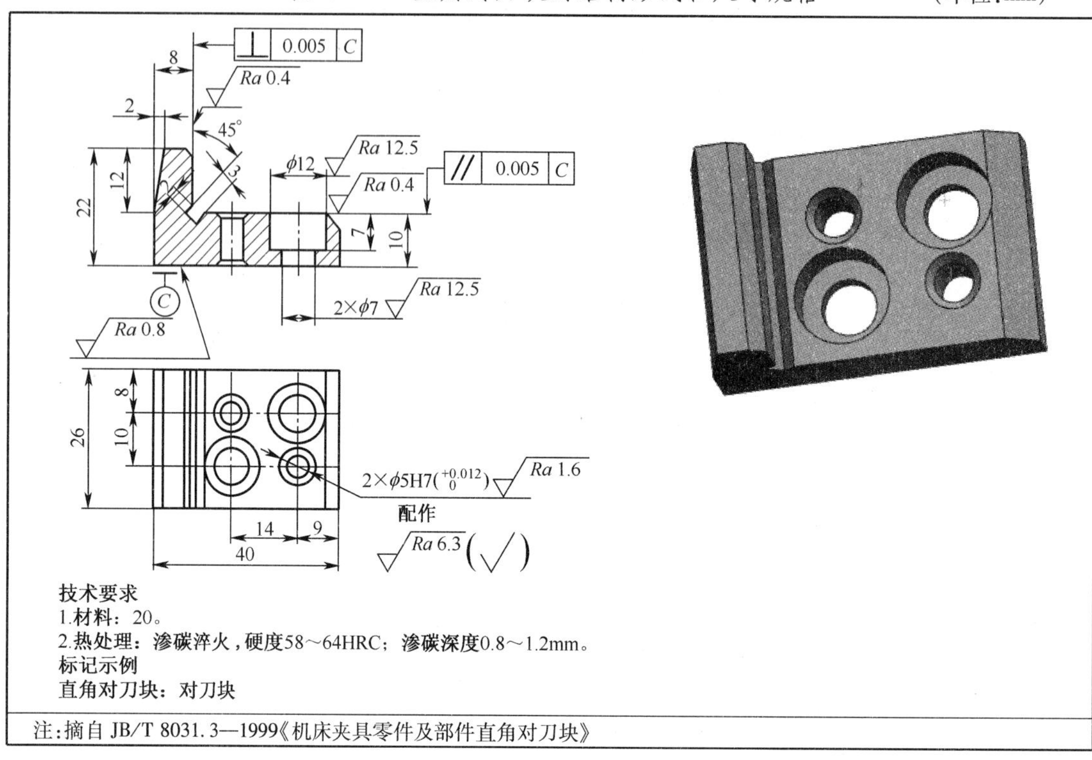

技术要求
1.材料：20。
2.热处理：渗碳淬火，硬度58～64HRC；渗碳深度0.8～1.2mm。
标记示例
直角对刀块：对刀块

注：摘自 JB/T 8031.3—1999《机床夹具零件及部件直角对刀块》

表 4－92　侧装对刀块的结构形式和尺寸规格　　　　（单位:mm）

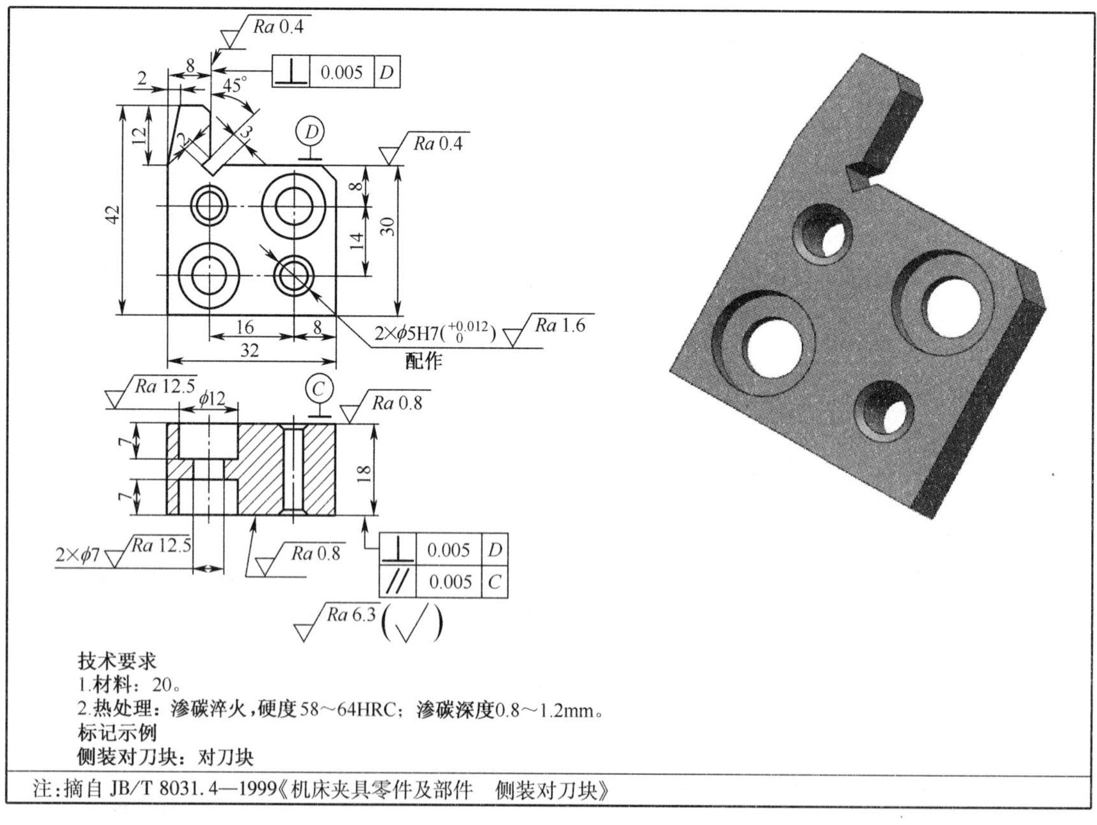

技术要求
1.材料：20。
2.热处理：渗碳淬火，硬度58～64HRC；渗碳深度0.8～1.2mm。
标记示例
侧装对刀块：对刀块

注：摘自 JB/T 8031.4—1999《机床夹具零件及部件　侧装对刀块》

表 4－93　对刀平塞尺的结构形式和尺寸规格　　(单位:mm)

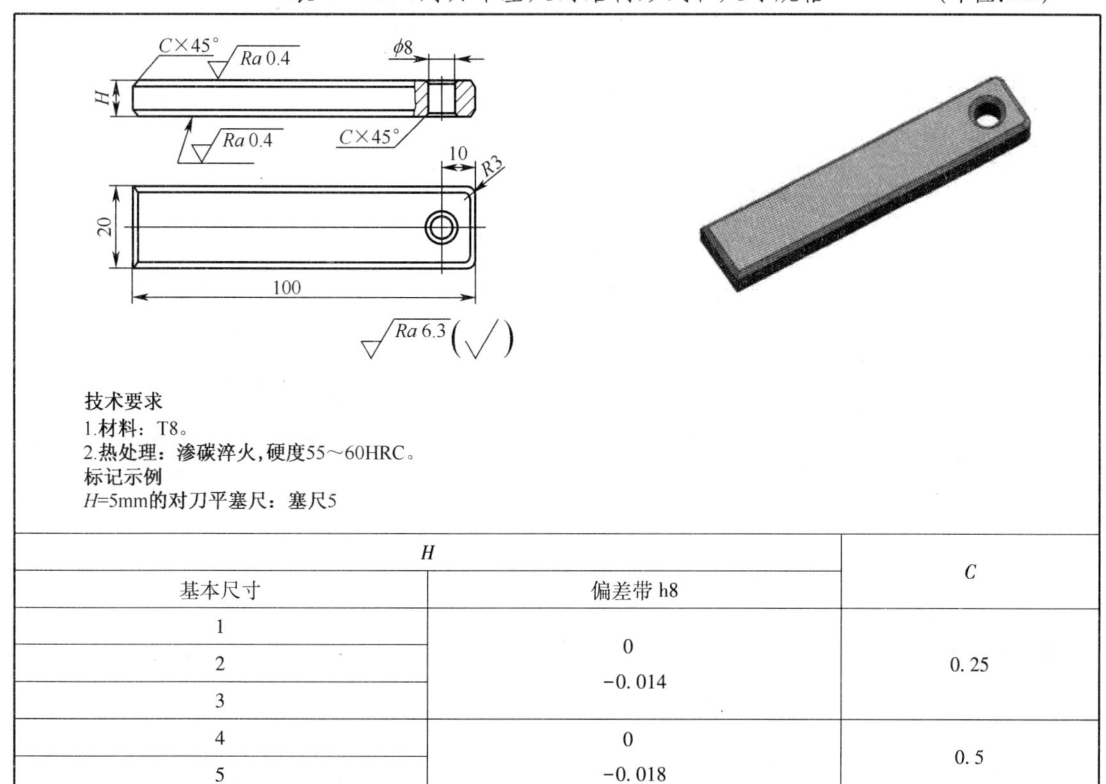

技术要求

1.材料：T8。

2.热处理：渗碳淬火，硬度55～60HRC。

标记示例

H=5mm的对刀平塞尺：塞尺5

H		C
基本尺寸	偏差带 h8	
1	0 -0.014	0.25
2		
3		
4	0 -0.018	0.5
5		

注:摘自 JB/T 8032.1—1999《机床夹具零件及部件　对刀平塞尺》

表 4－94　对刀圆柱塞尺的结构形式和尺寸规格　　(单位:mm)

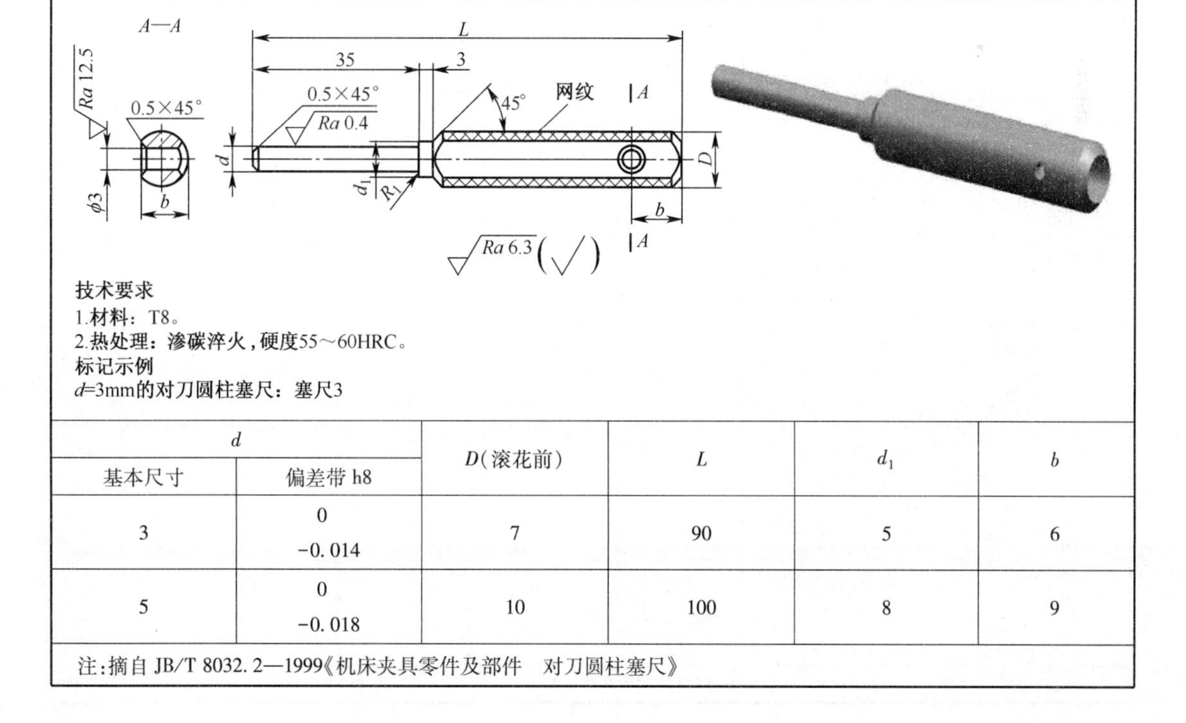

技术要求

1.材料：T8。

2.热处理：渗碳淬火，硬度55～60HRC。

标记示例

d=3mm的对刀圆柱塞尺：塞尺3

d		D(滚花前)	L	d_1	b
基本尺寸	偏差带 h8				
3	0 -0.014	7	90	5	6
5	0 -0.018	10	100	8	9

注:摘自 JB/T 8032.2—1999《机床夹具零件及部件　对刀圆柱塞尺》

4.4 钻床夹具设计常用导向元件

钻床夹具设计常用导向元件见表 4－95～表 4－102。

表 4－95 固定钻套的结构形式和尺寸规格 (单位:mm)

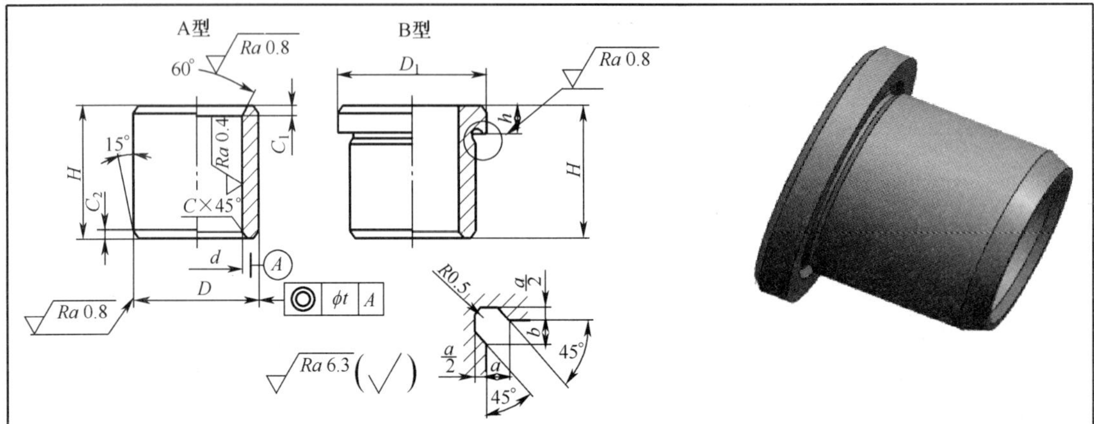

技术要求

1.材料：d≤26mm，T10A：d＞26mm，20。

2.热处理：材料为T10A，淬火，硬度58～64HRC：材料为20，淬火，硬度58～64HRC，渗碳深度0.8～1.2mm。

标记示例

d=18、H=16mm的A型固定钻套：钻套A18×16

d		D		D_1	H			h	C	C_1	C_2	a	b	t
基本尺寸	偏差带 F7	基本尺寸	偏差带 n6											
0～1	+0.016 +0.006	3	+0.010 +0.004	6	6	9	—	2	0.5	1	1	0.5	2	0.008
1～1.8		4	+0.016 +0.008	7										
1.8～2.6		5		8										
2.6～13		6		9	8	12	16	2.5						
3～3.3	+0.022 +0.010													
3.3～4		7	+0.016 +0.010	10										
4～5		8		11										
5～6		10		13	10	16	20	3		1.5	1.25			
6～8	+0.028 +0.013	12	+0.023 +0.012	15										
8～10		15		18	12	20	25			2	1.5			
10～12	+0.034 +0.016	18		22				4						
12～15		22	+0.028 +0.015	26	16	28	36							
15～18		26		30					1					0.012
18～22	+0.041 +0.020	30		34	20	36	45	5		3	2.5	1	3	
22～26		35	+0.036 +0.017	39										
26～30		42		46	25	45	56							
30～35	+0.050 +0.025	48		52										
35～42		55	+0.039 +0.020	59	30	56	67			3.5	3			
42～48		62		66				6					4	
48～50		70		74					1.5					0.040
50～55	+0.060 +0.030													
55～62		78		82	35	67	78			4				
62～70		85	+0.045 +0.023	90								1.5		
70～78		95		100	40	78	105							
78～80		105		110										
80～85	+0.071 +0.036													

注:摘自 JB/T 8045.1—1999《机床夹具零件及部件 固定钻套》

表 4-96　可换钻套的结构形式和尺寸规格　（单位:mm）

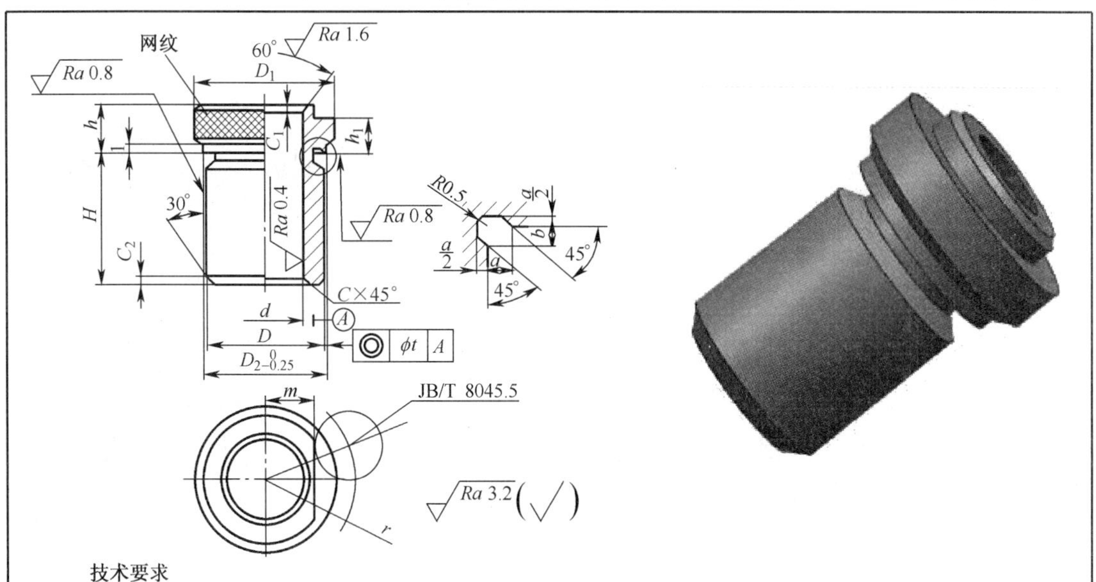

技术要求

1.材料：d≤26mm，T10A；d>26mm，20。

2.热处理：材料为T10A，淬火，硬度58～64HRC；材料为20，淬火，硬度58～64HRC，渗碳深度0.8～1.2mm。

标记示例

d=12、偏差带F7，D=18mm，偏差带$k6$、H=16mm的可换钻套：

钻套12F7×18k6×16

d		D			D_1	D_2	H			h	h_1	r	m	C	C_1	C_2	a	b	t	配用螺钉
基本尺寸	偏差带 F7	基本尺寸	偏差带 m6	偏差带 k6																
0~3	+0.016 +0.006	8	+0.015 +0.006	+0.010 +0.001	15	12	10	16	—	8	3	11.5	4.2	0.5	1	1.25	0.5	2	0.008	M5
3~4	+0.022 +0.010																			
4~6		10			18	15	12	20	25			13	5.5		1.5	1.5				
6~8	+0.028 +0.013	12	+0.018 +0.007	+0.012 +0.001	22	18				10	4	16	7							M6
8~10		15			26	22	16	28	36			18	9		2					
10~12	+0.034 +0.016	18			30	26						20	11							
12~15		22	+0.021 +0.008	+0.015 +0.002	34	30	20	36	45	12	5.5	23.5	12			2.5				M8
15~18		26			39	35						26	14.5	1					0.012	
18~22	+0.041 +0.020	30			46	42	25	45	56			29.5	18		3		1	3		
22~26		35	+0.025 +0.009	+0.018 +0.002	52	46						32.5	21							
26~30		42			59	53	30	56	67			36	24.5			3				
30~35	+0.050 +0.025	48			66	60				16	7	41	27							M10
35~42		55	+0.030 +0.011	+0.021 +0.002	74	68						45	31		3.5					
42~48		62			82	76	35	67	78			49	35					4		
48~50		70			90	84						53	39	1.5					0.040	
50~55	+0.060 +0.030																			
55~62		78			100	94	40	78	105			58	44		4					
62~70		85	+0.025 +0.013	+0.025 +0.003	110	104						63	49				1.5			
70~78		95			120	114	45	89	112			68	54							
78~80		105			130	124						73	59							
80~85	+0.070 +0.036																			

注:摘自 JB/T 8045.2—1999《机床夹具零件及部件　可换铝套》

表 4-97　快换钻套的结构形式和尺寸规格　　(单位:mm)

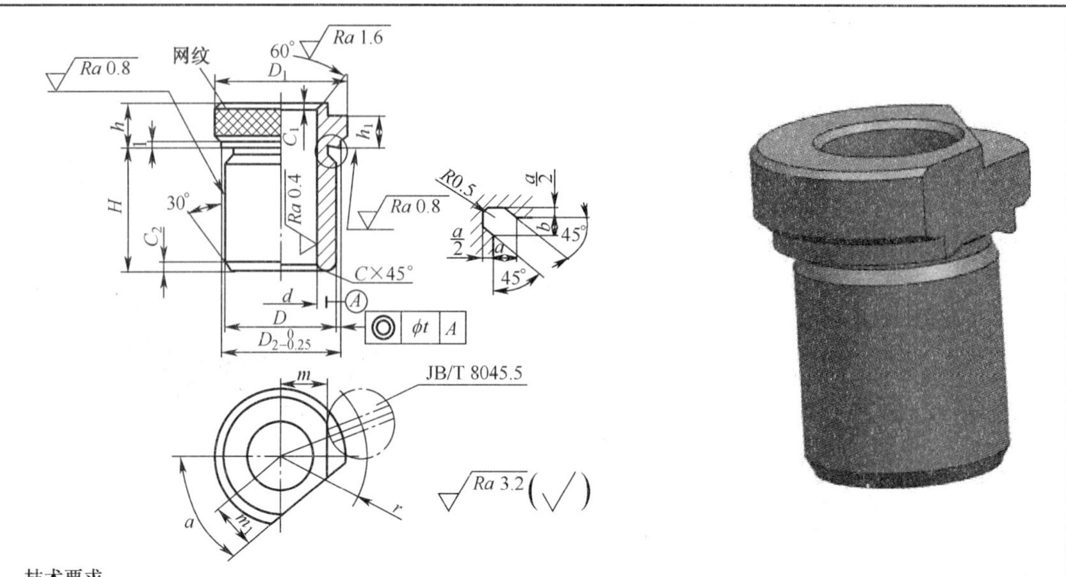

技术要求

1.材料：d≤26mm，T10A；d>26mm，20。

2.热处理：材料为T10A，淬火，硬度 58～64HRC；材料为20，淬火，硬度58～64HRC，渗碳深度 0.8～1.2mm。

标记示例

d=12mm、偏差带F7，D=18mm，偏差带k6、H=16mm的快换钻套：钻套12F7×18k6×16

<table>
<tr><th colspan="2">d</th><th colspan="3">D</th><th rowspan="2">D_1</th><th rowspan="2">D_2</th><th colspan="3" rowspan="2">H</th><th rowspan="2">h</th><th rowspan="2">h_1</th><th rowspan="2">r</th><th rowspan="2">m，m_1</th><th rowspan="2">C</th><th rowspan="2">C_1</th><th rowspan="2">C_2</th><th rowspan="2">a</th><th rowspan="2">b</th><th rowspan="2">t</th><th rowspan="2">α</th><th rowspan="2">配用螺钉</th></tr>
<tr><th>基本尺寸</th><th>偏差带 F7</th><th>基本尺寸</th><th>偏差带 m6</th><th>偏差带 k6</th></tr>
<tr><td>0~3</td><td>+0.016
+0.006</td><td rowspan="2">8</td><td rowspan="3">+0.015
+0.006</td><td rowspan="3">+0.010
+0.001</td><td rowspan="2">15</td><td rowspan="2">12</td><td rowspan="2">10</td><td rowspan="2">16</td><td rowspan="2">—</td><td rowspan="3">8</td><td rowspan="3">3</td><td rowspan="2">11.5</td><td rowspan="2">4.2</td><td rowspan="7">0.5</td><td rowspan="2">1</td><td rowspan="2">1.25</td><td rowspan="8">0.5</td><td rowspan="8">2</td><td rowspan="7">0.008</td><td rowspan="4">50°</td><td rowspan="3">M5</td></tr>
<tr><td>3~4</td><td rowspan="2">+0.022
+0.010</td></tr>
<tr><td>4~6</td><td>10</td><td>18</td><td>15</td><td rowspan="2">12</td><td rowspan="2">20</td><td rowspan="2">25</td><td>13</td><td>5.5</td><td rowspan="2">1.5</td><td rowspan="4">1.5</td></tr>
<tr><td>6~8</td><td rowspan="2">+0.028
+0.013</td><td>12</td><td rowspan="3">+0.018
+0.007</td><td rowspan="3">+0.012
+0.001</td><td>22</td><td>18</td><td rowspan="3">10</td><td rowspan="3">4</td><td>16</td><td>7</td><td rowspan="3">M6</td></tr>
<tr><td>8~10</td><td>15</td><td>26</td><td>22</td><td rowspan="2">16</td><td rowspan="2">28</td><td rowspan="2">36</td><td>18</td><td>9</td><td rowspan="4">2</td><td rowspan="6">55°</td></tr>
<tr><td>10~12</td><td rowspan="3">+0.034
+0.016</td><td>18</td><td>30</td><td>26</td><td>20</td><td>11</td></tr>
<tr><td>12~15</td><td>22</td><td rowspan="3">+0.021
+0.008</td><td rowspan="3">+0.015
+0.002</td><td>34</td><td>30</td><td rowspan="2">20</td><td rowspan="2">36</td><td rowspan="2">45</td><td rowspan="5">12</td><td rowspan="5">5.5</td><td>23.5</td><td>12</td><td rowspan="4">2.5</td><td rowspan="5">M8</td></tr>
<tr><td>15~18</td><td>26</td><td>39</td><td>35</td><td>26</td><td>14.5</td><td rowspan="7">1</td><td rowspan="7">0.012</td></tr>
<tr><td>18~22</td><td rowspan="3">+0.041
+0.020</td><td>30</td><td>46</td><td>42</td><td rowspan="2">25</td><td rowspan="2">45</td><td rowspan="2">56</td><td>29.5</td><td>18</td><td rowspan="4">3</td><td rowspan="9">1</td><td rowspan="5">3</td></tr>
<tr><td>22~26</td><td>35</td><td rowspan="3">+0.025
+0.009</td><td rowspan="3">+0.018
+0.002</td><td>52</td><td>46</td><td>32.5</td><td>21</td></tr>
<tr><td>26~30</td><td>42</td><td>59</td><td>53</td><td rowspan="3">30</td><td rowspan="3">56</td><td rowspan="3">67</td><td>36</td><td>24.5</td><td rowspan="11">3</td><td rowspan="3">65°</td></tr>
<tr><td>30~35</td><td rowspan="4">+0.050
+0.025</td><td>48</td><td>66</td><td>60</td><td rowspan="10">16</td><td rowspan="10">7</td><td>41</td><td>27</td><td rowspan="10">M10</td></tr>
<tr><td>35~42</td><td>55</td><td rowspan="5">+0.030
+0.011</td><td rowspan="5">+0.021
+0.002</td><td>74</td><td>68</td><td>45</td><td>31</td><td rowspan="4">3.5</td></tr>
<tr><td>42~48</td><td>62</td><td>82</td><td>76</td><td rowspan="3">35</td><td rowspan="3">67</td><td rowspan="3">78</td><td>49</td><td>35</td><td rowspan="8">4</td><td rowspan="5">70°</td></tr>
<tr><td>48~50</td><td rowspan="2">70</td><td rowspan="2">90</td><td rowspan="2">84</td><td rowspan="2">53</td><td rowspan="2">39</td><td rowspan="7">1.5</td><td rowspan="7">0.040</td></tr>
<tr><td>50~55</td><td rowspan="5">+0.060
+0.030</td></tr>
<tr><td>55~62</td><td>78</td><td>100</td><td>94</td><td rowspan="2">40</td><td rowspan="2">78</td><td rowspan="2">105</td><td>58</td><td>44</td><td rowspan="5">4</td></tr>
<tr><td>62~70</td><td>85</td><td rowspan="4">+0.025
+0.013</td><td rowspan="4">+0.025
+0.003</td><td>110</td><td>104</td><td>63</td><td>49</td><td rowspan="4">1.5</td></tr>
<tr><td>70~78</td><td>95</td><td>120</td><td>114</td><td rowspan="3">45</td><td rowspan="3">89</td><td rowspan="3">112</td><td>68</td><td>54</td><td rowspan="3">75°</td></tr>
<tr><td>78~80</td><td rowspan="2">105</td><td rowspan="2">130</td><td rowspan="2">124</td><td rowspan="2">73</td><td rowspan="2">59</td></tr>
<tr><td>80~85</td><td>+0.070
+0.036</td></tr>
<tr><td colspan="23">注:摘自 JB/T 8045.3—1999《机床夹具零件及部件　快换钻套》</td></tr>
</table>

表 4－98　钻套用衬套的结构形式和尺寸规格　（单位:mm）

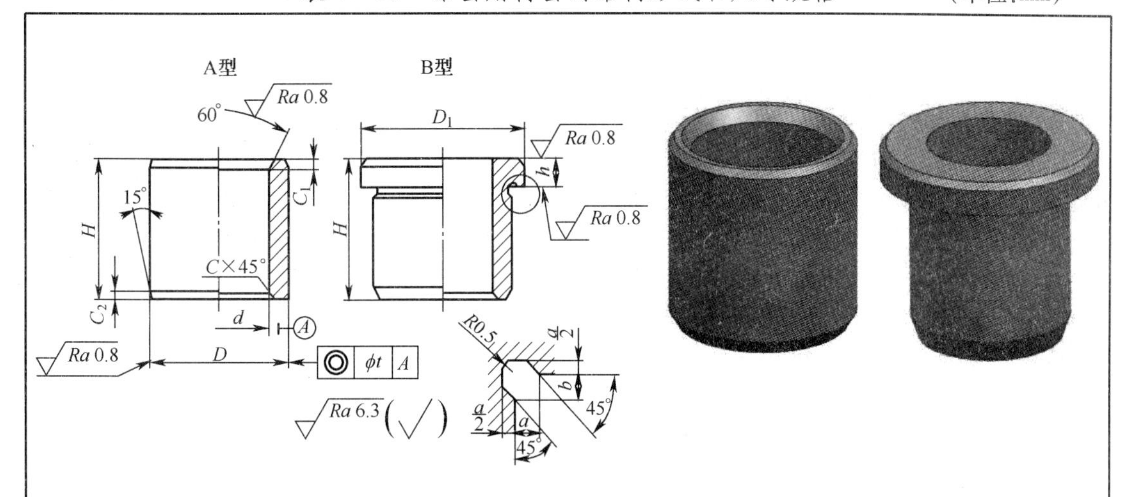

技术要求

1.材料：d≤26mm，T10A；d>26mm，20。

2.热处理：材料为T10A，淬火，硬度58～64HRC；材料为20，淬火，硬度58～64HRC，渗碳深度0.8～1.2mm。

标记示例

d=18mm、D=18mm、H=28mm的A型钻套用衬套：衬套A18×28

<table>
<tr><th colspan="2">d</th><th colspan="2">D</th><th rowspan="2">D_1</th><th colspan="3" rowspan="2">H</th><th rowspan="2">h</th><th rowspan="2">C</th><th rowspan="2">C_1</th><th rowspan="2">C_2</th><th rowspan="2">a</th><th rowspan="2">b</th><th rowspan="2">t</th></tr>
<tr><th>基本尺寸</th><th>偏差带 F7</th><th>基本尺寸</th><th>偏差带 n6</th></tr>
<tr><td>8</td><td rowspan="2">+0.028
+0.013</td><td>12</td><td rowspan="3">+0.023
+0.012</td><td>15</td><td>10</td><td>16</td><td>—</td><td rowspan="2">3</td><td rowspan="4">0.5</td><td>1.5</td><td>1.25</td><td rowspan="5">0.5</td><td rowspan="5">2</td><td rowspan="4">0.008</td></tr>
<tr><td>10</td><td>15</td><td>18</td><td rowspan="2">12</td><td rowspan="2">20</td><td rowspan="2">25</td><td rowspan="4">2</td><td rowspan="4">1.5</td></tr>
<tr><td>12</td><td rowspan="3">+0.034
+0.016</td><td>18</td><td>22</td><td rowspan="3">4</td></tr>
<tr><td>15</td><td>22</td><td rowspan="3">+0.028
+0.015</td><td>26</td><td rowspan="2">16</td><td rowspan="2">28</td><td rowspan="2">36</td></tr>
<tr><td>18</td><td>26</td><td>30</td><td rowspan="8">1</td><td rowspan="8">0.012</td></tr>
<tr><td>22</td><td rowspan="3">+0.041
+0.020</td><td>30</td><td>34</td><td rowspan="2">20</td><td rowspan="2">36</td><td rowspan="2">45</td><td rowspan="4">5</td><td rowspan="4">3</td><td rowspan="4">2.5</td><td rowspan="5">1</td><td rowspan="5">3</td></tr>
<tr><td>26</td><td>35</td><td rowspan="3">+0.033
+0.017</td><td>39</td></tr>
<tr><td>30</td><td>42</td><td>46</td><td rowspan="2">25</td><td rowspan="2">45</td><td rowspan="2">56</td></tr>
<tr><td>35</td><td rowspan="3">+0.050
+0.025</td><td>48</td><td>52</td></tr>
<tr><td>42</td><td>55</td><td rowspan="4">+0.039
+0.020</td><td>59</td><td rowspan="3">30</td><td rowspan="3">56</td><td rowspan="3">67</td><td rowspan="9">6</td><td rowspan="3">3.5</td><td rowspan="9">3</td></tr>
<tr><td>48</td><td>62</td><td>66</td><td rowspan="8">1.5</td><td rowspan="8">4</td></tr>
<tr><td>55</td><td rowspan="4">+0.060
+0.030</td><td>70</td><td>74</td></tr>
<tr><td>62</td><td>78</td><td>82</td><td rowspan="2">35</td><td rowspan="2">67</td><td rowspan="2">78</td><td rowspan="6">1.5</td><td rowspan="6">4</td><td rowspan="6">0.040</td></tr>
<tr><td>70</td><td>85</td><td rowspan="4">+0.045
+0.023</td><td>90</td></tr>
<tr><td>78</td><td>95</td><td>100</td><td rowspan="2">40</td><td rowspan="2">78</td><td rowspan="2">105</td></tr>
<tr><td>85</td><td rowspan="3">+0.071
+0.036</td><td>105</td><td>110</td></tr>
<tr><td>95</td><td>115</td><td>120</td><td rowspan="2">45</td><td rowspan="2">105</td><td rowspan="2">112</td></tr>
<tr><td>105</td><td>125</td><td>+0.052
+0.027</td><td>130</td></tr>
</table>

注:摘自 JB/T 8045.4—1999《机床夹具零件及部件　钻套用衬套》

表 4-99 钻套螺钉的结构形式和尺寸规格 (单位:mm)

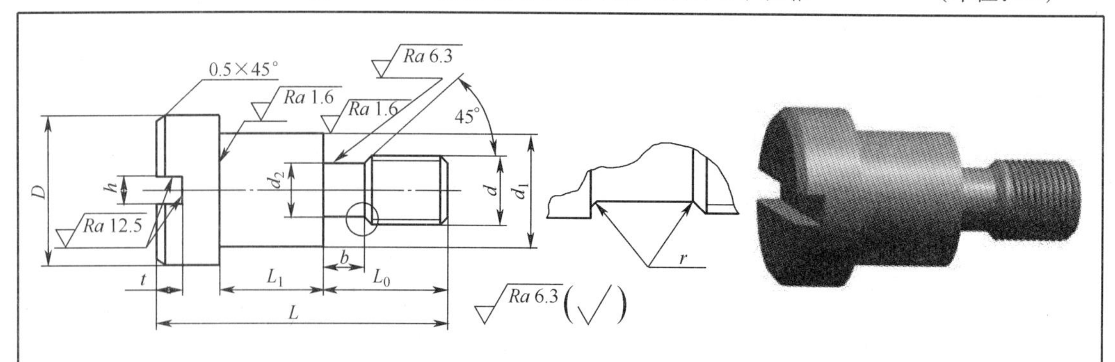

技术要求

1.材料：45。

2.热处理：调质，硬度28～32HRC。

标记示例

d=M10、L_1=12mm的钻套螺钉：螺钉M10×13

d	L_1		d_1		D	d_2	L_1	L_0	h	t	b	r	钻套内孔直径
	基本尺寸	极限偏差	基本尺寸	偏差带 d11									
M5	3	+0.200 +0.050	7.5	−0.040 −0.130	13	3.7	15	9	1.2	1.7	1	0.5	0~6
	6						18						
M6	4		9.5		16	4.4	18	10	1.5	2	1.5		6~12
	8						22						
M8	5.5		12	−0.050 −0.160	20	6	22	11.5	2	2.5			12~30
	10.5						27						
M10	7		15		24	7.7	32	18.5	2.5	3	2.5	1	30~85
	13						38						

注：摘自 JB/T 8045.5—1999《机床夹具零件及部件 钻套螺钉》

表 4-100　镗套的结构形式和尺寸规格　　（单位:mm）

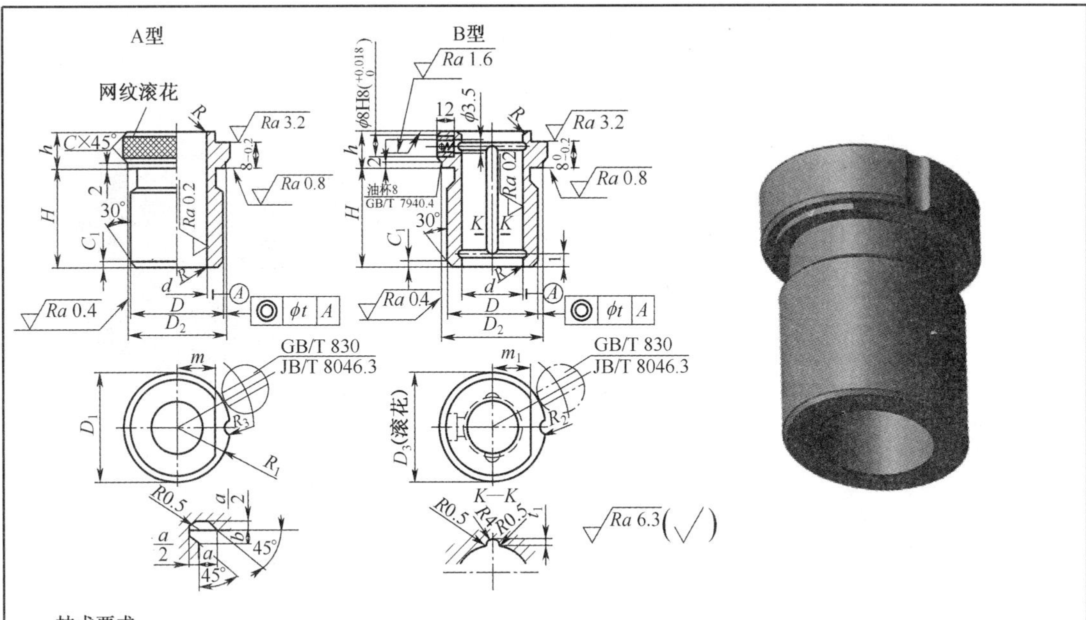

技术要求

1. 材料：20。

2. 热处理：淬火，硬度55～60HRC，渗碳深度 0.8～1.2mm。

标记示例

d=40mm、偏差带H7，D=50mm，偏差带g5、H=60mm的A型镗套：镗套40H7×50g5×60

d	基本尺寸	20	22	25	28	32	35	40	45	50	55	60	70	80	90	100	120	160
	偏差带 H6	+0.013 0				+0.016 0					+0.019 0				+0.022 0			+0.025 0
	偏差带 H7	+0.021 0				+0.025 0					+0.030 0				+0.035 0			+0.040 0
D	基本尺寸	25	28	32	35	40	45	50	55	60	65	75	85	100	110	120	145	185
	偏差带 g5	-0.007 -0.016		-0.009 -0.020					-0.010 -0.023				-0.012 -0.027				-0.014 -0.032	-0.015 -0.035
	偏差带 g6	-0.007 -0.020		-0.009 -0.025					-0.010 -0.029				-0.012 -0.034				-0.014 -0.039	-0.015 -0.044
H		20		25		35				45			60		80		100	125
		25		35		45				60			80		100		125	160
		35		45		55		60		80			100		125		160	200
l				6				8										
D_1（滚花前）		34	38	42	46	52	56	62	70	75	80	90	105	120	130	140	165	220
D_2		32	36	40	44	50	54	60	65	70	75	85	100	115	125	135	160	210
D_3（滚花前）					56	60	65	70	75	80	85	90	105	120	130	140	165	220
n		15						18										
m		13	15	17	18	21	23	26	30	32	35	40	47	54	58	65	75	105
m_1					23	25	28	30	33	35	38							
R		1		1.5			2						3				4	
R_1		22.5	24.5	26.5	30	33	35	38	43.5	46	48.5	53.5	61	68.5	75.5	81	93	121
R_2					35	37	39.5	42	46	48.5	51							
R_3		9			11				12.5						16			
R_4					2												2.5	
t_1					1.5												2	
a		0.5		1														
b		2		3					4									
C		1						1.5										
C_1		1.5		2					2.5								3	
配用螺钉		M8×8			M10×8				M12×8						M16×8			

注:摘自 JB/T 8046.1—1999《机床夹具零件及部件　镗套》

表 4-101　镗套用衬套的结构形式和尺寸规格　（单位：mm）

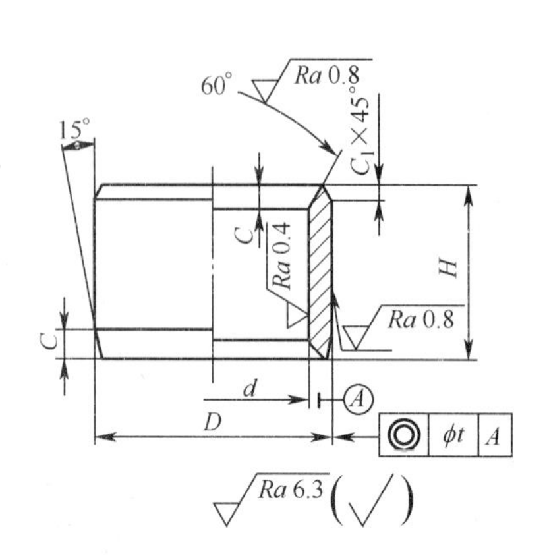

技术要求

1.材料：20。

2.热处理：淬火，硬度55～60HRC，渗碳深度0.8～1.2mm。

标记示例

d=32mm、偏差带H6，H=25mm 的镗套用衬套：衬套32H6×25

<table>
<tr><td rowspan="3">d</td><td>基本尺寸</td><td>25</td><td>28</td><td>32</td><td>35</td><td>40</td><td>45</td><td>50</td><td>55</td><td>60</td><td>65</td><td>75</td><td>85</td><td>100</td><td>110</td><td>120</td><td>145</td><td>185</td></tr>
<tr><td>偏差带 H6</td><td colspan="2">+0.013
0</td><td colspan="5">+0.016
0</td><td colspan="4">+0.019
0</td><td colspan="4">+0.022
0</td><td>+0.025
0</td><td>+0.029
0</td></tr>
<tr><td>偏差带 H7</td><td colspan="2">+0.021
0</td><td colspan="5">+0.025
0</td><td colspan="4">+0.03
0</td><td colspan="4">+0.035
0</td><td>+0.040
0</td><td>+0.046
0</td></tr>
<tr><td rowspan="2">D</td><td>基本尺寸</td><td>30</td><td>34</td><td>38</td><td>42</td><td>48</td><td>52</td><td>58</td><td>65</td><td>70</td><td>75</td><td>85</td><td>100</td><td>115</td><td>125</td><td>135</td><td>160</td><td>210</td></tr>
<tr><td>偏差带 n6</td><td>+0.028
+0.015</td><td colspan="4">+0.033
+0.017</td><td colspan="5">+0.039
+0.020</td><td colspan="3">+0.045
+0.023</td><td colspan="3">+0.052
+0.027</td><td>+0.060
+0.031</td></tr>
<tr><td colspan="2" rowspan="3">H</td><td colspan="2">20</td><td colspan="2">25</td><td colspan="4">35</td><td colspan="3">45</td><td colspan="2">60</td><td colspan="2">80</td><td>100</td><td>125</td></tr>
<tr><td colspan="2">25</td><td colspan="2">35</td><td colspan="4">45</td><td colspan="3">60</td><td colspan="2">80</td><td colspan="2">100</td><td>125</td><td>160</td></tr>
<tr><td colspan="2">35</td><td colspan="2">45</td><td colspan="2">55</td><td colspan="2">60</td><td colspan="3">80</td><td colspan="2">100</td><td colspan="2">125</td><td>160</td><td>200</td></tr>
<tr><td colspan="2">C</td><td colspan="2">2</td><td colspan="5">2.5</td><td colspan="7">3</td><td colspan="3">4</td></tr>
<tr><td colspan="2">C_1</td><td colspan="3">0.6</td><td colspan="6">1</td><td colspan="5">2</td><td colspan="3">2.5</td></tr>
</table>

注：摘自 JB/T 8046.2—1999《机床夹具零件及部件　镗套用衬套》

1. d(H6)时，$D\leqslant52$，则 $t=0.005$mm；$D>52$，则 $t=0.010$mm。

2. d(H7)时，$t=0.010$mm

表 4-102　镗套螺钉的结构形式和尺寸规格　　　　（单位:mm）

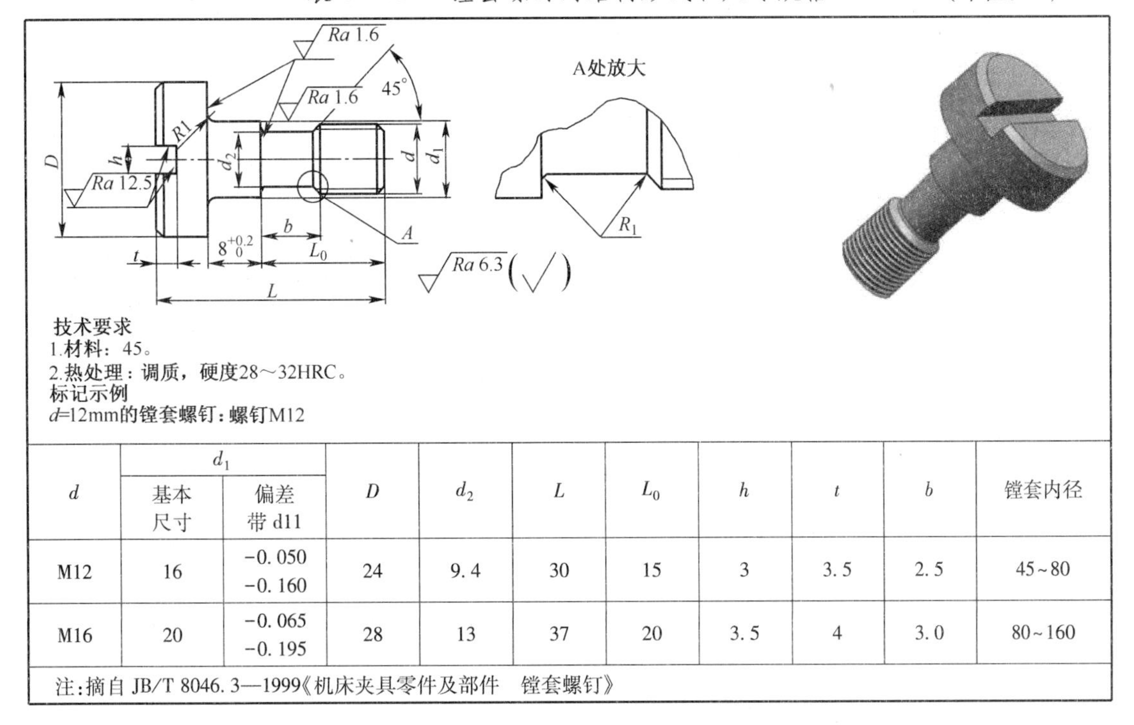

技术要求
1.材料：45。
2.热处理：调质，硬度28～32HRC。
标记示例
d=12mm的镗套螺钉：螺钉M12

d	d_1		D	d_2	L	L_0	h	t	b	镗套内径
	基本尺寸	偏差带 d11								
M12	16	-0.050 -0.160	24	9.4	30	15	3	3.5	2.5	45~80
M16	20	-0.065 -0.195	28	13	37	20	3.5	4	3.0	80~160

注:摘自 JB/T 8046.3—1999《机床夹具零件及部件　镗套螺钉》

4.5　机床夹具常用起吊元件

机床夹具常用起吊用元件见表 4-103~表 4-110。

表 4-103　滚花把手的结构形式和尺寸规格　　　　（单位:mm）

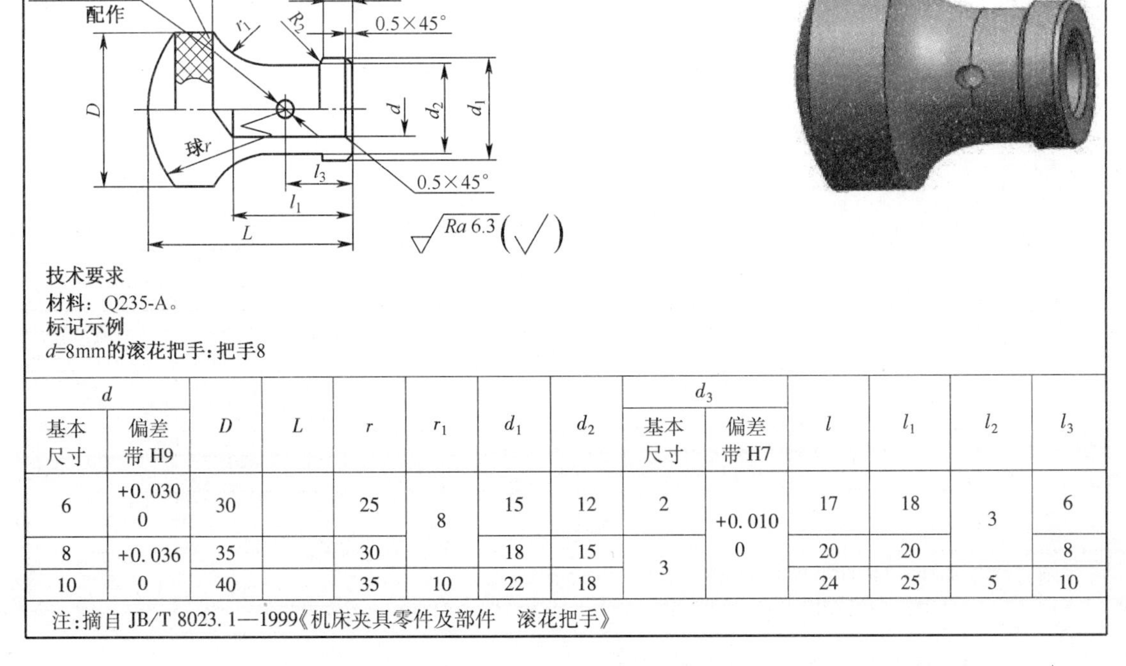

技术要求
材料：Q235-A。
标记示例
d=8mm的滚花把手：把手8

d		D	L	r	r_1	d_1	d_2	d_3		l	l_1	l_2	l_3
基本尺寸	偏差带 H9							基本尺寸	偏差带 H7				
6	+0.030 0	30		25	8	15	12	2	+0.010 0	17	18	3	6
8	+0.036 0	35		30		18	15	3		20	20		8
10		40		35	10	22	18			24	25	5	10

注:摘自 JB/T 8023.1—1999《机床夹具零件及部件　滚花把手》

表 4－104　活动手柄的结构形式和尺寸规格　　（单位:mm）

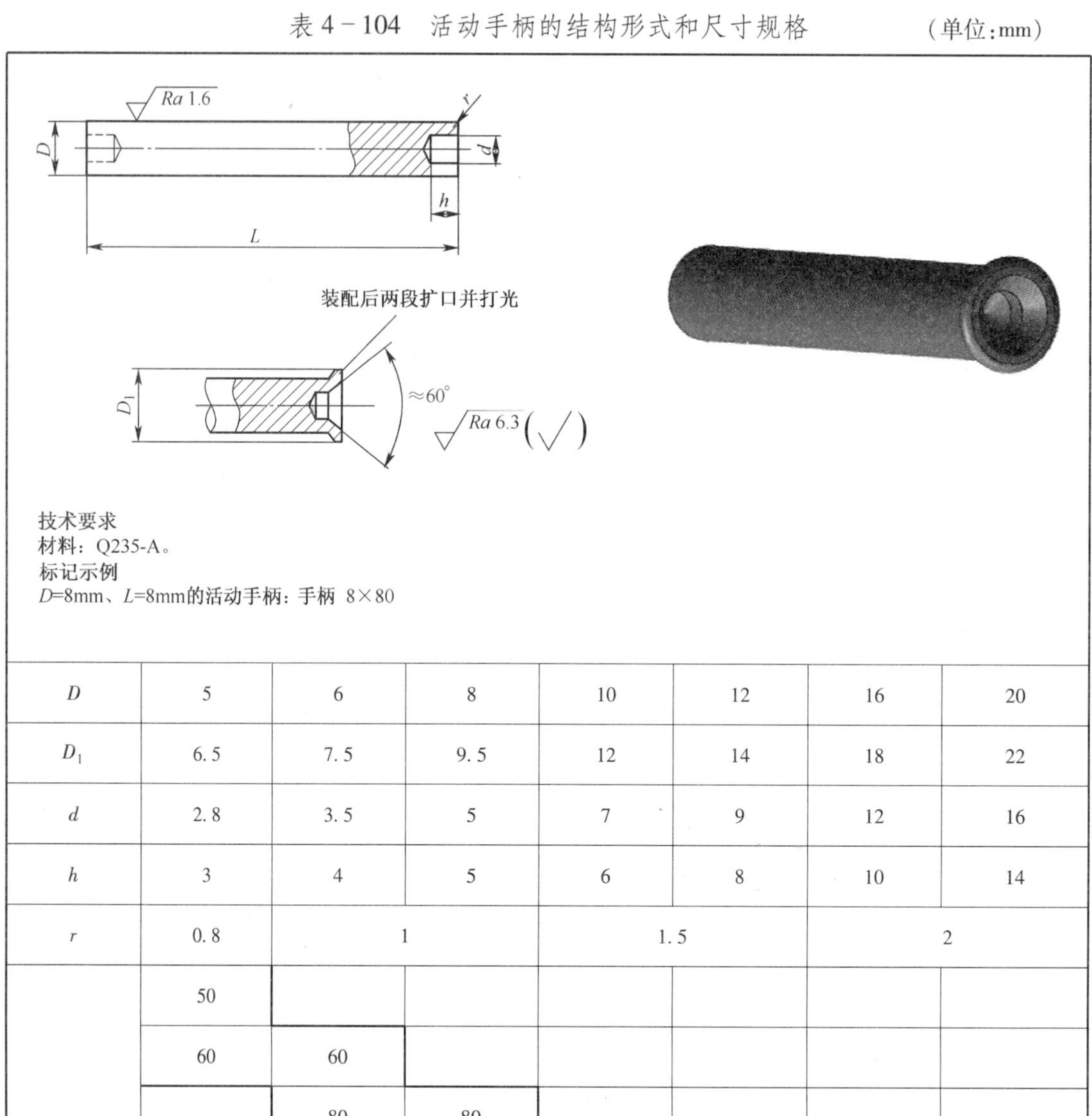

技术要求
材料：Q235-A。
标记示例
D=8mm、L=8mm的活动手柄：手柄 8×80

D	5	6	8	10	12	16	20
D_1	6.5	7.5	9.5	12	14	18	22
d	2.8	3.5	5	7	9	12	16
h	3	4	5	6	8	10	14
r	0.8	1		1.5		2	
L	50						
	60	60					
		80	80				
		100	100	100			
			120	120	120		
			160	160	160	160	
				200	200	200	200
					250	250	250
						320	320
							360

注：摘自 JB/T 8024.1—1999《机床夹具零件及部件　活动手柄》

表 4-105　焊接手柄的结构形式和尺寸规格　（单位:mm）

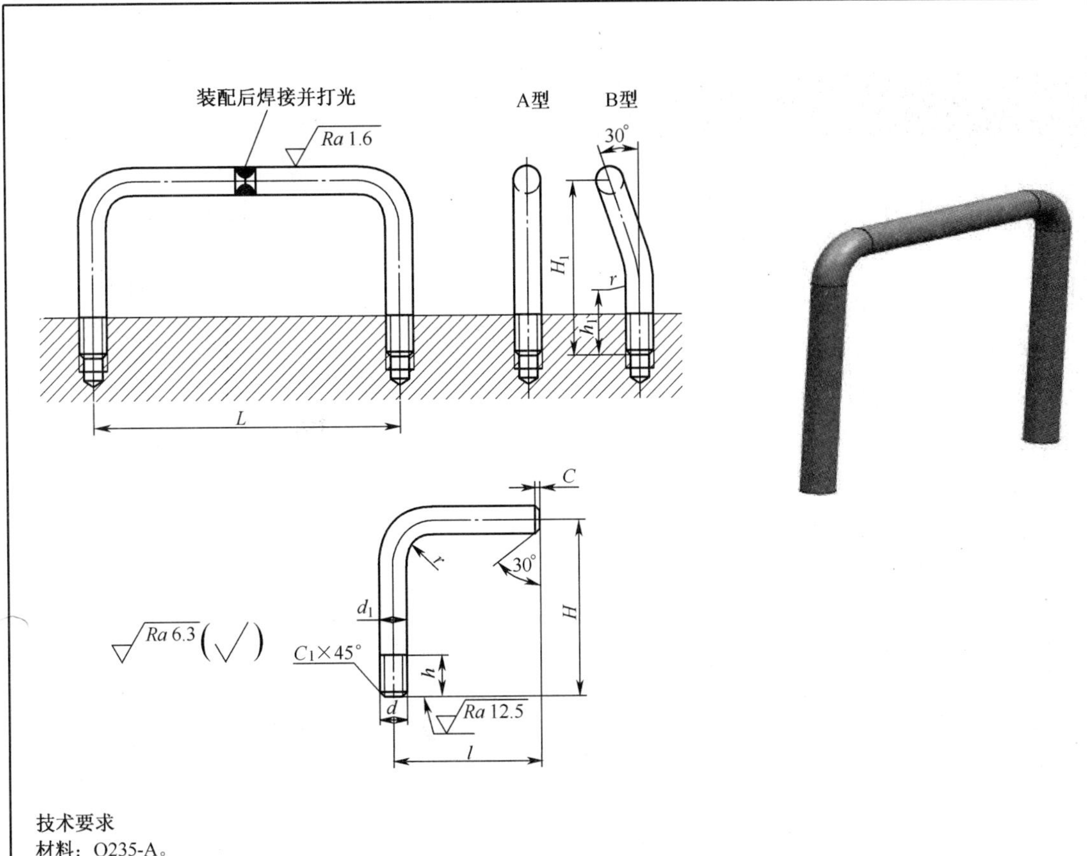

技术要求

材料：Q235-A。

标记示例

d=M10mm的A型焊接手柄：手柄　AM10

d	H	H_1	L	d_1	h	h_1	l	r	C	C_1	展开长度≈
M6	40	37	65	6	10	15	32	6	1	1	68
M8	50	46	80	8	12	18	39.5	8	1.2	1.2	85
M10	60	55	100	10	15	22	49.5	10	1.5	1.5	103
M12	70	65	120	12	18	25	59.5	12	1.8	1.8	122

注：摘自 JB/T 8024.4—1999《机床夹具零件及部件　焊接手柄》

表 4－106　起重螺栓的结构形式和尺寸规格　（单位：mm）

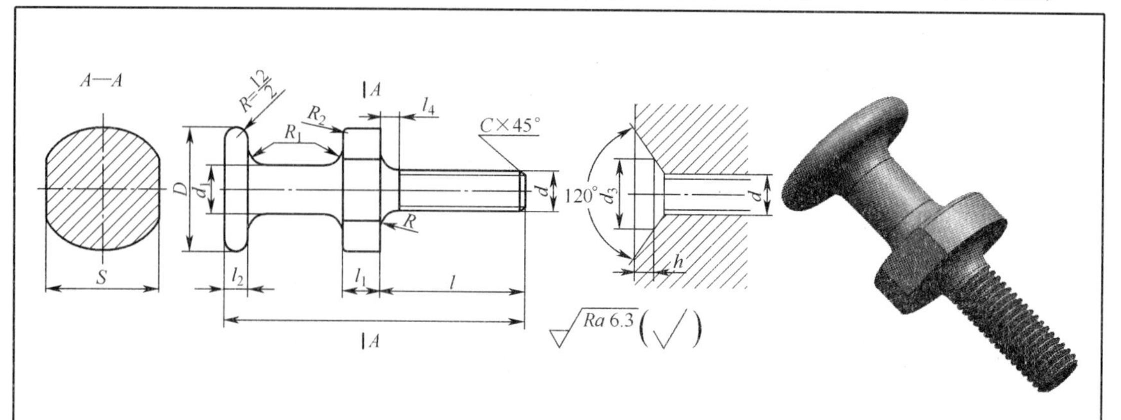

技术要求
1.材料：45。
2.调质，硬度28～32HRC。
标记示例
d=M12mm的A型起重螺栓：螺栓AM12

类　型			A					B		
d			M12	M16	M20	M24	M30	M36	M42	M48
D			28	35	42	50	65	75	85	95
L			52	62	75	90	110	140	160	185
S	基本尺寸		24	27	32	36	50	55	65	75
	极限偏差		0 −0.280		0 −0.340			0 −0.400		
d_1			12	16	20	24	30	36	42	48
l			25	32	38	45	54	72	84	9
l_1			6	8	9	10	12	14	16	18
l_2			3	4	5	6	8	9	10	12
允许负荷			1300N	1900N	2600N	3900N	6500N	9000N	13000N	17000N
相配件	d_3	基本尺寸	17	22	28	32	39	45	50	55
		偏差带 H7	—							
	h		6	8	9	10	28	32	36	

注：摘自 JB/T 8025—1999《机床夹具零件及部件　起重螺栓》

表 4-107　直手柄的结构形式和尺寸规格

（单位：mm）

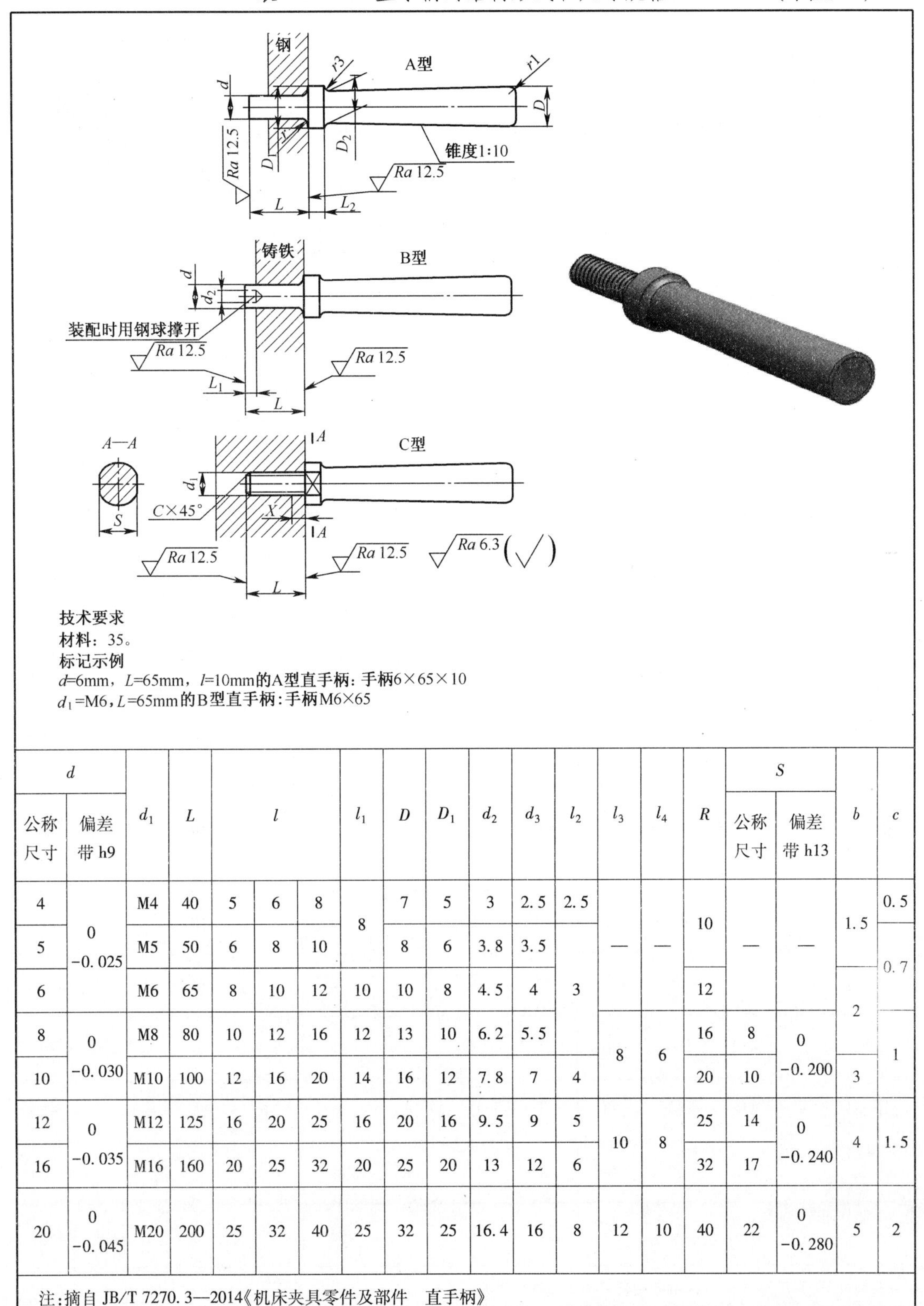

技术要求

材料：35。

标记示例

d=6mm，L=65mm，l=10mm的A型直手柄：手柄6×65×10

d_1=M6，L=65mm的B型直手柄：手柄M6×65

d		d_1	L	l			l_1	D	D_1	d_2	d_3	l_2	l_3	l_4	R	S		b	c
公称尺寸	偏差带 h9															公称尺寸	偏差带 h13		
4	0 -0.025	M4	40	5	6	8	8	7	5	3	2.5	2.5	—	—	10	—	—	1.5	0.5
5		M5	50	6	8	10		8	6	3.8	3.5	3							0.7
6		M6	65	8	10	12	10	10	8	4.5	4				12			2	
8	0 -0.030	M8	80	10	12	16	12	13	10	6.2	5.5		8	6	16	8	0 -0.200		1
10		M10	100	12	16	20	14	16	12	7.8	7	4			20	10		3	
12	0 -0.035	M12	125	16	20	25	16	20	16	9.5	9	5	10	8	25	14	0 -0.240	4	1.5
16		M16	160	20	25	32	20	25	20	13	12	6			32	17			
20	0 -0.045	M20	200	25	32	40	25	32	25	16.4	16	8	12	10	40	22	0 -0.280	5	2

注：摘自 JB/T 7270.3—2014《机床夹具零件及部件　直手柄》

表 4－108　球头斜形方孔手柄的结构形式和尺寸规格　（单位：mm）

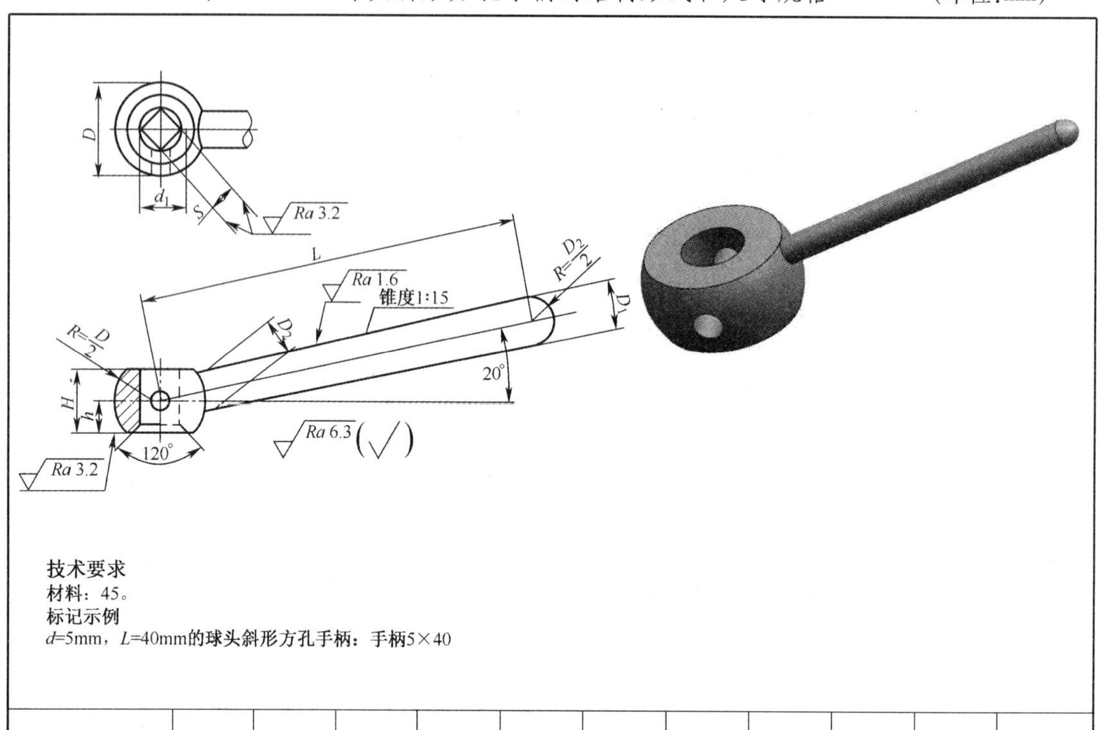

技术要求
材料：45。
标记示例
d=5mm，L=40mm的球头斜形方孔手柄：手柄5×40

d 公称尺寸	d 偏差带 H9	d_1	L	D	D_1	D_2	d_2	H	h	R	C	圆锥销
5	$^{+0.025}_{0}$	M5	40	12	7	5	2	9	4.5	10	0.5	2×12
6		M6	50	14	8			10	5			2×14
8	$^{+0.030}_{0}$	M8	65	16	10	6	3	11		12		3×16
10		M 10	80	20	12	8		14	6.5	16		3×20
12	$^{+0.035}_{0}$	M12	100	25	15	10	4	18	8.5	20	1	4×25
16		M16	125	32	18	12	5	22	10	25		5×32
20	$^{+0.045}_{0}$	M20	160	40	22	16	6	28	13	32	1.5	6×40
24		M24	200	50	28	20	8	36	17	40		8×50

注：摘自 JB/T 7270.8—2014《机床夹具零件及部件　球头手柄》

表 4-109　球头手柄的结构形式和尺寸规格　　（单位：mm）

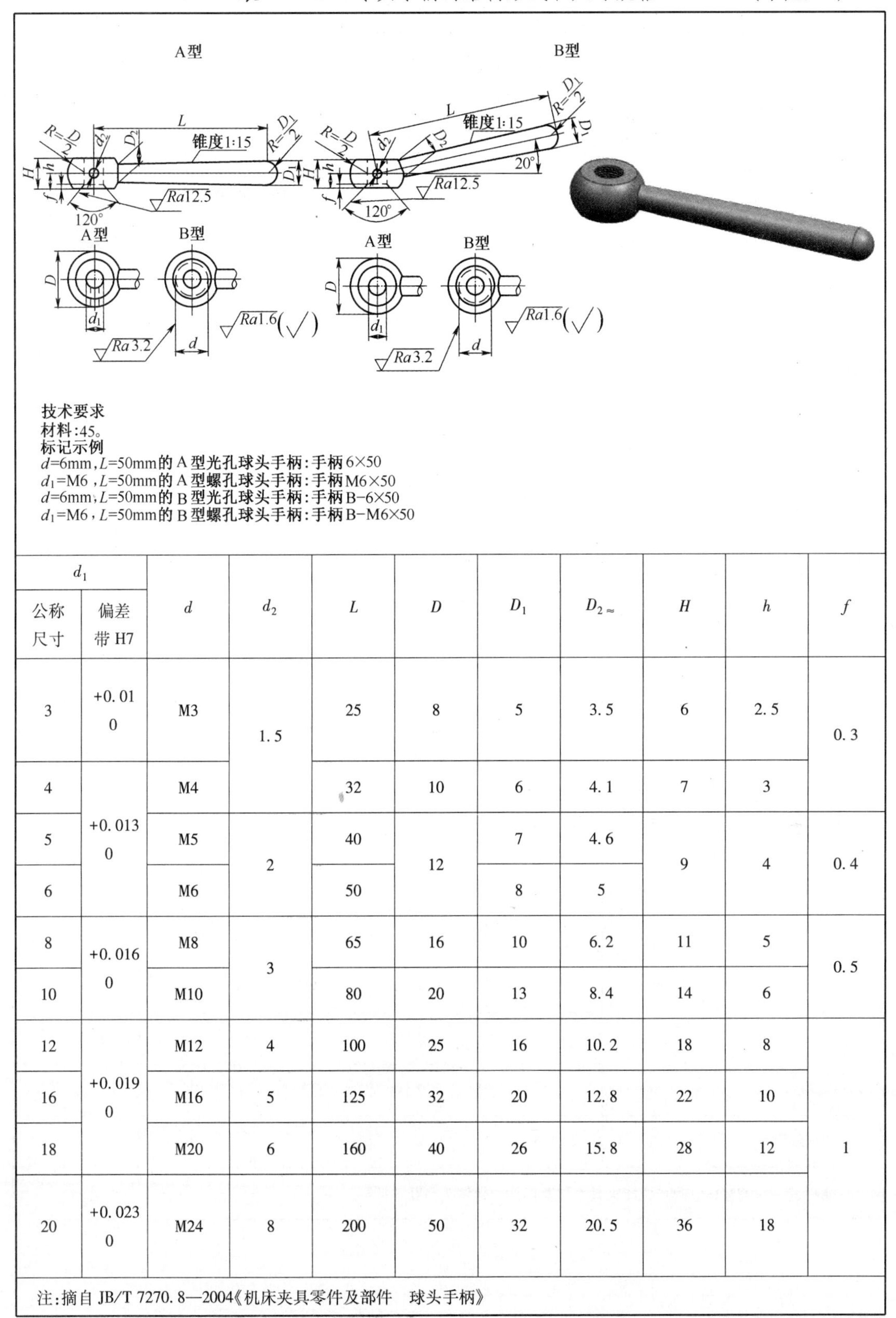

技术要求

材料：45。

标记示例

d=6mm，L=50mm的A型光孔球头手柄：手柄 6×50

d_1=M6，L=50mm的A型螺孔球头手柄：手柄 M6×50

d=6mm，L=50mm的B型光孔球头手柄：手柄 B-6×50

d_1=M6，L=50mm的B型螺孔球头手柄：手柄 B-M6×50

d_1		d	d_2	L	D	D_1	$D_2\approx$	H	h	f
公称尺寸	偏差带 H7									
3	$^{+0.01}_{0}$	M3	1.5	25	8	5	3.5	6	2.5	0.3
4	$^{+0.013}_{0}$	M4		32	10	6	4.1	7	3	
5		M5	2	40	12	7	4.6	9	4	0.4
6		M6		50		8	5			
8	$^{+0.016}_{0}$	M8	3	65	16	10	6.2	11	5	0.5
10		M10		80	20	13	8.4	14	6	
12	$^{+0.019}_{0}$	M12	4	100	25	16	10.2	18	8	1
16		M16	5	125	32	20	12.8	22	10	
18		M20	6	160	40	26	15.8	28	12	
20	$^{+0.023}_{0}$	M24	8	200	50	32	20.5	36	18	

注：摘自 JB/T 7270.8—2004《机床夹具零件及部件　球头手柄》

表 4-110　螺纹头凸肚手柄的结构形式和尺寸规格　（单位：mm）

<table>
<tr><td colspan="7">

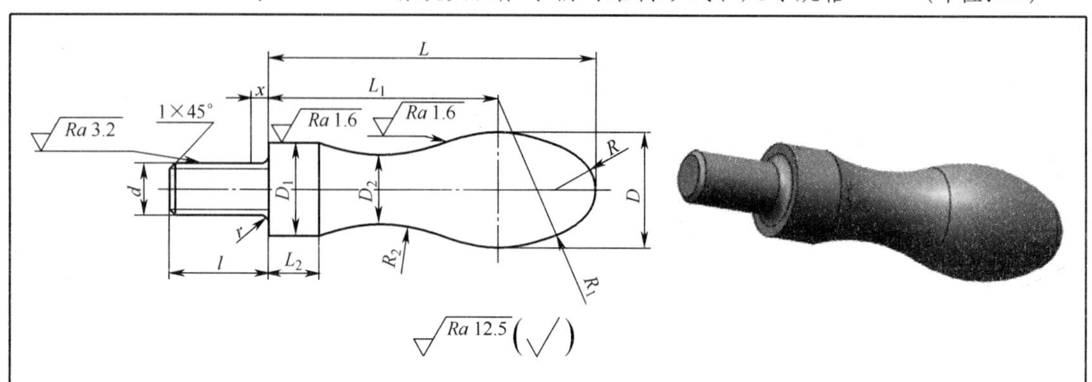

技术要求
材料：45。
标记示例
d=6mm，L=50mm的A型光孔球头手柄：手柄 6×50

</td></tr>
<tr><td>d</td><td>M5</td><td>M6</td><td>M8</td><td>M10</td><td>M12</td><td>M16</td></tr>
<tr><td>D</td><td>12</td><td>15</td><td>19</td><td>24</td><td>30</td><td>38</td></tr>
<tr><td>D_1</td><td>8</td><td>10</td><td>12</td><td>16</td><td>20</td><td>25</td></tr>
<tr><td>D_2</td><td>6.3</td><td>8</td><td>10</td><td>13</td><td>16</td><td>20</td></tr>
<tr><td>L</td><td>38</td><td>48</td><td>60</td><td>75</td><td>95</td><td>118</td></tr>
<tr><td>l</td><td>8</td><td>10</td><td>12</td><td>16</td><td>20</td><td>15</td></tr>
<tr><td>l_1</td><td>25.3</td><td>32.1</td><td>39.4</td><td>49.6</td><td>63.2</td><td>77.1</td></tr>
<tr><td>l_2</td><td rowspan="2">4</td><td rowspan="2">5</td><td rowspan="2">6</td><td rowspan="2">8</td><td rowspan="2">10</td><td rowspan="2">12</td></tr>
<tr><td>R</td></tr>
<tr><td>R_1</td><td>24</td><td>30</td><td>38</td><td>48</td><td>60</td><td>75</td></tr>
<tr><td>R_2</td><td>20</td><td>27</td><td>35</td><td>40</td><td>52</td><td>58</td></tr>
<tr><td>r</td><td colspan="4">0.5</td><td colspan="2">0.8</td></tr>
<tr><td>C</td><td>0.8</td><td>1</td><td>1.2</td><td>1.5</td><td>1.8</td><td>2</td></tr>
<tr><td>x</td><td>1.2</td><td>1.5</td><td>1.8</td><td>2.2</td><td>2.6</td><td>3</td></tr>
<tr><td colspan="7">注：摘自 JB/T 8024.1—1999《机床夹具零件及部件　螺纹头凸肚手柄》</td></tr>
</table>

5 第5章 机床夹具设计实例

5.1 油口法兰车床夹具设计实例

图 5－1 和图 5－2 分别为油口法兰立体图及平面图，上、下平面及两孔 $2\times\phi13^{+0.018}_{0}$ 已加工，要求在车床上车削 2×M30 及 $\phi45^{+0.025}_{0}$ 两孔，设计油口法兰车夹具。

图 5－1 油口法兰立体图

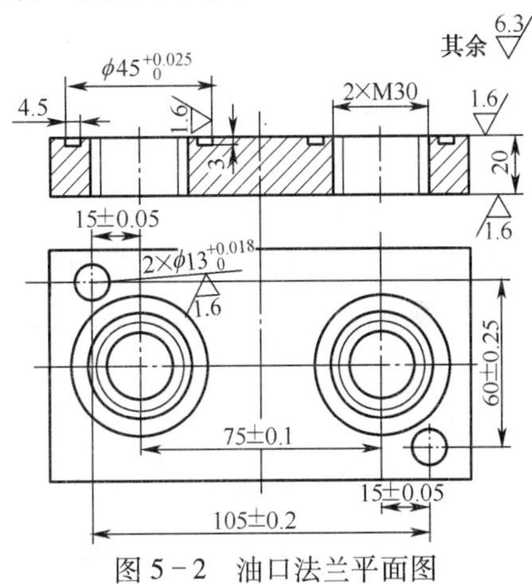

图 5－2 油口法兰平面图

1. 油口法兰车夹具定位方案的确定

（1）自由度限制分析。如图 5－1 和图 5－2 所示，由于油口法兰车环形槽工序有深度尺寸要求，故需要限制 $\vec{Z}$，由于 2×M30 孔对工件中心线有对称度要求，故要限制 $\overset{\frown}{X}$、$\overset{\frown}{Y}$ 及 $\overset{\frown}{Z}$，由于孔与端面有垂直度要求，需要限制 $\vec{X}$、$\vec{Y}$，故工件 6 个自由度都要限制。

（2）初步确定定位方案。由于前道工序工件上、下平面两小孔 $\phi13$ 已精加工，参照常用的一面两销定位法，本夹具中工件定位采用下平面及两小孔 $\phi13$ 孔定位。

（3）校核定位方案是否可行。平面作定位基面可限制 $\vec{Z}$、$\overset{\frown}{X}$、$\overset{\frown}{Y}$ 自由度，2 个孔作定位基面可分别限制 $\vec{X}$、$\vec{Y}$ 自由度；共 7 个自由度，属过定位，需要其中一孔仅限制工件一个自由度，方案才可行。

2. 油口法兰车夹具定位元件的选则

根据本工件所需限制工件 6 个自由度和定位方案，选择定位元件：3 个平支承钉与平面接触定位，限制 $\vec{Z}$、$\overset{\frown}{X}$、$\overset{\frown}{Y}$ 自由度，圆柱销、菱形销各 1 个与 $\phi13$ 孔接触。由于孔定位其中一个限制 2 个自由度，另一个限制 1 个自由度，故选择短圆柱销限制 $\vec{X}$、$\vec{Y}$ 自由度，短菱形销限制 $\overset{\frown}{Z}$。

3. 确定油口法兰车夹具圆柱销、菱形销直径和偏差

（1）两定位销中心距 L_x 及偏差 δ_{Lx}。

$L_x=L_g=\sqrt{(105^2+60^2)}=120.935\text{mm},\delta_{Lg}=0.385\text{mm}$

$\delta_{Lx}=(1/5\sim1/3)\delta_{Lg}=0.077\sim0.128$

两定位销中心距 $L_x=120.935\pm(0.077\sim0.128)$

(2) 圆柱销直径 $d_1=13\text{mm}$。

圆柱销偏差带取 g6。

(3) 确定菱形销宽度 B、b。

查相关表菱形销宽度 $b=4,B=D_2-2=13-2=11$。

(4) 菱形销最大直径 $d_{2\max}$。

$d_{2\max}=D_2-2(\delta_{Lg}+\delta_{Lx})b/D_2$

$D_2=13,\delta_{Lg}=0.385\qquad\delta_{Lx}=0.128$

$d_{2\max}=13-2(0.385+0.128)\times4/13=12.842$

按 h6 偏差菱形销直径$=12.842\text{h6}(^{0}_{-0.011})=13^{-0.158}_{-0.169}$

(5) 计算工序尺寸 15±0.05 定位误差。

工件以一面两孔定位加工 2×M30 及环形槽 2×ϕ45。

因工序基准为小孔中心,定位基准也是小孔中心,故 $\Delta_B=0$,

定位孔尺寸为 $\phi13+0.0180$,圆柱定位销为 $\phi13\text{g5}(^{-0.006}_{-0.014})$

$\Delta_D=\Delta_Y=D_{1\max}-d_{1\min}=13.018-12.986=0.032$

$\Delta_D=0.032<0.1/3=0.033$

能够满足加工技术要求。

(6) 计算右边大孔工序尺寸 90±0.25 定位误差。

工件以一面两孔定位加工 2×M30 及环形槽 2×ϕ45。

因工序基准为左边 M30 孔中心,定位基准是小孔中心,故

$$\Delta_B=0.05\times2=0.1$$

基准移动误差

$$\Delta_Y=D_{1\max}-d_{1\min}=13.018-12.986=0.032$$

$$\Delta_D=\Delta_B+\Delta_Y=0.1+0.032=0.132<0.5/3=0.167$$

定位误差小于工序尺寸公差的 1/3,能够满足加工技术要求。

(7) 定位方案可行性分析。由于定位误差小于工序尺寸公差的 1/3,定位方案能够满足加工技术要求,可行。

4. 油口法兰车夹具夹紧机构的设计

(1) 夹紧机构选择:根据各种夹紧机构的特点和应用场合,结合工件加工批量大,选用广泛使用的手动夹紧机构—螺旋夹紧机构中的螺旋与移动压板夹紧机构。

(2) 夹紧力的方向:选择在不破坏定位的从上往下压的方式压紧定位面。

(3) 夹紧力作用点:靠近车削孔的位置。

5. 油口法兰车夹具装配图的绘制

(1) 视工件为透明体,用双点划线画出油口法兰轮廓,画出定位底面、夹紧面和 2×M30 表面。

(2) 画出定位圆柱销及用来与底面接触的 3 个支承钉。

(3) 按夹紧状态画出转动压板、长螺栓及支柱。

(4) 画出夹具体、平衡块,以及上述各零件与夹具体的连接,使夹具形成一体。

（5）结合 C6140 车床主轴，设计夹具体与 C6140 车床主轴短锥及端面定位连接，夹具体用螺孔与主轴夹紧。

（6）标注总长 280、总宽 280 及总高尺寸 120 和各圆柱销与夹具体的配合尺寸、圆柱销与工件的配合尺寸 ϕ13h7/g6 及夹具体育主轴的联系尺寸 ϕ160±0.2，标注技术条件。

（7）对零件编号，填写标题栏和零件明细表。

（8）定位精度和夹紧力验算。

油口法兰车夹具装配图如图 5－3 所示。

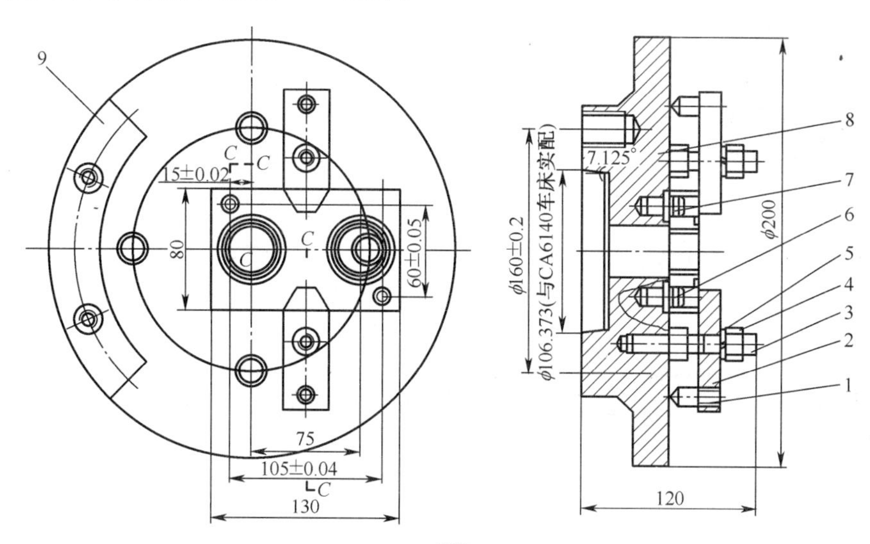

技术要求

序号	代号	名称	数量	材料	单重	总重	备注
	JC 6048—3	配重块	1	Q235-A			
	JC 6048—2	夹具体	1	HT200			
	JB/T 8014.2—1999	固定式定位销A13×14	1	T8A			淬火45-50HRC
	JB/T 8014.2—1999	固定式定位销B13×14	1	T8A			淬火45-50HRC
	GB/T 93—1987	弹簧垫圈	2	Q235-A			
	GB/T 6170—2000	六角螺母	6	35			
	JB/T 4707—2000	双头等长螺柱	2	35			
	JB/T 8010.2—1999	转动压板	2	45			调质28-32HRC
	JC 6048—1	支柱	2	45			调质28-32HRC

标记	处数	更改文件号	签字	日期	油口法兰车夹具	JC6048/ZL60.15-17			
设计		标准化				图样标记	更改次数	重量	比例
绘图		审校			装配图				1:1
校对		批准				共 张		第 张	
工艺		日期				江门职业技术学院			

图 5－3　油口发兰车夹具平面装配图

5.2　销轴钻床夹具设计

图 5－4 和图 5－5 分别为销轴三维图和平面图，其外圆和端面已加工，要求加工 4×ϕM12 的螺纹底孔 4×M10.5，设计钻孔工序钻夹具。

图 5－4　销轴三维图

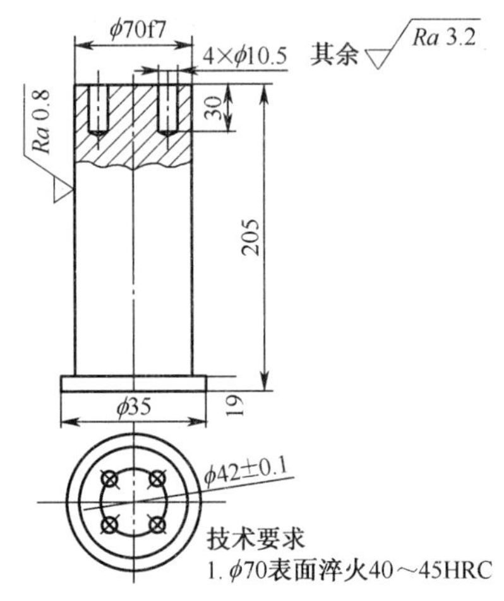

图 5－5　销轴平面图

1. 销轴钻夹具定位方案及定位元件的选择

（1）因钻头垂直安装在钻床上，工件上端面钻孔，故工件加工安装应处于垂直状态。

（2）由于工件孔与端面有垂直度要求，孔中心线不能倾斜，不允许$\widehat{X}$、$\widehat{Y}$。

（3）由于工件孔与外圆柱面有同轴度要求，故不允许$\vec{X}$、$\vec{Y}$，用 V 形块作为定位元件，与销轴外圆柱面接触，限制$\vec{X}$、$\vec{Y}$自由度。

（4）由于工件重力作用，需要用平面支承。故选择工件底面作为定位基面，用定位块作为定位元件与底面接触，限制$\widehat{X}$、$\widehat{Y}$及$\vec{Z}$自由度。

（5）查标准 V 形块尺寸，选择 70V 形块 JB/T 8018.1—1999。

2. 销轴钻夹具定位误差计算

（1）销轴钻夹具基准不重合误差：

① 由设计基准与定位基准不重合产生。工件采用外圆作为定位基面，与 V 形块接触定位，其定位基准为外圆柱面的中心线，而工件 4×M12 螺孔设计基准也是外圆柱面的中心线，设计基准与定位基准重合，基准不重合误差为 0，$\Delta_B=0$。

② 由工件定位基准与定位元件基准不重合产生。当定位元件或定位基准面有制造误差时就会产生，此处定位基面——工件外圆柱面有制造公差，故存在基准移动误差。

轴定位处尺寸 $\phi 70f7(^{-0.03}_{-0.06})$，公差 $T_d=0.03$，采用 V 形块 $\alpha=90°$。

移动误差为

$$\Delta_Y=T_d/2\sin(\alpha/2)=0.03/2\sin(90°/2)=0.0212$$

（2）本工序定位误差：

$$\Delta_d=\Delta_Y+\Delta_B=0.0212+0=0.0212$$

4×ϕ10.5 分布圆尺寸误差为 0.2，0.0212<0.2/3=0.067，该定位方案能够保证图纸要求，可行。

3. 销轴钻夹具（钻模）种类选择

由于销轴孔分布在端面，不适合采用回转式及翻转式钻模；销轴采用普通钻床钻削孔，不适合采用滑柱式钻模；销轴非大型工件，孔非小孔，不适合采用盖板式钻模；可采用固定式和移动式钻模，由于孔径大于 10mm，且大批量生产，故选用固定式钻模。

4. 销轴钻夹具夹紧机构选择

考虑到工件加工时采用螺旋移动压板装夹不方便，选择铰链夹紧机构（增力），考虑到钻削时钻削力是钻头朝向定位块的轴线方向，工件底面的定位块承受钻削力，这方向的钻削力不会使工件离开定位面，故夹紧力较小，夹紧方向朝向工件和 V 形定位块。采用手动铰链压板夹紧机构比较方便，能够满足使用要求。

5. 销轴钻夹具钻套、钻模板设计

由于钻孔直径 = 10.5>10，选固定式钻模，固定式钻模板，查钻套标准件，考虑到钻孔直径为 10.5，且单工序加工，选固定钻套，其型号为 A10.5×25JB/T 8045.1—1999。

销轴钻模板材料选 45 钢。

6. 销轴钻夹具装配图的绘制

销轴钻夹其装配图如图 5-6 所示。

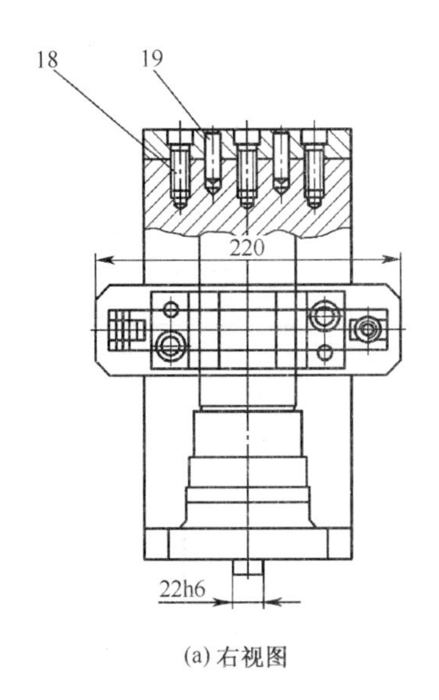

(a) 右视图

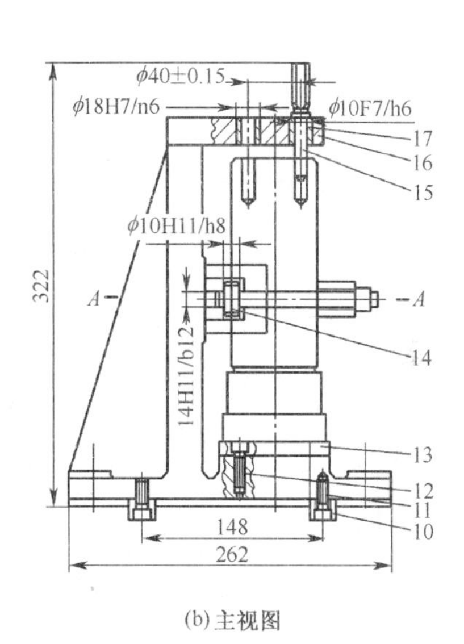

(b) 主视图

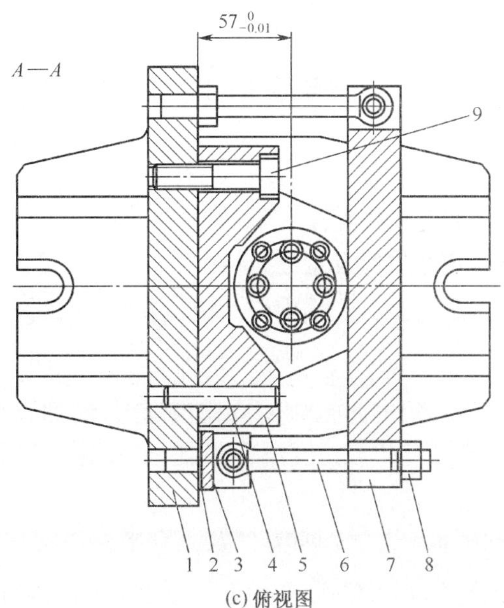

(c) 俯视图

19	GB/T 119—2000	圆柱销10×35	2	40Cr			淬火40-45HRC
18	GB/T 70—2000	圆柱头内六角螺钉M10×30	3	35			调质28-32HRC
17	JB/T 8045.1—1999	固定钻套A10.2×30					
16	JZ 4002—3	钻模板	1	45			调质28-32HRC
15	JB/T 8015—1999	定位插销10.2×45					
14	GB/T 119—2000	圆柱销10×30		40Cr			淬火40-45HRC
13	JZ 4002—2	定位块	1	45			调质28-32HRC
12	GB/T 70—2000	圆柱头内六角螺钉M8×25	4	35			调质28-32HRC
11	GB/T70—2000	圆柱头内六角螺钉M8×20	2	35			调质28-32HRC
10	GB/T 2206—1991	定位键A22h6	2	45			调质28-32HRC
9	GB/T 70—2000	圆柱头内六角螺钉M12×60	2	35			调质28-32HRC
8	GB/T 41—2000	六角螺母M12	2	35			调质28-32HRC
7	JB/T 8010.14—1999	铰链压板14×200	1	45			调质28-32HRC
6	GB/T 798—1988	活节螺栓M12×125	2	35			
5	JB/T 8018.1—1999	V形块85	1	40Cr			淬火40-45HRC
4	GB/T 119—2000	圆柱销10×65	2	40Cr			淬火40-45HRC
3	JB/T 8035—1999	铰链支座14	1	45			调质28-32HRC
2	GB/T 97.1—1985	垫圈B12	1	Q235-A			
1	JZ 4002—1	夹具体	1	HT200			
序号	代号	名称	数量	材料	单重	总重	备注
					重量		

标记	更改文件号	签字	日期	销轴钻孔夹具	JZ4002/ZL40E.13.2-8			
设计		标准化				更改次数	重量	比例
绘图		审核		装配图				1:1
核对		批准			共　张		第　张	
工艺		日期			江门职业技术学院			

(d) 销轴钻夹具装配图明细栏

图 5-6　销轴钻夹具装配图

5.3　拨叉铣床夹具设计

图 5-7 和图 5-8 分别为拨叉三维图和平面图，拨叉左右平面及两孔已加工，要求铣削 $20.5^{+0.3}_{0}$ 槽，设计拨叉该工序铣床夹具。

1. 确定拨叉铣床夹具定位方案及定位元件

方案 1：选 $\phi20^{+0.021}_{0}$ 工艺孔及其左端面作为定位基准，用长圆柱销作为定位元件与工艺孔接触，限制 $\overrightarrow{X}$、$\overrightarrow{Y}$、$\overset{\frown}{X}$、$\overset{\frown}{Y}$ 4 个自由度，用菱形销与工件左端面接触限制工件 $\overrightarrow{Z}$ 自由度。由于工件 $\phi44$ 左端面不需要加工，若要选作定位，则需要铣削加工，增加成本。夹紧力作用点定位面太小，工件几乎处于悬空状态，且 $\overset{\frown}{Z}$ 自由度没有限制，工件处于欠定位状态，影响产品精度，不可取。

方案 2：选工件的两孔（$\phi20^{+0.021}_{0}$、$\phi44$H7）及其右平面作定位基准面，$\phi20^{+0.021}_{0}$ 孔用短圆柱销与之接触，限制工件 $\overrightarrow{X}$、$\overrightarrow{Y}$，$\phi44$H7 孔用短菱形销与之接触，限制工件 $\overset{\frown}{Z}$ 自由度；工件整个右平面与夹具体接触，限制工件 $\overrightarrow{Z}$、$\overset{\frown}{X}$、$\overset{\frown}{Y}$ 自由度，工件处于完全定位状态。用可换垫圈加螺母，方便可行。

图 5-7　拨叉三维图

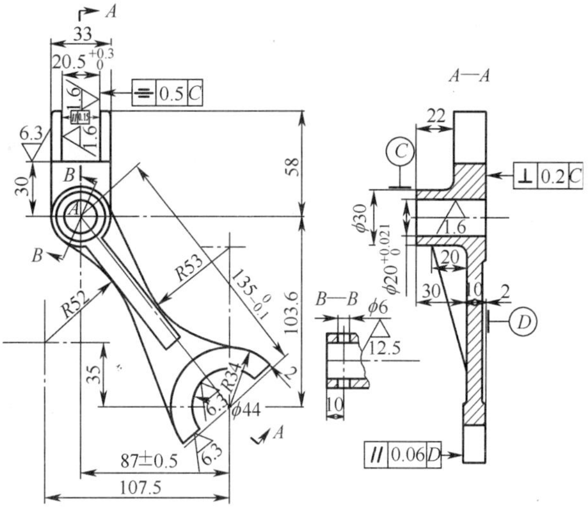

图 5-8　拨叉平面图

由于 $\phi44^{+0.025}_{0}$ 与 $\phi20^{+0.021}_{0}$ 中心距有尺寸公差（$135^{0}_{-0.1}$）要求，可以保证定位误差小，分析比较，初步选方案 2。

2. 拨叉铣床夹具定位误差计算

拨叉本工序加工尺寸为 $20.5^{+0.3}_{0}$ 及尺寸 30。其设计基准为 $\phi20^{+0.021}_{0}$ 孔中心，此处定位基准也是 $\phi20^{+0.021}_{0}$ 孔中心，定位基准与设计基准重合，不存在基准不重合误差，即 $\Delta B=0$。

（1）加工尺寸 $20.5^{+0.3}_{0}$ 定位误差。两孔和两销左右错移接触时，产生的转角 $\Delta\alpha$ 最大，产生的位移误差也最大。

槽 $20.5^{+0.3}_{0}$ 的基准位移误差为

$$\Delta Y=X_{1\max}=0.021+0.016=0.037$$

本工序定位误差为

$$\Delta_{D}=\Delta_{B}+\Delta_{Y}=0+0.037=0.037<0.3/3=0.1$$

（2）尺寸 $20.5^{+0.3}_{0}$ 对称度误差。本工序转角误差 $\Delta\alpha$，则

$$\tan\Delta\alpha=(X_{1\max}+X_{2\max})/2L=(0.037+0.041)/(2\times134.95)=0.00029$$

由于角度造成的最大对称度误差为

$$(58-30)\tan\Delta\alpha=0.008$$

小于对称度公差 0.5/3=0.167。

结论：此夹具定位方案可行。

3. 拨叉铣床夹具对刀装置尺寸及偏差计算

（1）对刀方案的确定。本工序被加工槽的精度一般，主要保证槽中心线通过大孔中心。夹具中采用直角对刀块及塞尺的对刀装置来调整铣刀相对夹具的位置。其中利用对刀块的侧对刀面及塞尺调整铣刀宽度方向的位置，利用对刀块的水平对刀面及塞尺调整铣刀圆周刃口位置，从而保证槽的位置和尺寸。对刀块用销钉定位，用螺钉固定在夹具体上。

（2）拨叉水平方向需保证工序尺寸槽宽 $20.5^{+0.3}_{0}$，转化为 20.65±0.15，则单面槽与中心面尺寸为 10.325±0.075，选厚 3mm 的平塞尺，则对刀尺寸为 13.325，公差取 1/5，则对刀尺寸为 13.325±0.015。

（3）垂直方向工序尺寸 30 按 IT12 计算精度，则为 $30_{-0.21}^{\ 0}$，转化为 29.895±0.105，对刀装置公差取 IT9，查 29.895js9 公差有±0.026，减去 3mm 平塞尺的厚度，对刀尺寸为（29.895－3）±0.026＝26.895±0.026。

（4）拨叉铣床夹具对刀装置如图 5－9 所示。

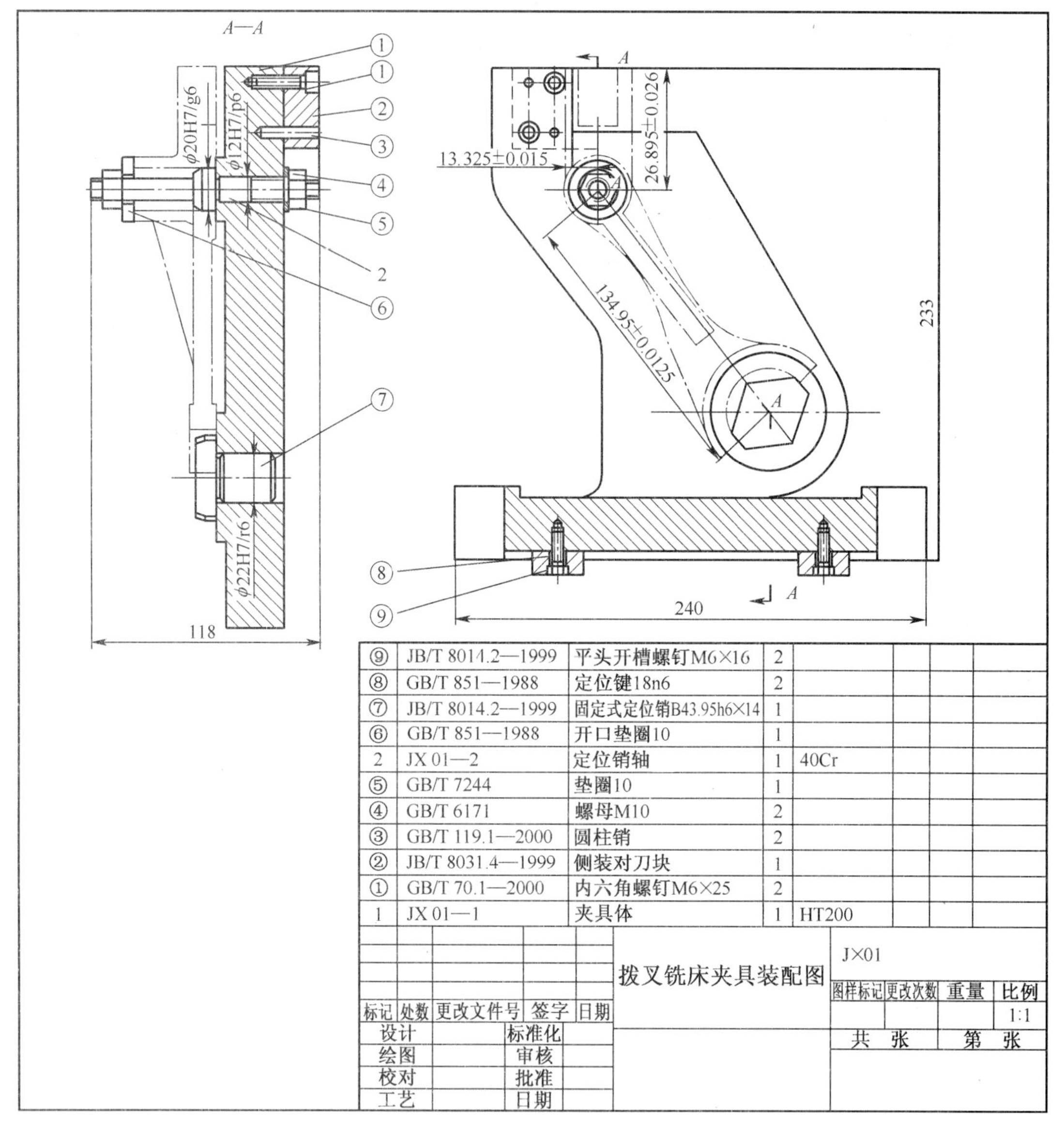

图 5－9　拨叉铣床夹具平面装配图

4. 拨叉铣床夹具夹紧机构设计及选用定位键

（1）拨叉铣床夹具夹紧机构设计。由于切削力方向是朝 $\phi20_{0}^{+0.021}$ 未加工面，这种力会导致工件脱离定位面，故夹紧力方向朝定位面。其作用点靠近铣削加工面——槽，故采用短圆柱销延长的办法在 $\phi20_{0}^{+0.021}$ 未加工面用垫圈压板压紧工件。

（2）拨叉铣床夹具定位键选用。

据 X52 立式铣床，选 A 型矩形定位键，规格为 A18h6 JB/T 8016—1999。

（3）与 X52 铣床夹紧采用 M16 的 T 型槽螺栓，夹具体上设计 r8. 5 的 U 型槽用以夹紧夹具体。

5. 拨叉铣床夹具装配图及零件图绘制

（1）绘制拨叉零件图。

（2）绘制拨叉铣床夹具固定定位销和菱形销。

（3）绘制拨叉铣床夹具对刀元件。

（4）绘制拨叉铣床夹具夹紧机构。

（5）绘制拨叉铣床夹具夹具体。

（6）绘制拨叉铣夹具定位键。

（7）标注拨叉铣床夹具各配合尺寸、对刀定位尺寸及总长、宽、高。

① 夹具轮廓尺寸 180×140×70。

② 两定位销尺寸和中心距尺寸。

③ 两菱形销之间的方向位置尺寸。

④ 对刀块工作表面与定位元件表面的尺寸。

⑤ 其他配合尺寸。

⑥ 夹具定位键的配合尺寸。

（8）编写拨叉铣夹具装配图技术要求。

① 圆柱销、菱形销的轴驻线对定位面的垂直度公差为 0. 03mm。

② 夹具体上下平面的平等度公差为 0. 02mm。

③ 对刀块对刀工作面相对定位键侧面的平行度公差为 0. 05mm。

第6章　夹具标准件应用

6.1　定位件应用

1. 固定式定位销组合

工件以一面两孔作定位基准，分别与A型固定式定位销1和B型固定式定位销2接触，限制工件的6个自由度，工件为完全定位，如图6-1所示。标准件号及名称见表6-1。

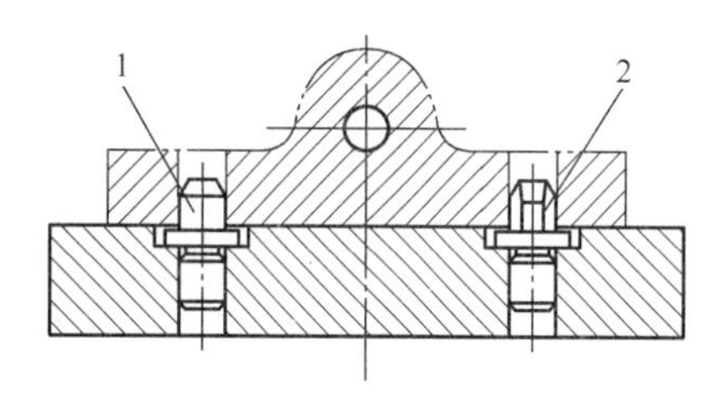

图6-1　固定式定位销组合

表6-1　标准件号及名称

2	JB/T 8014.2—1999	B型固定式定位销
1	JB/T 8014.2—1999	A型固定式定位销
序号	标准件号	标准件名称

2. 可换定位销与定位衬套组合

工件以一面两孔作定位基准，分别与A型可换定位销1和B型可换定位销2接触，限制工件的6个自由度，工件为完全定位，如图6-2所示。标准件号及名称见表6-2。

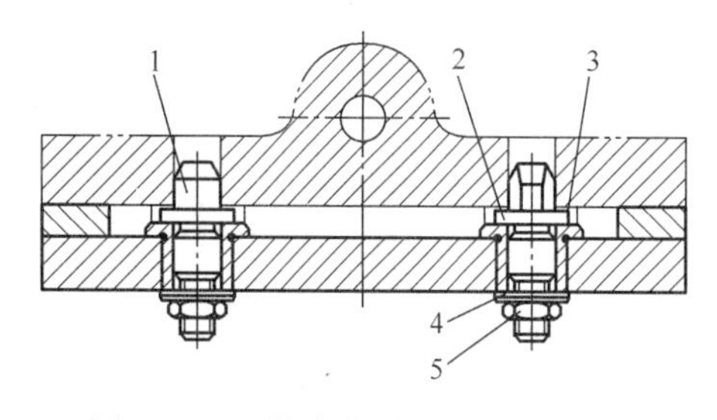

图6-2　可换定位销与定位衬套组合

表6-2　标准件号及名称

5	GB/T 6172.1—2000	薄螺母
4	GB/T 97.1—2002	平垫圈
3	JB/T 8013.1—1999	A型定位衬套
2	JB/T 8014.3—1999	B型可换定位销
1	JB/T 8014.3—1999	A型可换定位销
序号	标准件号	标准件名称

3. 定位插销与定位衬套组合

工件以外圆面与V形块3接触定位，限制工件4个自由度，另外，用定位插销1与工件孔接触，限制工件另2个自由度，为完全定位，如图6-3所示。标准件号及名称见表6-3。

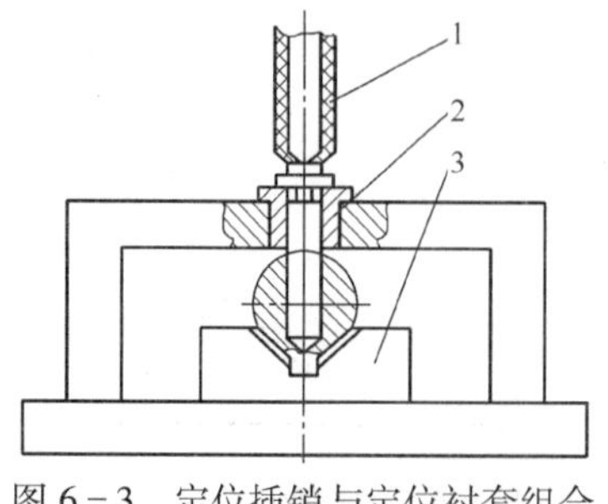

图6-3　定位插销与定位衬套组合

表6-3　标准件号及名称

3	JB/T 8018.1—1999	V形块
2	JB/T 8013.1—1999	A型定位衬套
1	JB/T 8015—1999	定位插销
序号	标准件号	标准件名称

4. 支承板

工件用下平面与支承板 8 定位，限制工件 3 个自由度，用孔与圆柱销 4 接触，限制工件 2 个移动自由度，为不完全定位，如图 6－4 所示。标准件号及名称见表 6－4。

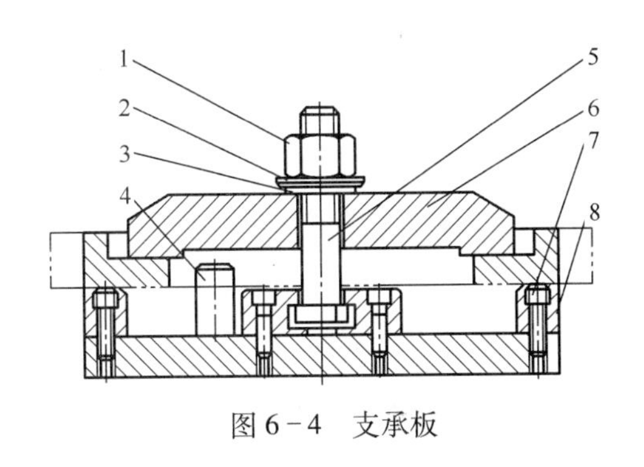

图 6－4 支承板

表 6－4 标准件号及名称

8	JB/T 8029.1—1999	支承板
7	GB/T 70.1—2008	内六角圆柱头螺钉
6	JB/T 8010.13—1999	直压板
5	JB/T 8007.2—1999	T 形槽快卸螺钉
4	GB/T 119.1—2000	圆柱销
3	GB/T 850—1988	锥面垫圈
2	GB/T 849—1988	球面垫圈
1	JB/T 8004.1—1999	带肩六角螺母
序号	标准件号	标准件名称

5. 支承钉

工件为椭圆形状，用底面与 6 个支承钉 3 接触，限制工件 3 个自由度；外形与活动 V 形块 19 定位，限制工件另 3 个自由度，为完全定位，如图 6－5 所示。标准件号及名称见表 6－5。

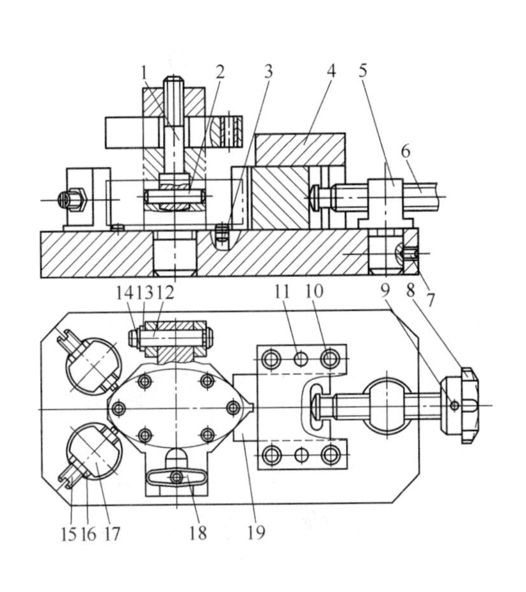

图 6－5 支承钉

表 6－5 标准件号及名称

19	JB/T 8018.4—1999	活动 V 形块
18	JB/T 8004.6—1999	菱形螺母
17	JB/T 8036.1—1999	螺钉支座
16	GB 6172.1—2000	六角薄螺母
15	JB/T 9162.15—1999	压紧螺钉
14	GB/T 895.2—1986	挡圈
13	GB/T 97.1—2002	平垫圈
12	JB/T 8033—1999	铰链轴
11	GB/T 119.1—2000	圆柱销
10	GB/T 70.1—2008	内六角圆柱头螺钉
9	GB/T 119.1—2000	圆柱销
8	JB/T 8023.2—1999	星形把手
7	GB/T 71—1985	开槽锥端紧定螺钉
6	JB/T 8006.1—1999	压紧螺钉
5	JB/T 8036.1—1999	螺钉支座
4	JB/T 8019—1999	导板
3	JB/T 8029.2—1999	支承钉
2	GB/T 119.1—2000	圆柱销
1	GB/T 798—1988	活节螺栓
序号	标准件号	标准件名称

6. 调节支承组合

实例 1： 工件用平面与调节支承 1 接触，限制 1 个自由度，通过旋转螺母 2 调节支承高度，如图 6－6(a)、(b)所示。标准件号及名称见表 6－6(a)、(b)。

实例 2： 工件用平面与调节支承 1 接触，限制 1 个自由度，通过旋转螺母 2 调节支承高度，如图 6－6(c)、(d)所示。标准件号及名称见表 6－6(c)、(d)。

实例 3： 工件用平面与槽面压块(压紧螺钉)1 接触，限制 1 个自由度，旋转螺母 2 调节槽面压块(压紧螺钉)高度，如图 6－6(e)、(f)所示。标准件号及名称见表 6－6(e)、(f)所示。

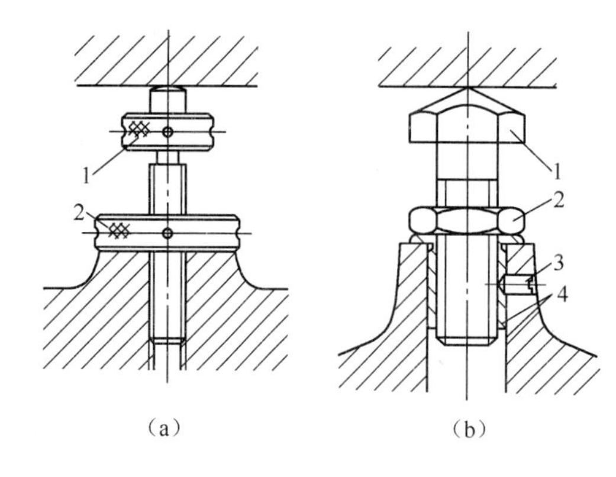

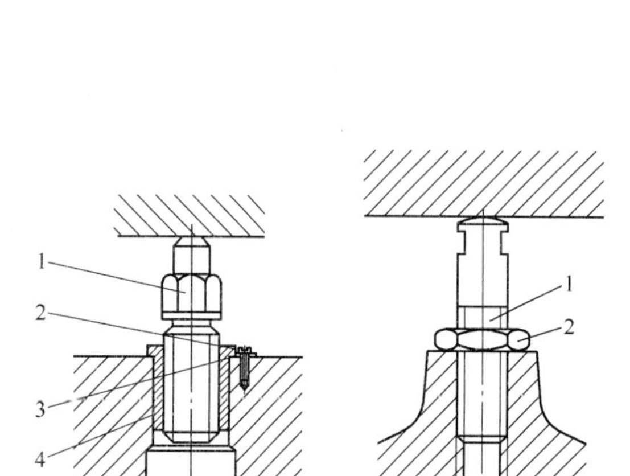

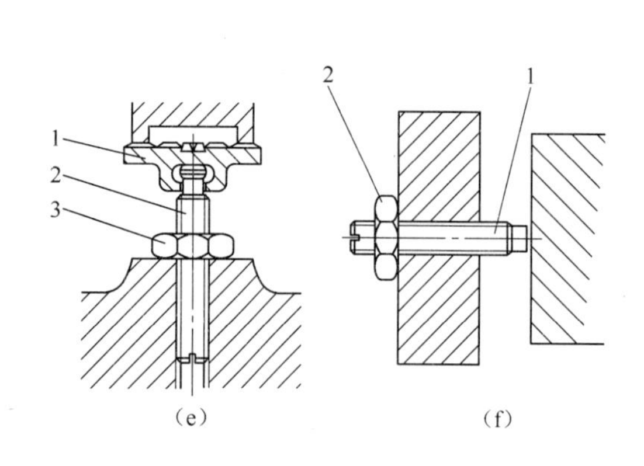

图6-6　调节支承组合

表6-6(a)　标准件号及名称

2	JB/T 8004.4—1999	调节螺母
1	JB/T 8026.3—1999	圆柱头调节支承
序号	标准件号	标准件名称

表6-6(b)　标准件号及名称

4	JB/T 8005.1—1999	压入式螺纹衬套
3	GB/T 71—1985	开槽锥端紧定螺钉
2	GB 6172.1—2000	六角薄螺母
1	JB/T 8026.1—1999	六角头支承
序号	标准件号	标准件名称

表6-6(c)　标准件号及名称

4	JB/T 8005.2—1999	旋入式螺纹衬套
3	GB/T 97.1—2002	平垫圈
2	GB/T 65—2000	开槽圆柱头螺钉
1	JB/T 8026.2—1999	顶压支承
序号	标准件号	标准件名称

表6-6(d)　标准件号及名称

2	GB 6172.1—2000	六角薄螺母
1	JB/T 8026.4—1999	调节支承
序号	标准件号	标准件名称

表6-6(e)　标准件号及名称

3	GB 6172.1—2000	六角薄螺母
2	JB/T 8006.1—1999	压紧螺钉
1	JB/T 8009.2—1999	槽面压块
序号	标准件号	标准件名称

表6-6(f)　标准件号及名称

2	GB 6172.1—2000	六角薄螺母
1	JB/T 8006.1—1999	压紧螺钉
序号	标准件号	标准件名称

7. V 形块

工件用外圆柱面与 V 形块定位，限制工件 4 个自由度，如图 6-7 所示。标准件号及名称见表 6-7。

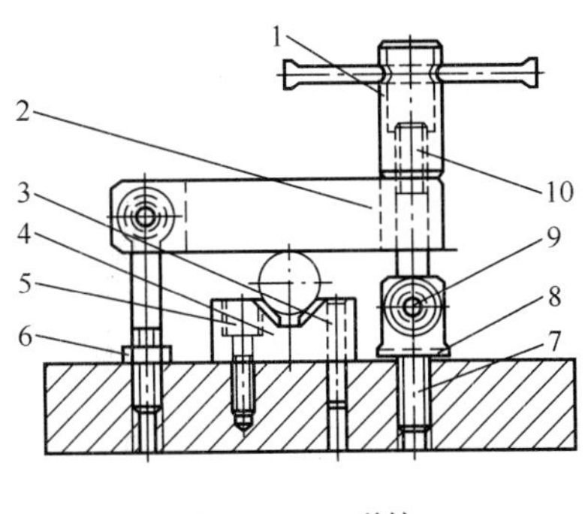

图 6-7　V 形块

表 6-7　标准件号及名称

序号	标准件号	标准件名称
10	GB/T 798—1988	活节螺栓
9	GB/T 119. 1—2000	圆柱销
8	GB/T 97. 1—2002	平垫圈
7	JB/T 8035—1999	铰链叉座
6	GB 6172. 1—2000	六角薄螺母
5	GB/T 70. 1—2008	内六角圆柱头螺钉
4	JB/T 8018. 1—1999	V 形块
3	GB/T 119. 1—2000	圆柱销
2	JB/T 8010. 14—1999	铰链压板
1	JB/T 8004. 8—1999	手柄螺母

8. 固定 V 形块

工件用外圆柱面与固定 V 形块接触，限制工件 2 个自由度，用平面与定位衬套端面接触，限制工件 3 个自由度，如图 6-8 所示。标准件号及名称见表 6-8。

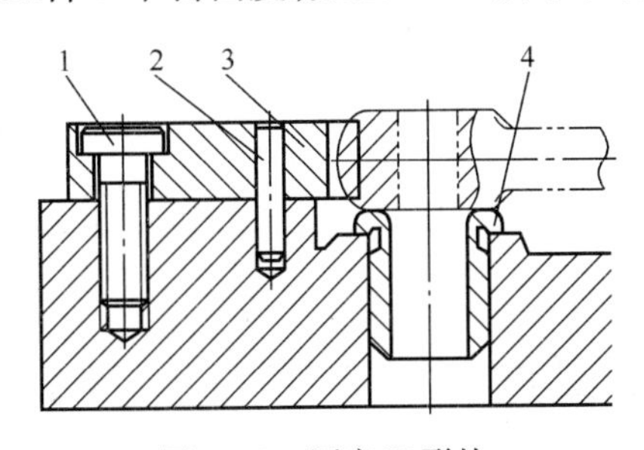

图 6-8　固定 V 形块

表 6-8　标准件号及名称

序号	标准件号	标准件名称
4	JB/T 8013. 1—1999	定位衬套
3	JB/T 8018. 2—1999	固定 V 形块
2	GB/T 119. 1—2000	圆柱销
1	GB/T 70. 1—2008	内六角圆柱头螺钉

9. 调整 V 形块

工件用外圆柱面与调整 V 形块 10 接触，限制工件 2 个自由度，拧动压紧螺钉 3，可调整 V 形块 10 左右位置，用平面与定位衬套端面接触，限制工件 3 个自由度，如图 6-9 所示。标准件号及名称见表6-9。

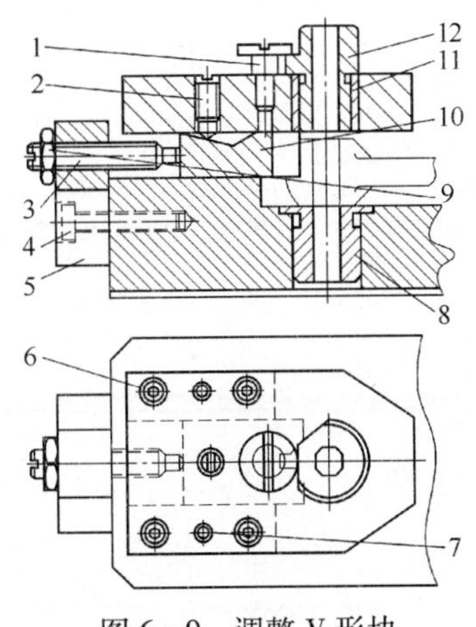

图 6-9　调整 V 形块

表 6-9　标准件号及名称

序号	标准件号	标准件名称
12	JB/T 8045. 3—1999	快换钻套
11	JB/T 8045. 4—1999	钻套用衬套
10	JB/T 8018. 3—1999	调整 V 形块
9	GB 6172. 1—2000	六角薄螺母
8	JB/T 8013. 1—1999	定位衬套
7	GB/T 119. 1—2000	圆柱销
6	GB/T 70. 1—2008	内六角圆柱头螺钉
5	JB/T 8030—1999	支板
4	GB/T 70. 1—2008	内六角圆柱头螺钉
3	JB/T 8006. 1—1999	压紧螺钉
2	GB/T 75—1985	开槽长圆柱端紧定螺钉
1	JB/T 8045. 5—1999	钻套螺钉

10. 活动 V 形块和导板组合

工件用外圆柱面与活动 V 形块 2 接触，限制工件 2 个自由度，压紧螺钉 8 与带孔滚花螺母 10 用圆柱销 9 连接，拧动滚花螺母 10，可调节活动 V 形块 2 的位置；工件的下平面与定位衬套端面接触，限制工件 3 个自由度，如图 6－10 所示。标准件号及名称见表6－10。

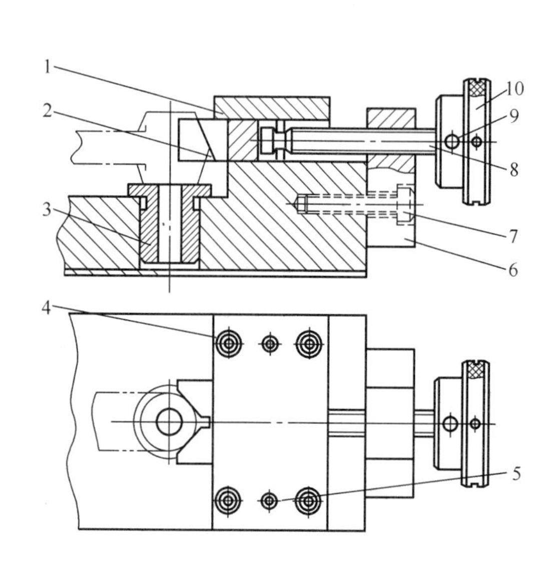

图 6－10 活动 V 形块和导板

表 6－10 标准件号及名称

10	JB/T 8004.5—1999	带孔滚花螺母
9	GB/T 119.1—2000	圆柱销
8	JB/T 8006.1—1999	压紧螺钉
7	GB/T 70.1—2008	内六角圆柱头螺钉
6	JB/T 8030—1999	支板
5	GB/T 119.1—2000	圆柱销
4	GB/T 70.1—2008	内六角圆柱头螺钉
3	JB/T 8013.1—1999	定位衬套
2	JB/T 8018.4—1999	活动 V 形块
1	JB/T 8019—1999	导板
序号	标准件号	标准件名称

6.2 辅助支承应用

实例 1：锥柱手柄 4 与压紧螺钉 3 用圆柱销 5 连接，转动锥柱手柄 4，可调节自动调节支承 1 的高度，如图 6－11 所示。标准件号及名称见表 6－11。

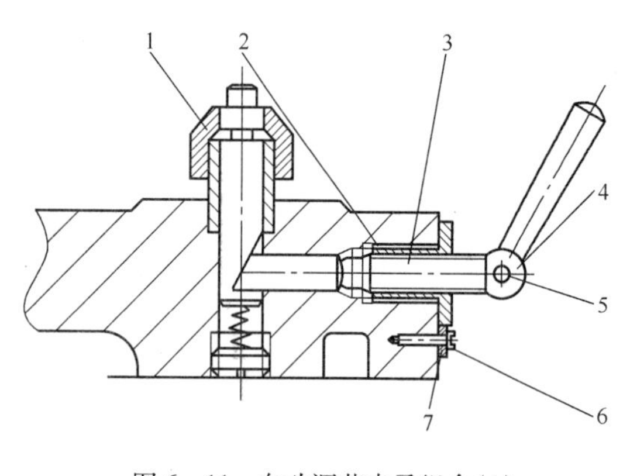

图 6－11 自动调节支承组合(1)

表 6-11 标准件号及名称

6	GB/T 65—2000	开槽圆柱头螺钉
5	GB/T 119.1—2000	圆柱销
4	JB/T 7270.7—2014	锥柱手柄
3	JB/T 8006.1—1999	压紧螺钉
2	JB/T 8005.2—1999	旋入式螺纹衬套
1	JB/T 8026.7—1999	自动调节支承
序号	标准件号	标准件名称

实例 2：锥柱手柄 3 与压紧螺钉 2 用圆柱销 4 连接，转动锥柱手柄 3，可调节自动调节支承 1 的高度，如图 6－12 所示。标准件号及名称见表 6－12。

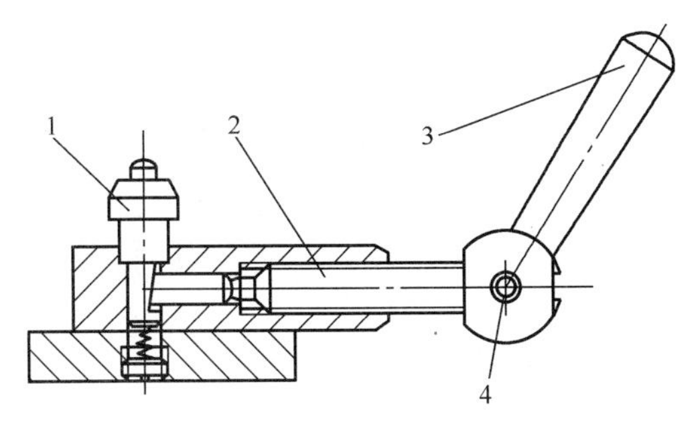

图 6-12　自动调节支承组合(2)

表 6-12　标准件号及名称

序号	标准件号	标准件名称
4	GB/T 119.1—2000	圆柱销
3	JB/T 7270.7—2014	锥柱手柄
2	JB/T 8006.1—1999	压紧螺钉
1	JB/T 8026.7—1999	自动调节支承

实例 3:星形把手 4 与压紧螺钉 6 用圆柱销 5 连接,转动星形把手 4,可调节自动调节支承 1 的高度,如图 6-13 所示。标准件号及名称见表 6-13。

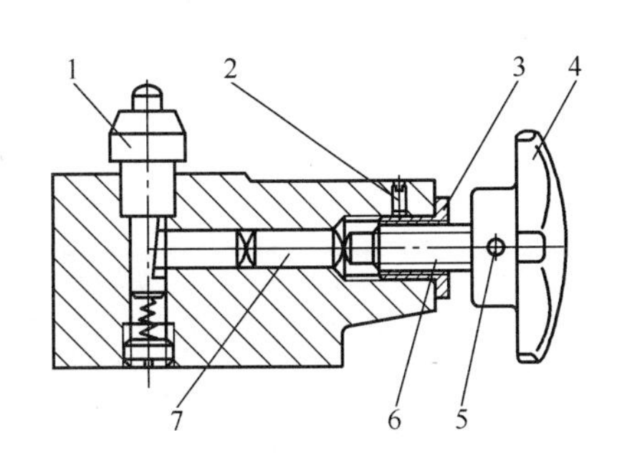

图 6-13　自动调节支承组合(3)

表 6-13　标准件号及名称

序号	标准件号	标准件名称
7	GB/T 119.1—2000	圆柱销
6	JB/T 8006.1—1999	压紧螺钉
5	GB/T 119.1—2000	圆柱销
4	JB/T 8023.2—1999	星形把手
3	JB/T 8005.2—1999	旋入式螺纹衬套
2	GB/T 71—1985	开槽锥端紧定螺钉
1	JB/T 8026.7—1999	自动调节支承

6.3　导向元件与对刀元件的应用

1. 钻套、衬套组合

图 6-14(a)麻花钻用固定钻套 1 导向,图(b)麻花钻用可换钻套 2 或快换钻套 3 导向,用钻套螺钉 5 压紧 。标准件号及名称见表 6-14。

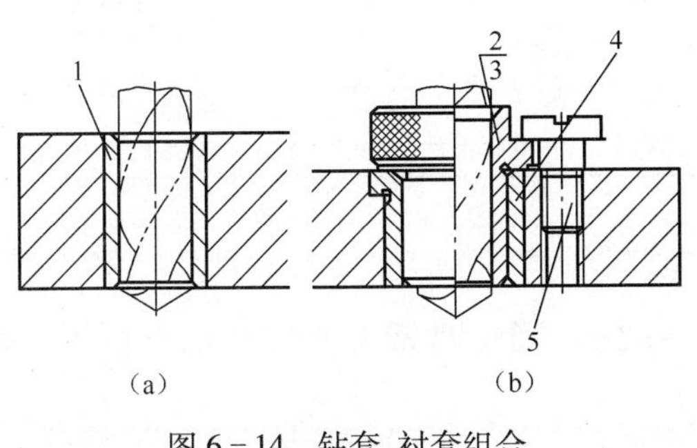

图 6-14　钻套、衬套组合

表 6-14　标准件号及名称

序号	标准件号	标准件名称
5	JB/T 8045.5—1999	钻套螺钉
4	JB/T 8045.4—1999	钻套用衬套
3	JB/T 8045.3—1999	快换钻套
2	JB/T 8045.2—1999	可换钻套
1	JB/T 8045.1—1999	固定钻套

2. 圆形对刀块

将对刀平塞尺 2 放入盘铣刀和圆形对刀块 1 之间,确定盘铣刀上下位置, 如图 6-15 所示。标准件号及名称见表 6-15。

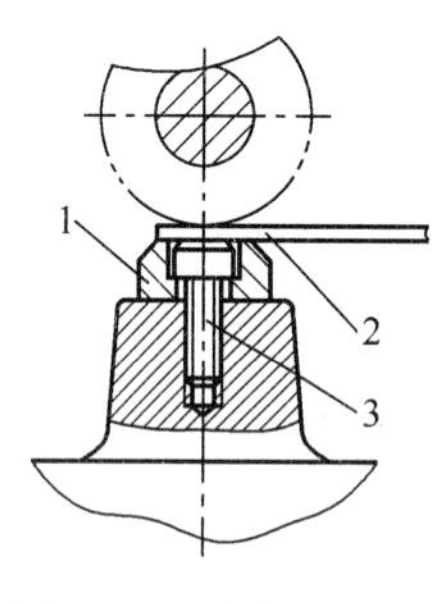

图 6-15 圆形对刀块

表 6-15 标准件号及名称

3	GB/T 70.1—2008	内六角圆柱头螺钉
2	JB/T 8032.1—1999	对刀平塞尺
1	JB/T 8031.1—1999	圆形对刀块
序号	标准件号	标准件名称

3. 方形对刀块

将对刀平塞尺 4 放入组合铣刀和方形对刀块 2 之间,确定组合铣刀左右及上下位置, 如图 6-16 所示。标准件号及名称见表 6-16。

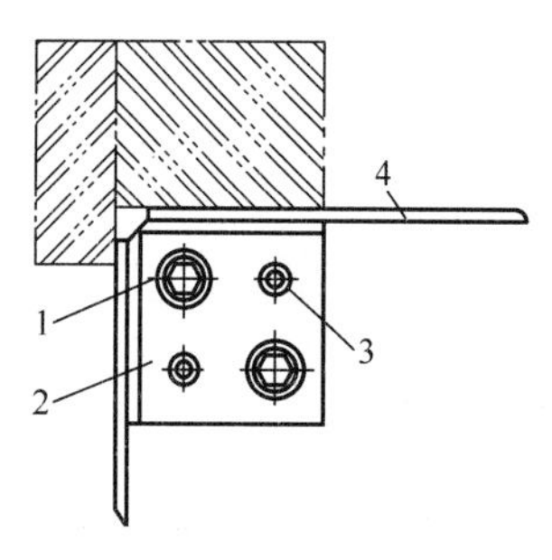

图 6-16 方形对刀块

表 6-16 标准件号及名称

4	JB/T 8032.1—1999	对刀平塞尺
3	GB/T 119.1—2000	圆柱销
2	JB/T 8031.2—1999	方形对刀块
1	GB/T 70.1—2008	内六角圆柱头螺钉
序号	标准件号	标准件名称

4. 直角对刀块

将对刀平塞尺 1 放入圆柱铣刀和直角对刀块 2 之间,确定圆柱铣刀左右及上下位置, 如图 6-17 所示。标准件号及名称见表 6-17。

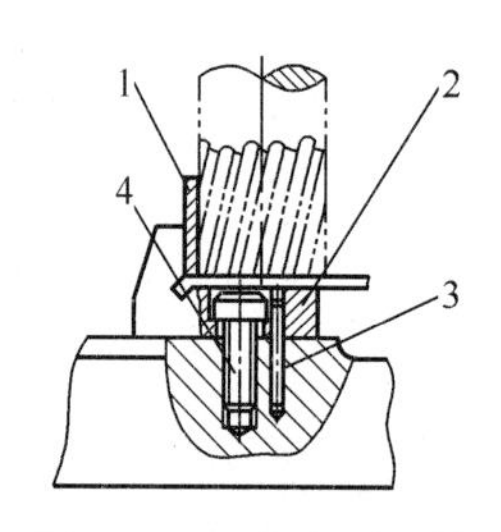

图 6-17 直角对刀块

表 6-17 标准件号及名称

4	GB/T 70.1—2008	内六角圆柱头螺钉
3	GB/T 119.1—2000	圆柱销
2	JB/T 8031.3—1999	直角对刀块
1	JB/T 8032.1—1999	对刀平塞尺
序号	标准件号	标准件名称

5. 侧装对刀块

将对刀平塞尺 1 放入盘铣刀和侧装对刀块 4 之间,确定盘铣刀左右及上下位置, 如图 6-18所示。标准件号及名称见表 6-18。

6. 对刀圆柱塞尺

将对刀圆柱塞尺 1 放入成型铣刀和夹具之间,确定成型铣刀左右及上下位置, 如图 6-19 所示。标准件号及名称见表 6-19。

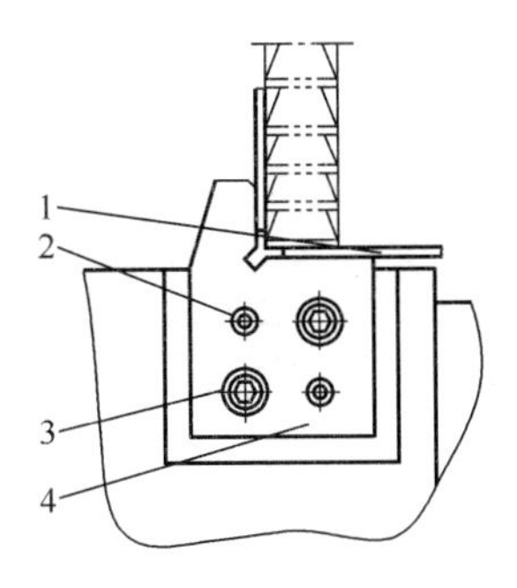

图6-18　侧装对刀块

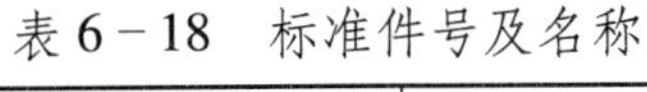

表6-18　标准件号及名称

序号	标准件号	标准件名称
4	JB/T 8031.4—1999	侧装对刀块
3	GB/T 70.1—2008	内六角圆柱头螺钉
2	GB/T 119.1—2000	圆柱销
1	JB/T 8032.1—1999	对刀平塞尺

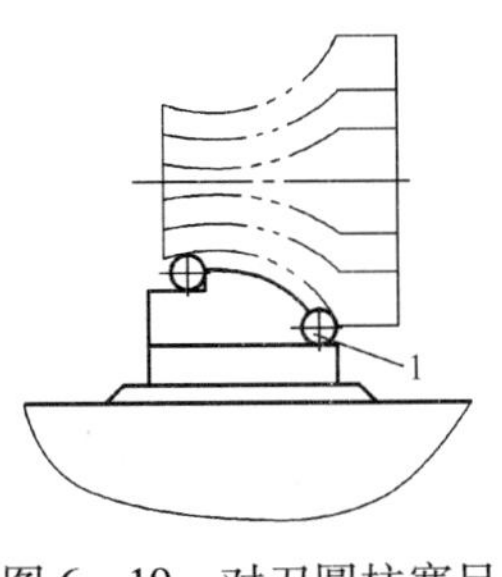

图6-19　对刀圆柱塞尺

表6-19　标准件号及名称

序号	标准件号	标准件名称
1	JB/T 8032.2—1999	对刀圆柱塞尺

6.4　夹紧元件应用

1. 螺母与十字垫圈组合

螺母与十字垫圈组合如图6-20所示,标准件号及名称见表6-20。

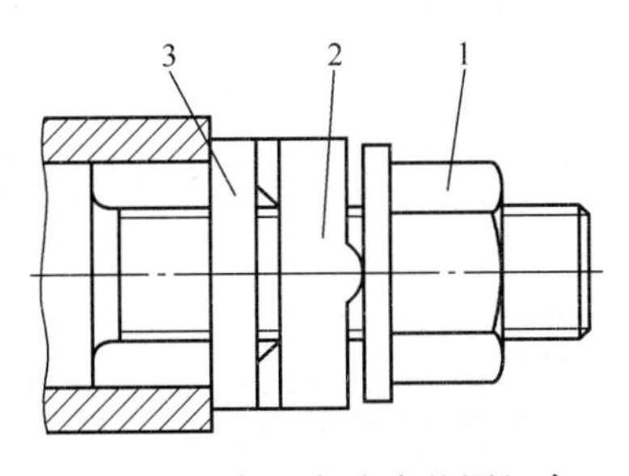

图6-20　螺母与十字垫圈组合

表6-20　标准件号及名称

序号	标准件号	标准件名称
3	JB/T 8008.3—1999	十字垫圈用垫圈
2	JB/T 8008.2—1999	十字垫圈
1	JB/T 8004.1—1999	带肩六角螺母

2. 球面垫圈与悬式垫圈组合

球面垫圈与悬式垫圈组合图6-21所示,标准件号及名称表6-21。

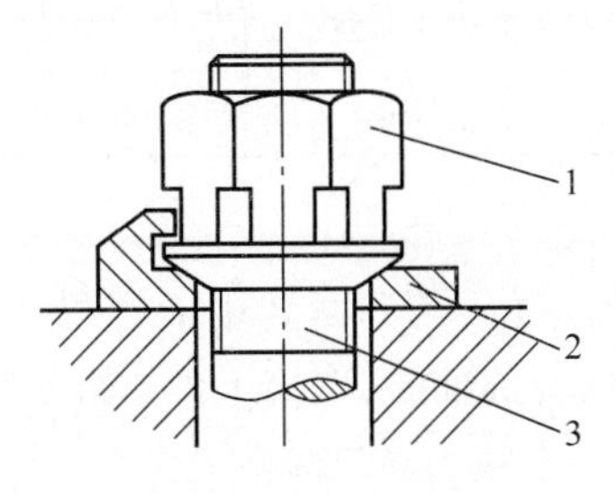

图6-21　球面垫圈与悬式垫圈组合

表6-21　标准件号及名称

序号	标准件号	标准件名称
3	GB/T 798—1988	活节螺栓
2	JB/T 8008.1—1999	悬式垫圈
1	JB/T 8004.2—1999	球面带肩螺母

3. **螺母与压紧螺钉**

实例1:带孔滚花螺母1与压紧螺钉3用圆柱销2连接,压紧螺钉端面拧入压块4或5,可加大夹紧面积,如图6-22所示。标准件号及名称表6-22。

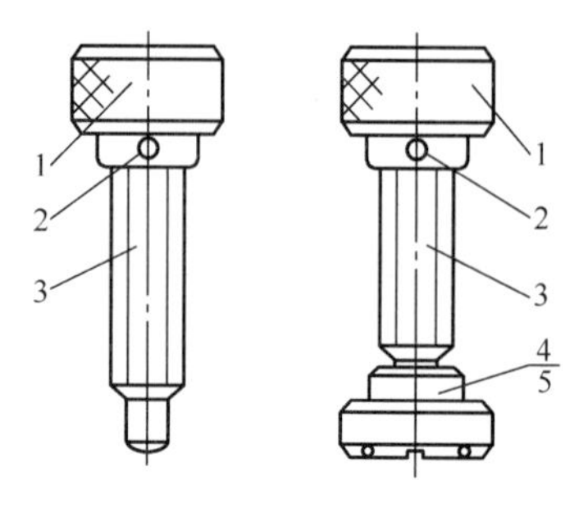

图6-22 螺母与压紧螺钉(1)

表6-22 标准件号及名称

5	JB/T 8009.2—1999	槽面压块
4	JB/T 8009.1—1999	光面压块
3	JB/T 8006.1—1999	压紧螺钉
2	GB/T 119.1—2000	圆柱销
1	JB/T 8004.5—1999	带孔滚花螺母
序号	标准件号	标准件名称

实例2:星形把手1与压紧螺钉3用圆柱销2连接,压紧螺钉端面拧入压块4或5,可加大夹紧面积,如图6-23所示。标准件号及名称表6-23。

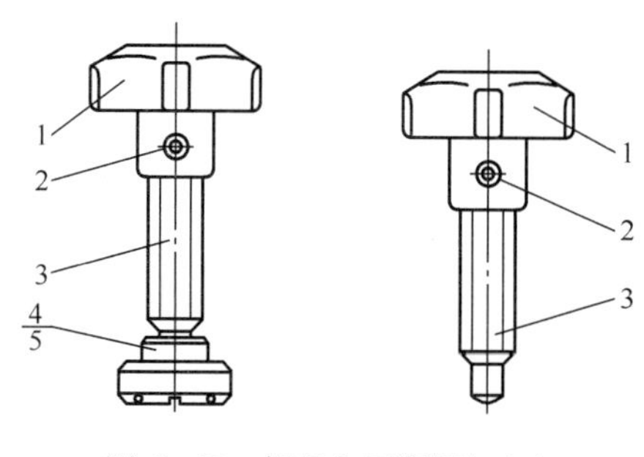

图6-23 螺母与压紧螺钉(2)

表6-23 标准件号及名称

5	JB/T 8009.2—1999	槽面压块
4	JB/T 8009.1—1999	光面压块
3	JB/T 8006.1—1999	压紧螺钉
2	GB/T 119.1—2000	圆柱销
1	JB/T 8023.2—1999	星形把手
序号	标准件号	标准件名称

4. **蝶形螺母与压紧螺钉**

蝶形螺母1与压紧螺钉3用圆柱销2连接,压紧螺钉端面拧入压块4或5,可加大夹紧面积,如图6-24所示。标准件号及名称见表6-24。

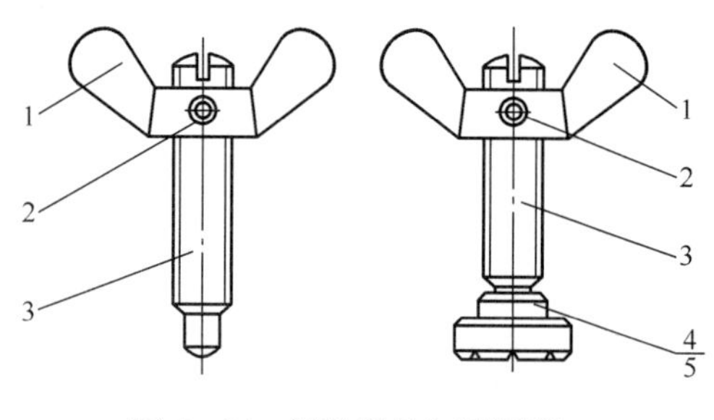

图6-24 蝶形螺母与压紧螺钉

表6-24 标准件号及名称

5	JB/T 8009.2—1999	槽面压块
4	JB/T 8009.1—1999	光面压块
3	JB/T 8006.1—1999	压紧螺钉
2	GB/T 119.1—2000	圆柱销
1	GB/T 62.1—2004	碟形螺母
序号	标准件号	标准件名称

5. **回转手柄螺母**

工件端面及内孔定位,分别与定位键6的端面及外圆定位,转动回转手柄螺母4,夹紧工件。机械加工完成后,松开螺母4,取出开口垫圈5,将手柄转到轴向,取出工件, 如图6-25所示。标准件号及名称见表6-25。

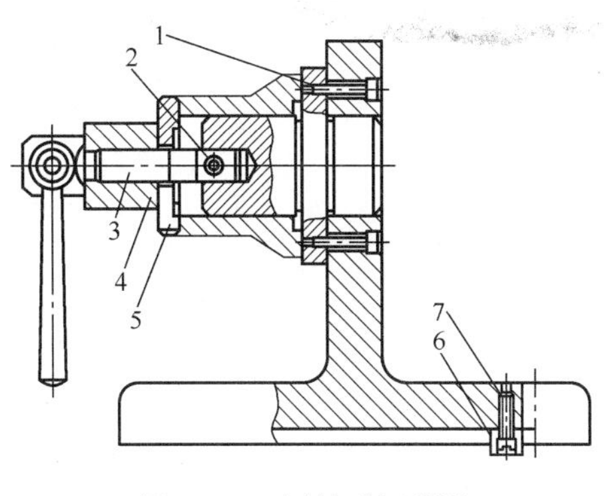

图 6-25 回转手柄螺母

表 6-25 标准件号及名称

7	GB/T 65—2000	开槽圆柱头螺钉
6	JB/T 8016—1999	定位键
5	GB/T 851—1988	开口垫圈
4	JB/T 8004.9—1999	回转手柄螺母
3	GB/T 900—1988	双头螺柱
2	GB/T 119.1—2000	圆柱销
1	GB/T 70.1—2008	内六角圆柱头螺钉
序号	标准件号	标准件名称

6. 回转手柄螺母与转动垫圈

转动垫圈 2 用螺钉 1 固定在夹具体上，双头螺柱 4 下端用圆柱销固定在夹具体上，拧紧回转手柄螺母 5 将工件夹紧。机械加工完成后，松开回转手柄螺母 5，旋转转动垫圈 2，将手柄转到轴向，取出工件，如图 6-26 所示。标准件号及名称见表 6-26。

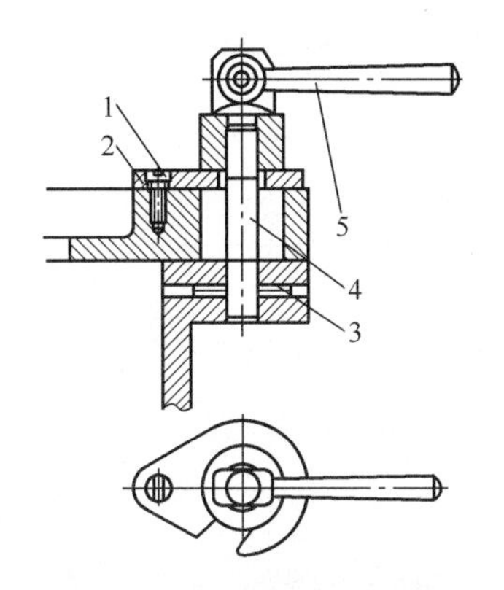

图 6-26 回转手柄螺母与转动垫圈

表 6-26 标准件号及名称

5	JB/T 8004.9—1999	回转手柄螺母
4	GB/T 900—1988	双头螺柱
3	GB/T 119.1—2000	圆柱销
2	JB/T 8008.4—1999	转动垫圈
1	GB/T 830—1988	开槽圆柱头轴位螺钉
序号	标准件号	标准件名称

7. 手柄与压紧螺钉、压块组合

手柄与压紧螺钉、压块组合如图 6-27～图 6-31 所示。标准件号和名称见表 6-27～表6-31。

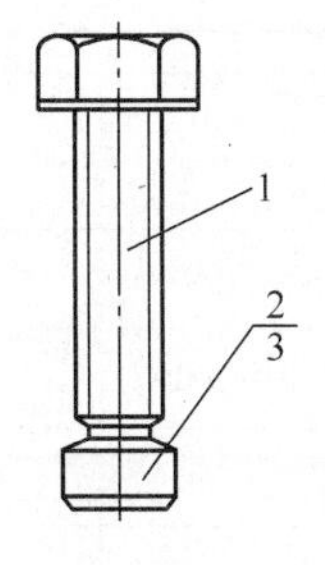

图 6-27 手柄与压紧螺钉、压块组合(1)

表 6-27 标准件号及名称

3	JB/T 8009.2—1999	槽面压块
2	JB/T 8009.1—1999	光面压块
1	JB/T 8006.2—1999	六角头压紧螺钉
序号	标准件号	标准件名称

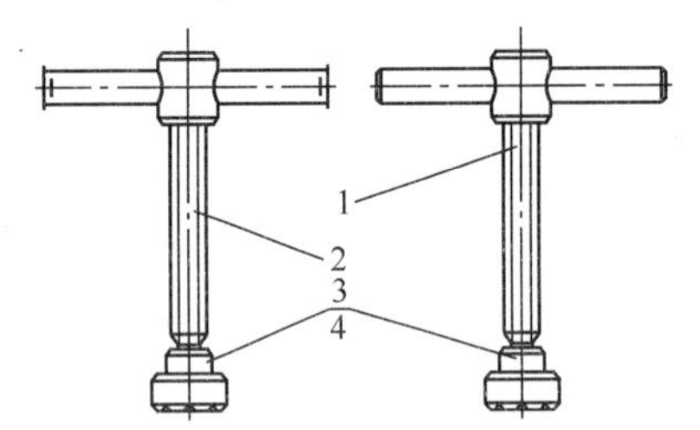
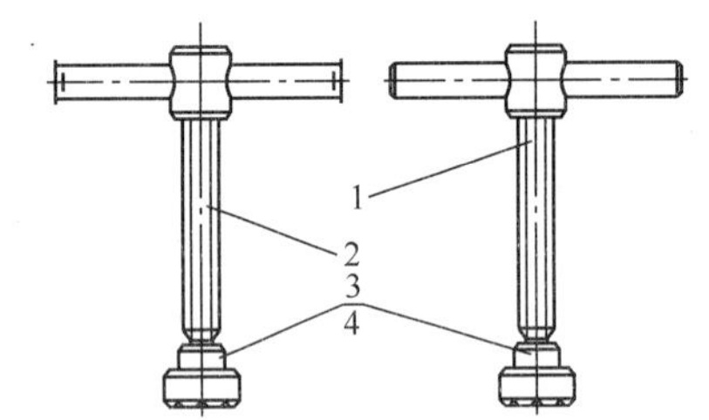

图 6-28　手柄与压紧螺钉、压块组合(2)

表 6-28　标准件号及名称

4	JB/T 8009.2—1999	槽面压块
3	JB/T 8009.1—1999	光面压块
2	JB/T 8006.4—1999	活动手柄压紧螺钉
1	JB/T 8006.3—1999	固定手柄压紧螺钉
序号	标准件号	标准件名称

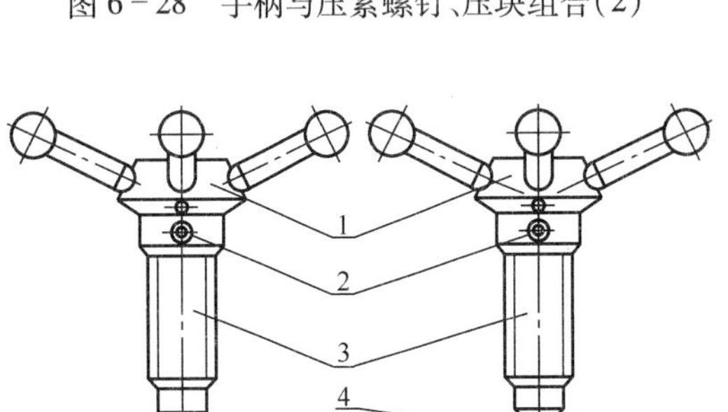

图 6-29　手柄与压紧螺钉、压块组合(3)

表 6-29　标准件号及名称

5	JB/T 8009.2—1999	槽面压块
4	JB/T 8009.1—1999	光面压块
3	JB/T 8006.1—1999	压紧螺钉
2	GB/T 119.1—2000	圆柱销
1	JB/T 8004.10—1999	多手柄螺母
序号	标准件号	标准件名称

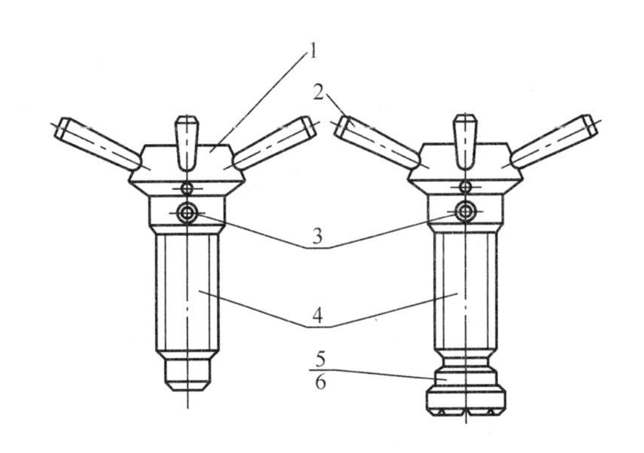

图 6-30　手柄与压紧螺钉、压块组合(4)

表 6-30　标准件号及名称

6	JB/T 8009.2—1999	槽面压块
5	JB/T 8009.1—1999	光面压块
4	JB/T 8006.1—1999	压紧螺钉
3	GB/T 119.1—2000	圆柱销
2	JB/T 7270.7—2014	锥柱手柄
1	JB/T 8004.10—1999	多手柄螺母
序号	标准件号	标准件名称

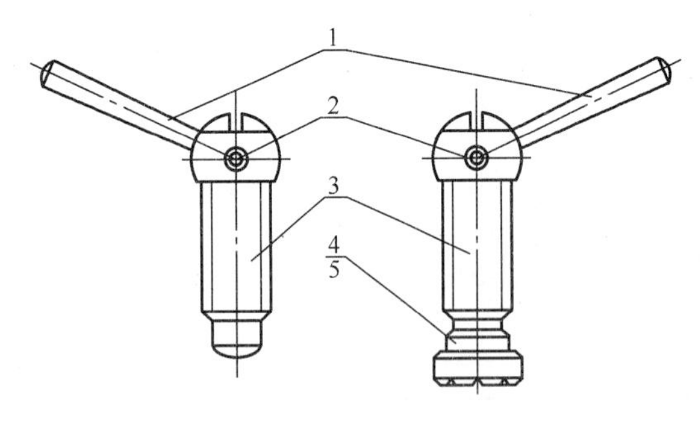

图 6-31　手柄与压紧螺钉、压块组合(5)

表 6-31　标准件号及名称

5	JB/T 8009.2—1999	槽面压块
4	JB/T 8009.1—1999	光面压块
3	GB/T 2160—1991	压紧螺钉
2	GB/T 119.1—2000	圆柱销
1	JB/T 7270.7—2014	锥柱手柄
序号	标准件号	标准件名称

8. 带光面压块的压紧螺钉

说明:工件在支承板 2 及支承钉上定位,拧紧六角头压紧螺钉 6,光面压块 3 将工件夹紧,如图 6-32 所示。标准件号及名称见表 6-32。

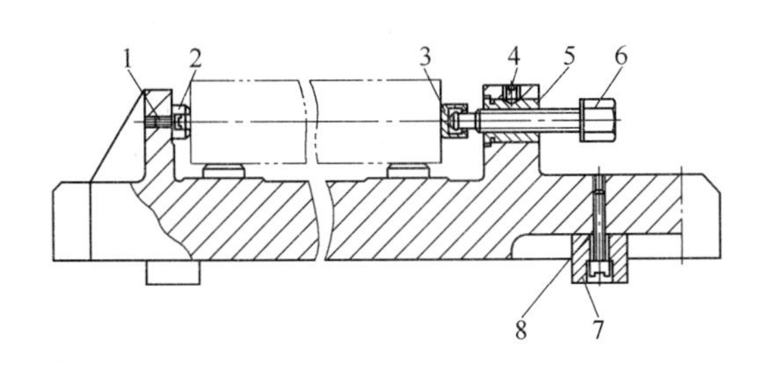

图 6-32 带光面压块的压紧螺钉

表 6-32 标准件号及名称

序号	标准件号	标准件名称
8	GB/T 65—2000	开槽圆柱头螺钉
7	JB/T 8016—1999	定位键
6	JB/T 8006.2—1999	六角头压紧螺钉
5	JB/T 8005.1—1999	压入式螺纹衬套
4	GB/T 71—1985	开槽锥端紧定螺钉
3	JB/T 8009.1—1999	光面压块
2	JB/T 8029.1—1999	支承板
1	GB/T 65—2000	开槽圆柱头螺钉

9. 塑料夹具用六角头螺钉

塑料夹具用六角螺钉如图 6-33 和图 6-34 所示。标准件号及名称见表 6-33 及表 6-34。

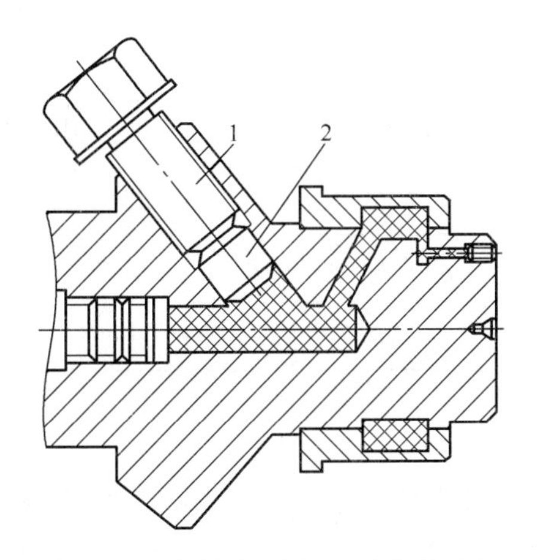

图 6-33 塑料夹具用六角头螺钉(1)

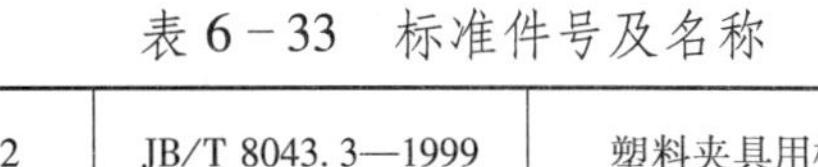

表 6-33 标准件号及名称

序号	标准件号	标准件名称
2	JB/T 8043.3—1999	塑料夹具用柱塞
1	JB/T 8043.1—1999	塑料夹具用六角头螺钉

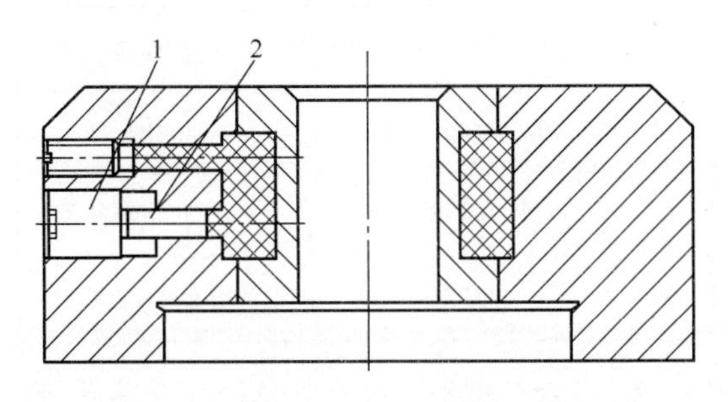

图 6-34 塑料夹具用内六角头螺钉(2)

表 6-34 标准件号及名称

序号	标准件号	标准件名称
2	JB/T 8043.3—1999	塑料夹具用柱塞
1	JB/T 8043.2—1999	塑料夹具用内六角头螺钉

10. 球面带肩螺母及悬式垫圈

球面带肩螺母及悬式垫圈如图 6-35 和图 6-36 所示。标准件号及名称见表 6-35 和表 6-36。

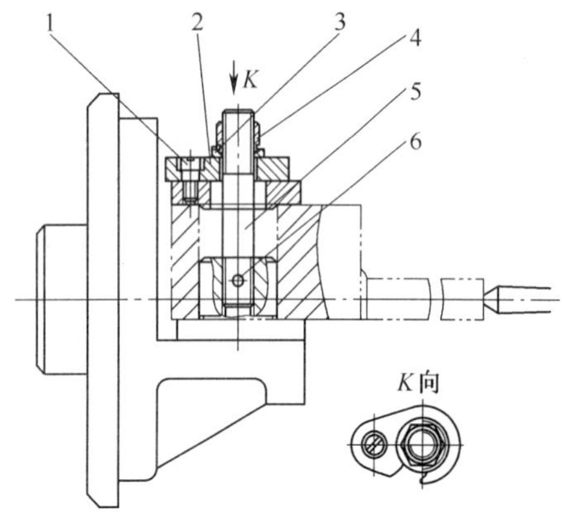

图 6-35 球面带肩螺母及悬式垫圈(1)

表 6-35 标准件号及名称

6	GB/T 119.1—2000	圆柱销
5	GB/T 900—1988	双头螺柱
4	JB/T 8004.2—1999	球面带肩螺母
3	JB/T 8008.1—1999	悬式垫圈
2	JB/T 8008.4—1999	转动垫圈
1	GB/T 830—1988	开槽圆柱头轴位螺钉
序号	标准件号	标准件名称

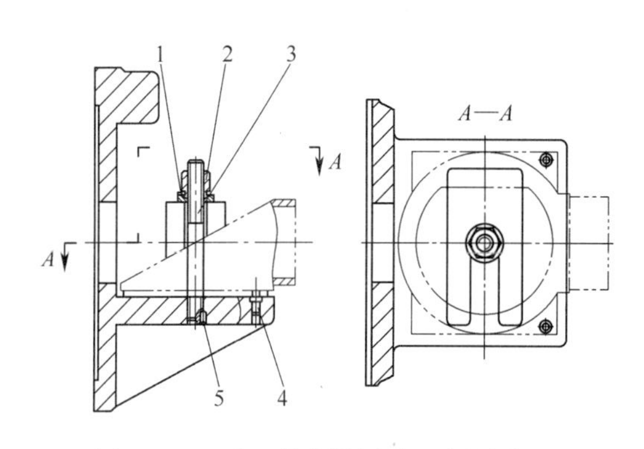

图 6-36 球面带肩螺母及悬式垫圈(2)

表 6-36 标准件号及名称

5	GB/T 71—1985	开槽锥端紧定螺钉
4	JB/T 8014.2—1999	固定式定位销
3	GB/T 900—1988	双头螺柱
2	JB/T 8004.2—1999	球面带肩螺母
1	JB/T 8008.1—1999	悬式垫圈
序号	标准件号	标准件名称

11. 钩形螺栓与螺母组合

实例 1:旋转带孔滚花螺母 1,钩形螺栓 3 夹紧或松开工件,如图 6-37 所示。标准件号及名称见表 6-37。

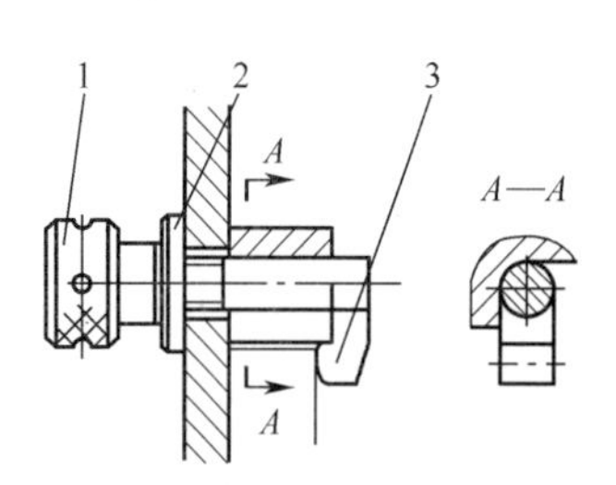

图 6-37 钩形螺栓与螺母组合(1)

表 6-37 标准件号及名称

3	JB/T 8007.3—1999	钩形螺栓
2	GB/T 97.1—2002	平垫圈
1	JB/T 8004.5—1999	带孔滚花螺母
序号	标准件号	标准件名称

实例 2:钩形螺栓 3 左端与内六角螺母 1 连成一体,内六角螺母 1 可在夹具体孔总移动,弹簧 2 受拉,从而夹紧工件,如图 6-38 所示。标准件号及名称见表 6-38。

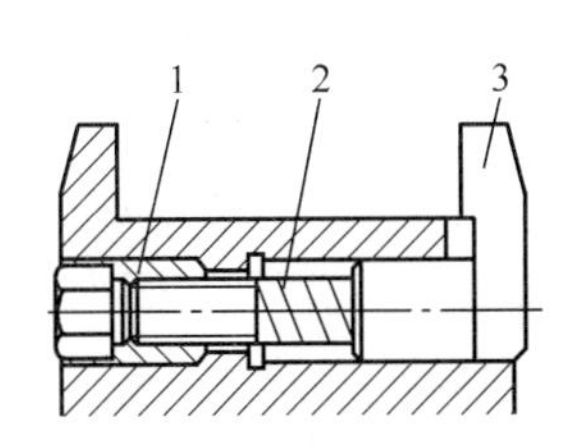

图 6-38　钩形螺栓与螺母组合(2)

表 6-38　标准件号及名称

序号	标准件号	标准件名称
3	JB/T 8007.3—1999	钩形螺栓
2	GB/T 2089—2009	圆柱螺旋压缩弹簧
1	JB/T 8004.7—1999	内六角螺母

实例 3：钩形螺栓与螺母组合如图 6-39 所示。标准件号及名称见表 6-39。

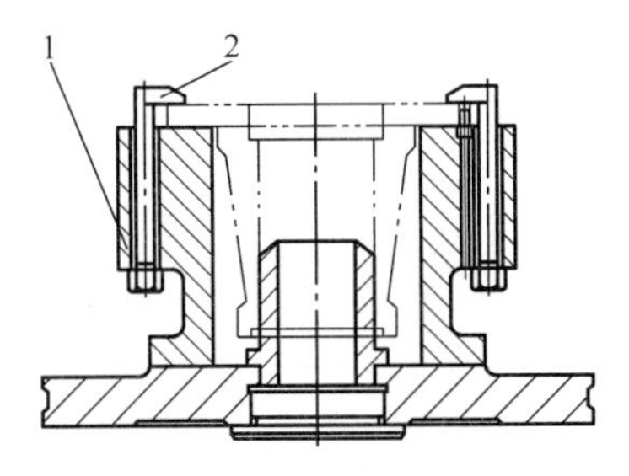

图 6-39　钩形螺栓与螺母组合(3)

表 6-39　标准件号及名称

序号	标准件号	标准件名称
2	JB/T 8007.3—1999	钩形螺栓
1	JB/T 8004.1—1999	带肩六角螺母

12. 拆卸垫

拆卸垫如图 6-40 所示。标准件号及名称见表 6-40。

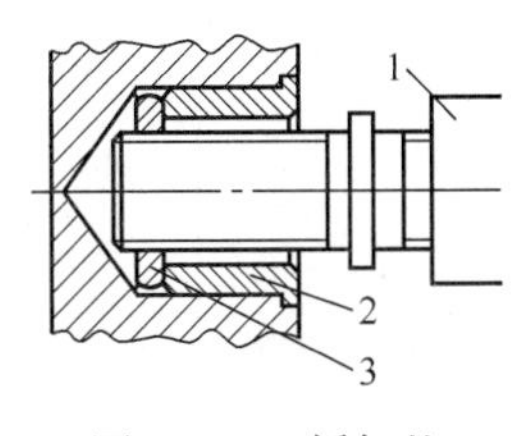

图 6-40　拆卸垫

表 6-40　标准件号及名称

序号	标准件号	标准件名称
3	JB/T 8013.1—1999	定位衬套
2	JB/T 8040—1999	拆卸垫
1	JB/T 3411.44—1999	拔销器

13. 移动压板

实例 1：工件在支承钉 9 上定位，拧紧或松开星形把手 1，移动压板 5 将工件夹紧或松开，如图 6-41 所示。标准件号及名称见表 6-41。

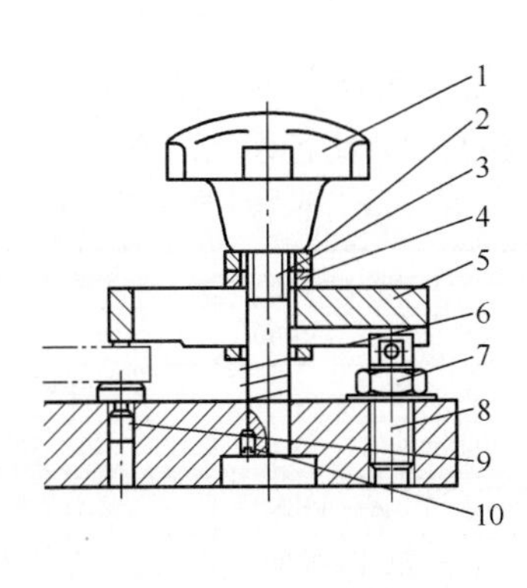

图 6-41　移动压板(1)

表 6-41　标准件号及名称

序号	标准件号	标准件名称
10	GB/T 71—1985	开槽锥端紧定螺钉
9	JB/T 8029.2—1999	支承钉
8	JB/T 8026.4—1999	调节支承
7	GB 6172.1—2000	六角薄螺母
6	GB/T 97.1—2002	平垫圈
5	JB/T 8010.1—1999	移动压板
4	GB/T 850—1988	锥面垫圈
3	GB/T 900—1988	双头螺柱
2	GB/T 849—1988	球面垫圈
1	JB/T 8023.2—1999	星形把手

实例 2:工件在支承板 3 上定位,拧紧或松开球头螺栓 1,移动压板 10 右移或左移,从而将工件夹紧或松开,如图 6－42 所示。标准件号及名称见表 6－42。

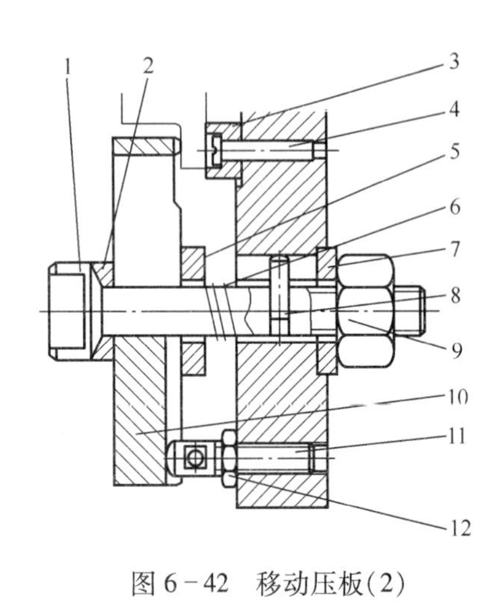

图 6－42　移动压板(2)

表 6－42　标准件号及名称

序号	标准件号	标准件名称
12	GB 6172. 1—2000	六角薄螺母
11	JB/T 8026. 4—1999	调节支承
10	JB/T 8010. 1—1999	移动压板
9	GB/T 6176－2000	加厚螺母
8	GB/T 119. 1—2000	圆柱销
7	GB/T 97. 1—2002	平垫圈
6	GB/T 2089—2009	圆柱螺旋压缩弹簧
5	GB/T 97. 1—2002	平垫圈
4	GB/T 65—2000	开槽圆柱头螺钉
3	JB/T 8029. 1—1999	支承板
2	GB/T 850—1988	锥面垫圈
1	JB/T 8007. 1—1999	球头螺栓

实例 3:工件在支承板 12 上定位,水平转动杠杆式手柄 4,顶压支承 6 下移或上移,移动压板绕球头螺栓 10 转动,从而将工件夹紧或松开,如图 6－43 所示。标准件号及名称见表6－43。

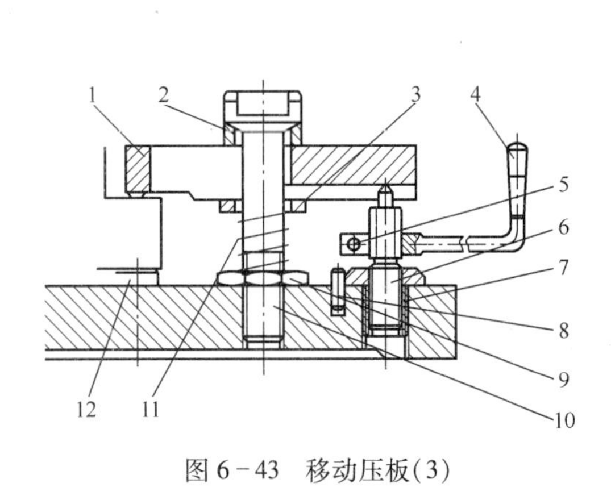

图 6－43　移动压板(3)

表 6－43　标准件号及名称

序号	标准件号	标准件名称
12	JB/T 8029. 1—1999	支承板
11	GB/T 2089—2009	圆柱压缩弹簧
10	JB/T 8007. 1—1999	球头螺栓
9	GB 6172. 1—2000	六角薄螺母
8	GB/T 119. 1—2000	圆柱销
7	JB/T 8005. 2—1999	旋入式螺纹衬套
6	JB/T 8026. 2—1999	顶压支承
5	GB/T 65—2000	开槽圆柱头螺钉
4	JB/T 8024. 5—1999	杠杆式手柄
3	GB/T 97. 1—2002	平垫圈
2	GB/T 850—1988	锥面垫圈
1	JB/T 8010. 1—1999	移动压板

实例 4:工件以平面及短外圆柱面在定位环上定位,拧紧或松开六角薄螺母 2,移动压板 6 下移或上移,从而将工件夹紧或松开,如图 6－44 所示。标准件号及名称见表 6－44。

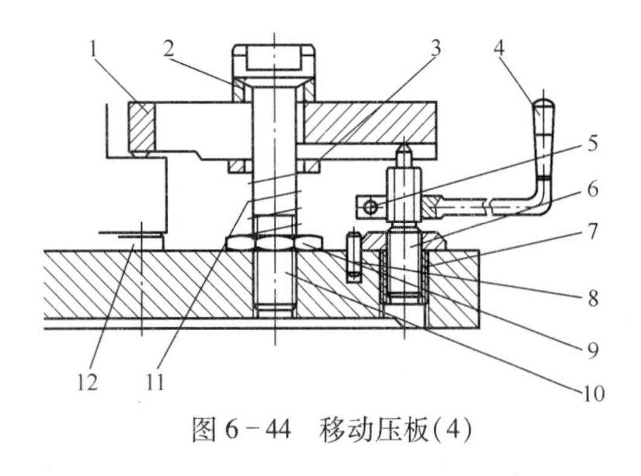

图 6－44　移动压板(4)

表 6－44　标准件号及名称

序号	标准件号	标准件名称
7	GB/T 2089—2009	圆柱螺旋压缩弹簧
6	JB/T 8010. 1—1999	移动压板
5	GB/T 97. 1—2002	平垫圈
4	GB/T 850—1988	锥面垫圈
3	GB/T 849—1988	球面垫圈
2	GB 6172. 1—2000	六角薄螺母
1	GB/T 900—1988	双头螺柱

实例 5：工件以平面及内孔在定位环上定位，拧紧或松开六角薄螺母 4，移动压板 7 下移或上移，从而将工件夹紧或松开，如图 6－45 所示。标准件号及名称见表 6－45。

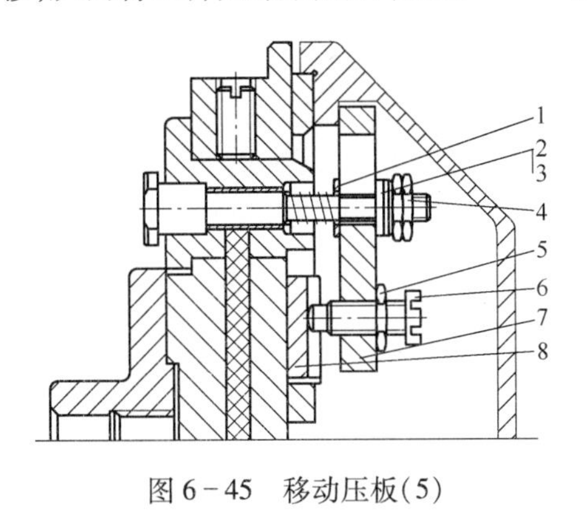

图 6－45　移动压板(5)

表 6－45　标准件号及名称

序号	标准件号	标准件名称
8	JB/T 8042—1999	螺钉用垫板
7	JB/T 8010. 1—1999	移动压板
6	GB/T 83—1988	方头长圆柱球面紧定螺钉
4、5	GB 6172. 1—2000	六角薄螺母
3	GB/T 850—1988	锥面垫圈
2	GB/T 849—1988	球面垫圈
1	GB/T 97. 1—2002	平垫圈

实例 6：工件以平面在支承钉上定位，拧紧或松开球头螺栓 5，移动压板 1 右移或左移，从而将工件夹紧或松开，如图 6－46 所示。标准件号及名称见表 6－46。

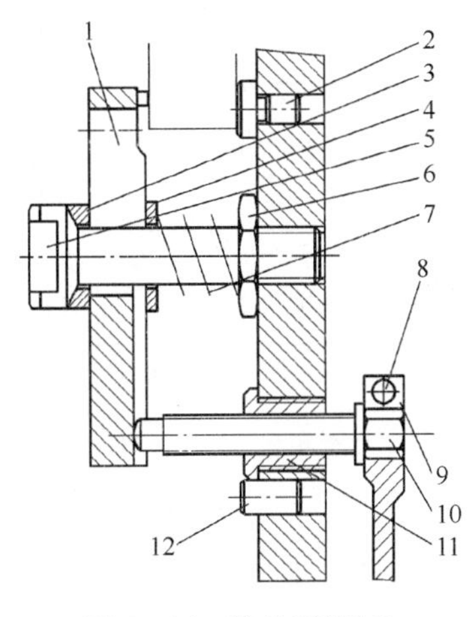

图 6－46　移动压板(6)

表 6－46　标准件号及名称

序号	标准件号	标准件名称
12	GB/T 119. 1—2000	圆柱销
11	JB/T 8005. 2—1999	旋入式螺纹衬套
10	JB/T 8006. 2—1999	六角头压紧螺钉
9	JB/T 8024. 5—1999	杠杆式手柄
8	GB/T 65—2000	开槽圆柱头螺钉
7	GB/T 2089—2009	圆柱螺旋压缩弹簧
6	GB 6172. 1—2000	六角薄螺母
5	JB/T 8007. 1—1999	球头螺栓
4	GB/T 97. 1—2002	平垫圈
3	GB/T 850—1988	锥面垫圈
2	JB/T 8029. 2—1999	支承钉
1	JB/T 8010. 1—1999	移动压板

实例 7：工件以下端面定位在支承板 11 上，拧紧加厚螺母 14 及六角薄螺母 2，从而夹紧或松开工件，如图 6－47 所示。标准件号及名称见表 6－47 。

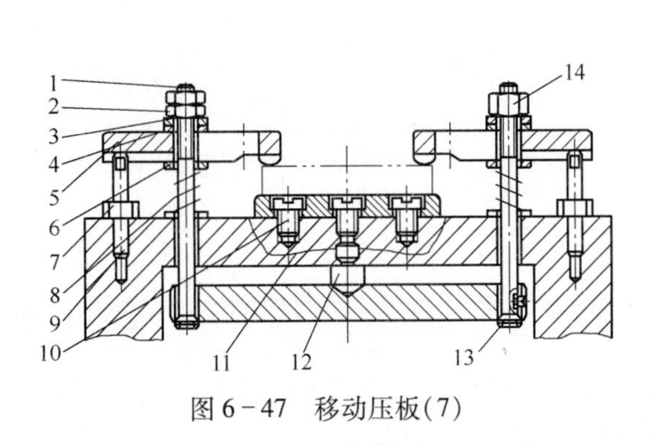

图 6－47　移动压板(7)

表 6－47　标准件号及名称

序号	标准件号	标准件名称
14	GB/T 6176－2000	加厚螺母
13	GB/T 75—1985	开槽紧定螺钉
12	JB/T 8029. 2—1999	支承钉
11	JB/T 8029. 1—1999	支承板
10	GB/T 65—2000	开槽圆柱头螺钉
9	JB/T 8026. 4—1999	调节支承
8	GB/T 2089—2009	圆柱螺旋压缩弹簧
7	GB 6172. 1—2000	六角薄螺母
6	GB/T 97. 1—2002	平垫圈
5	JB/T 8010. 1—1999	移动压板
4	GB/T 850—1988	锥面垫圈
3	GB/T 849—1988	球面垫圈
2	GB 6172. 1—2000	六角薄螺母
1	JB/T 8007. 1—1999	球头螺栓

实例 8:工件以下端面定位在支承板 1 上,拧紧加厚螺母 8,左右的移动压板 10 分别向中心移动,从而夹紧或松开工件,如图 6-48 所示。标准件号及名称见表 6-48。

表 6-48 标准件号及名称

序号	标准件号	标准件名称
16	GB/T 119.1—2000	圆柱销
15	GB/T 2089—2009	圆柱螺旋压缩弹簧
14	GB/T 850—1988	锥面垫圈
13	JB/T 8007.1—1999	球头螺栓
12	GB/T 119.1—2000	圆柱销
11	GB/T 97.1—2002	平垫圈
10	JB/T 8010.1—1999	移动压板
9	GB/T 2089—2009	圆柱螺旋压缩弹簧
8	GB/T 6176—2000	2 型六角螺母细牙
7	GB/T 850—1988	锥面垫圈
6	GB/T 849—1988	球面垫圈
5	GB/T 75—1985	开槽圆柱头紧定螺钉
4	GB 6172.1—2000	六角薄螺母
3	JB/T 8014.2—1999	固定式定位销
2	GB/T 65—2000	开槽圆柱头螺钉
1	JB/T 8029.1—1999	支承板

图 6-48 移动压板(8)

14. 移动弯压板

实例 1:移动弯压板如图 6-49 所示。标准件号及名称见表 6-49。

表 6-49 标准件号及名称

序号	标准件号	标准件名称
14	JB/T 8026.5—1999	球头支承
13	JB/T 8010.14—1999	铰链压板
12	GB/T 798—1988	活节螺栓
11	GB/T 119.1—2000	圆柱销
10	GB/T 65—2000	开槽圆柱头螺钉
9	JB/T 8029.1—1999	支承板
8	GB 6172.1—2000	六角薄螺母
7	JB/T 8026.4—1999	调节支承
6	JB/T 8010.3—1999	移动弯压板
5	GB/T 850—1988	锥面垫圈
4	GB/T 849—1988	球面垫圈
3	GB 6172.1—2000	六角薄螺母
2	GB/T 2089—2009	圆柱螺旋压缩弹簧
1	GB/T 97.1—2002	平垫圈

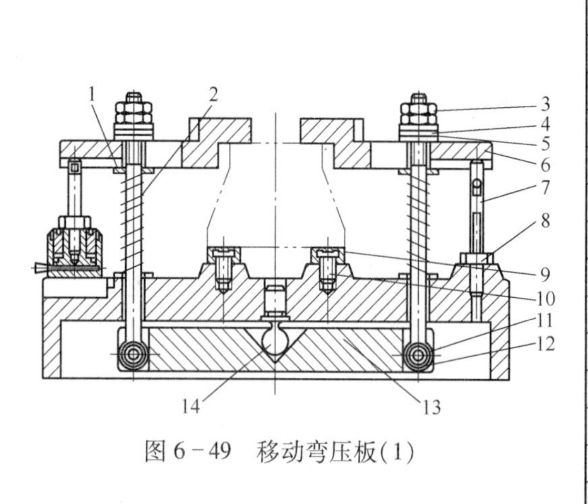

图 6-49 移动弯压板(1)

实例 2:工件在支承钉 11 上定位,拧紧或松开加厚螺母 2,移动弯压板 4 下移或上移,从而将工件夹紧或松开,如图 6-50 所示。标准件号及名称见表 6-50。

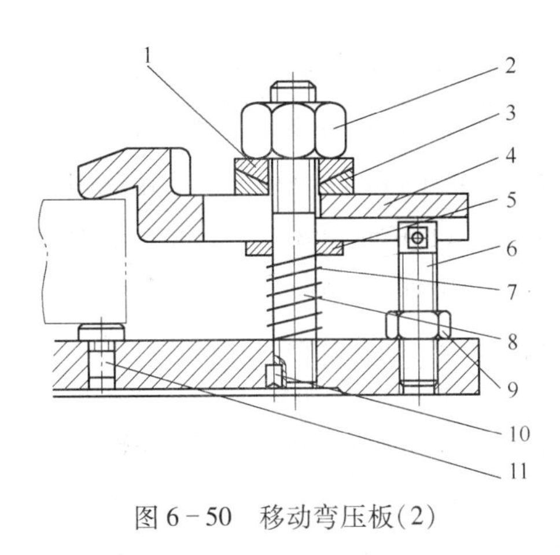

图 6-50　移动弯压板(2)

表 6-50　标准件号及名称

11	JB/T 8029.2—1999	支承钉
10	GB/T 71—1985	开槽锥端紧定螺钉
9	GB 6172.1—2000	六角薄螺母
8	GB/T 900—1988	双头螺柱
7	GB/T 2089—2009	圆柱螺旋压缩弹簧
6	JB/T 8026.4—1999	调节支承
5	GB/T 97.1—2002	平垫圈
4	JB/T 8010.3—1999	移动弯压板
3	GB/T 850—1988	锥面垫圈
2	GB/T 6176—2000	2 型六角螺母细牙
1	GB/T 849—1988	球面垫圈
序号	标准件号	标准件名称

15. 移动宽头压板

实例 1:工件在等高块上定位,拧紧或松开带肩六角螺母 3,移动宽头压板 7 将工件夹紧或松开,如图 6-51 所示。标准件号及名称见表 6-51。

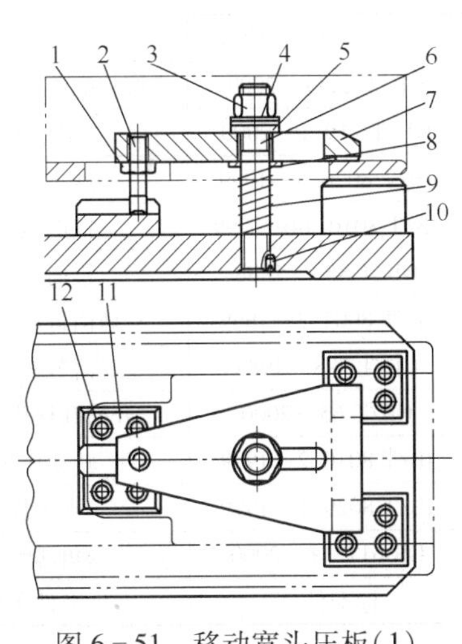

图 6-51　移动宽头压板(1)

表 6-51　标准件号及名称

12	GB/T 70—2000	内六角圆柱头螺钉
11	JB/T 8042—1999	螺钉用垫板
10	GB/T 73—1985	开槽平端紧定螺钉
9	GB/T 2089—2009	圆柱螺旋压缩弹簧
8	GB/T 97.1—2002	平垫圈
7	JB/T 8010.5—1999	移动宽头压板
6	GB/T 900—1988	双头螺柱
5	GB/T 850—1988	锥面垫圈
4	GB/T 849—1988	球面垫圈
3	JB/T 8004.1—1999	带肩六角螺母
2	JB/T 8006.1—1999	压紧螺钉
1	GB 6172.1—2000	六角薄螺母
序号	标准件号	标准件名称

实例 2:拧紧球面带肩螺母 7,工件被夹紧,如图 6-52 所示。标准件号及名称见表 6-52。

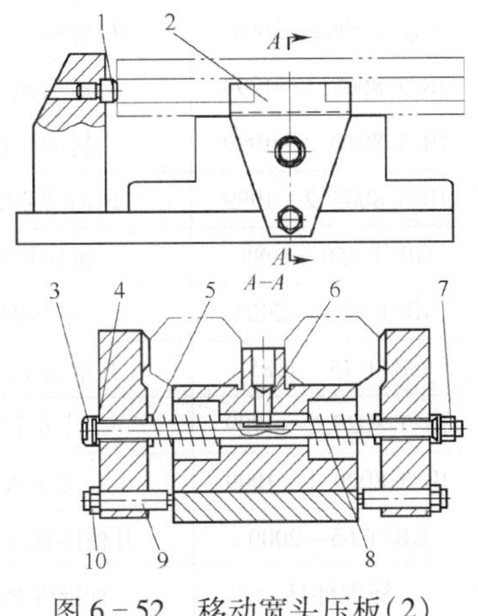

图 6-52　移动宽头压板(2)

表 6-52　标准件号及名称

10	GB 6172.1—2000	六角薄螺母
9	JB/T 8006.1—1999	压紧螺钉
8	GB/T 2089—2009	圆柱螺旋压缩弹簧
7	JB/T 8004.2—1999	球面带肩螺母
6	GB/T 75—1985	开槽长圆柱紧定螺钉
5	GB/T 97.1—2002	平垫圈
4	GB/T 850—1988	锥面垫圈
3	JB/T 8007.1—1999	球头螺栓
2	JB/T 8010.6—1999	转移动宽头压板
1	JB/T 8029.2—1999	支承钉
序号	标准件号	标准件名称

实例 3:拧紧加厚螺母 5,工件被夹紧，如图 6-53 所示。标准件号及名称见表 6-53。

表 6-53　标准件号及名称

序号	标准件号	标准件名称
8	GB/T 850—1988	锥面垫圈
7	JB/T 8007. 1—1999	球头螺栓
6	GB/T 849—1988	球面垫圈
5	GB 6176—2000	加厚螺母
4	GB/T 850—1988	锥面垫圈
3	GB/T 119. 1—2000	圆柱销
2	GB/T 2089—2009	圆柱螺旋压缩弹簧
1	JB/T 8010. 6—1999	转移动宽头压板

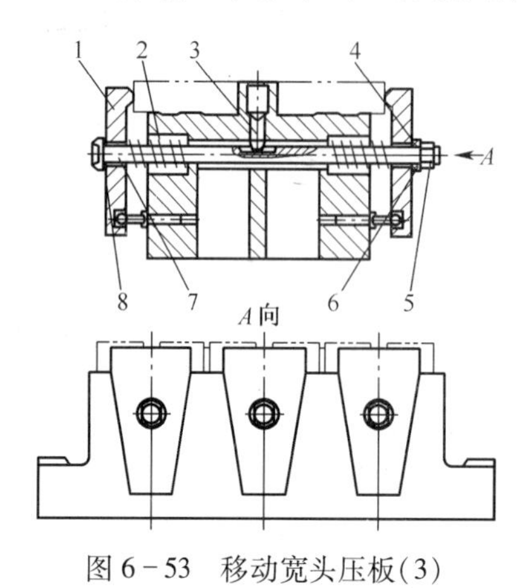

图 6-53　移动宽头压板(3)

16. 转动压板

实例 1:工件以下端面定位在支承板 2 上,分别拧紧球面带肩螺母 6 及六角薄螺母 1,转动压板下移,从而夹紧或松开工件,如图 6-54 所示。标准件号及名称见表 6-54。

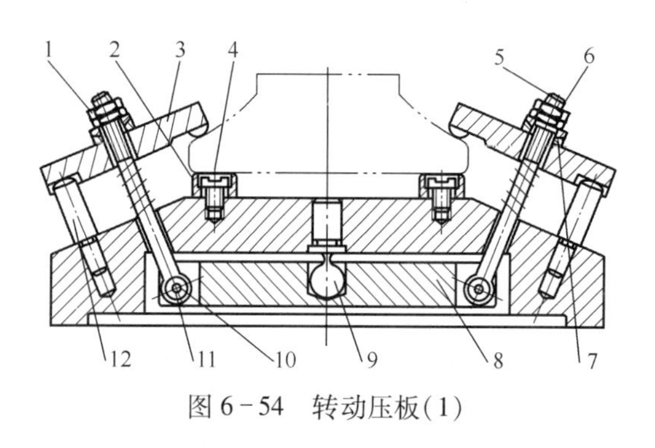

图 6-54　转动压板(1)

表 6-54　标准件号及名称

序号	标准件号	标准件名称
12	JB/T 8029. 2—1999	支承钉
11	GB/T 2089—2009	圆柱螺旋压缩弹簧
10	GB/T 119. 1—2000	圆柱销
9	JB/T 8026. 5—1999	球头支承
8	JB/T 8010. 14—1999	铰链压板
7	GB/T 850—1988	锥面垫圈
6	JB/T 8004. 2—1999	球面带肩螺母
5	GB/T 798—1988	活节螺栓
4	GB/T 65—2000	开槽圆柱头螺钉
3	JB/T 8010. 2—1999	转动压板
2	JB/T 8029. 1—1999	支承板
1	GB 6172. 1—2000	六角薄螺母

实例 2:工件分别以端面定位在支承板 2 和支承钉 3 上,拧紧或松开带肩六角螺母 7,转动压板 8 向中心移动,从而夹紧或松开工件,如图 6-55 所示。标准件号及名称见表 6-55。

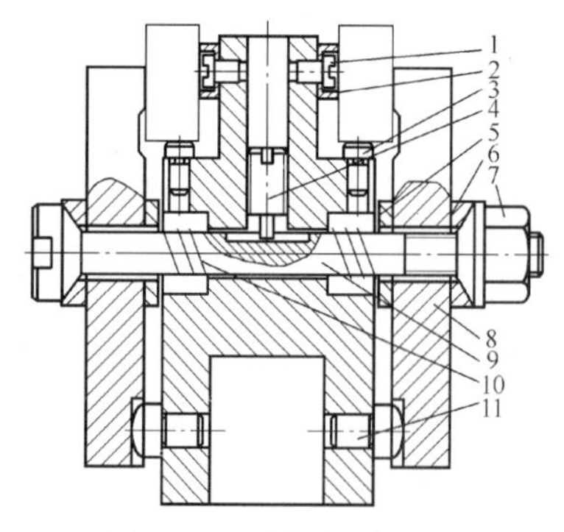

图 6-55　转动压板(2)

表 6-55　标准件号及名称

序号	标准件号	标准件名称
11	JB/T 8029. 2—1999	支承钉
10	GB/T 2089—2009	圆柱螺旋压缩弹簧
9	JB/T 8007. 1—1999	球头螺栓
8	JB/T 8010. 2—1999	转动压板
7	JB/T 8004. 2—1999	球面带肩螺母
6	GB/T 850—1988	锥面垫圈
5	GB/T 97. 1—2002	平垫圈
4	GB/T 75—1985	开槽紧定螺钉
3	JB/T 8029. 2—1999	支承钉
2	JB/T 8029. 1—1999	支承板
1	GB/T 65—2000	开槽圆柱头螺钉

实例3: 工件以平面在支承板6上定位，转动压板10以支承钉9做支点，拧紧或松开球头带肩螺母1，转动压板10在工件夹紧端下移或上移，从而将工件夹紧或松开，如图6－56所示。标准件号及名称见表6－56。

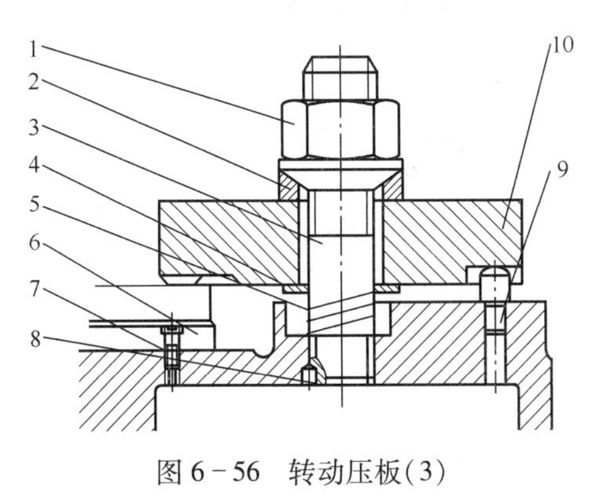

图6－56 转动压板(3)

表6－56 标准件号及名称

序号	标准件号	标准件名称
10	JB/T 8010.2—1999	转动压板
9	JB/T 8029.2—1999	支承钉
8	GB/T 71—1985	开槽锥端紧定螺钉
7	GB/T 97.1—2002	平垫圈
6	JB/T 8029.1—1999	支承板
5	GB/T 2089—2009	圆柱螺旋压缩弹簧
4	GB/T 97.1—2002	平垫圈
3	GB/T 900—1988	双头螺柱
2	GB/T 850—1988	锥面垫圈
1	JB/T 8004.2—1999	球面带肩螺母

实例4: 工件以平面在夹具体上定位，圆柱销6卡在夹具体槽中，用于限制球头螺栓4转动，旋转手柄螺母9，球头螺栓4可带动转动压板2左右移动，从而将工件夹紧或松开，如图6－57所示。标准件号及名称见表6－57。

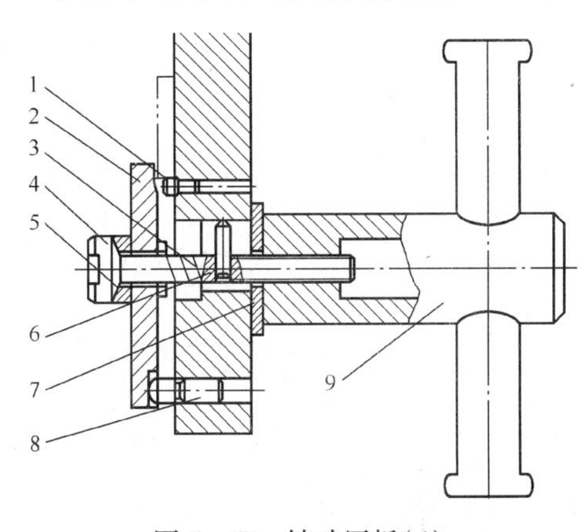

图6－57 转动压板(4)

表6－57 标准件号及名称

序号	标准件号	标准件名称
9	JB/T 8004.8—1999	手柄螺母
8	JB/T 8029.2—1999	支承钉
7	GB/T 97.1—2002	平垫圈
6	GB/T 119.1—2000	圆柱销
5	GB/T 850—1988	锥面垫圈
4	JB/T 8007.1—1999	球头螺栓
3	GB/T 2089—2009	圆柱螺旋压缩弹簧
2	JB/T 8010.2—1999	转动压板
1	JB/T 8014.2—1999	固定式定位销

实例5: 工件在支承钉6上定位，拧紧或松开球头螺栓8，转动压板3将工件夹紧或松开，如图6－58所示。标准件号及名称见表6－58。

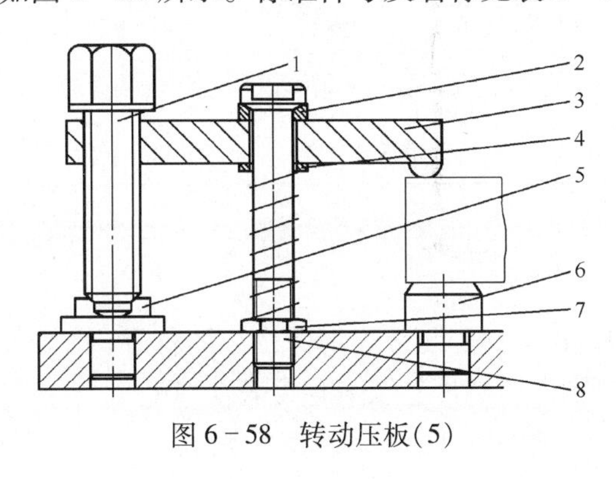

图6－58 转动压板(5)

表6－58 标准件号及名称

序号	标准件号	标准件名称
8	JB/T 8007.1—1999	球头螺栓
7	GB 6172.1—2000	六角薄螺母
6	JB/T 8029.2—1999	支承钉
5	JB/T 8026.6—1999	螺钉支承
4	GB/T 97.1—2002	平垫圈
3	JB/T 8010.2—1999	转动压板
2	GB/T 850—1988	锥面垫圈
1	JB/T 8006.1—1999	六角头压紧螺钉

17. U 形压板

轴类工件以外圆柱面在 V 形块上定位，分别用两块 U 形压板 3 夹紧工件前后段。U 形压板一端在等高块上，一端在工件上，相当于杠杆，拧紧加厚螺母 1，将夹紧力传给工件夹紧工件，如图 6－59 所示。标准件号及名称见表 6－59。

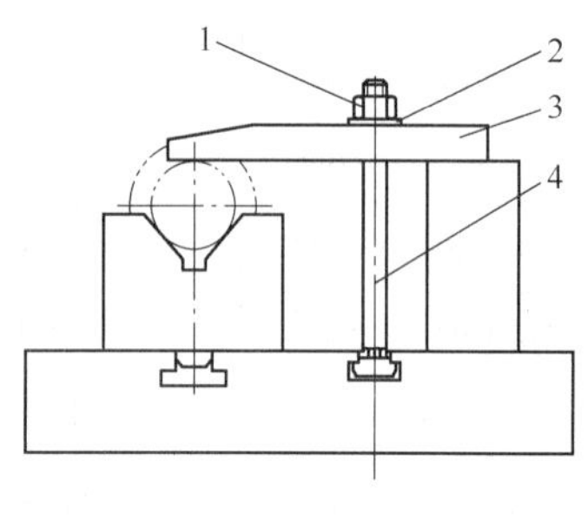

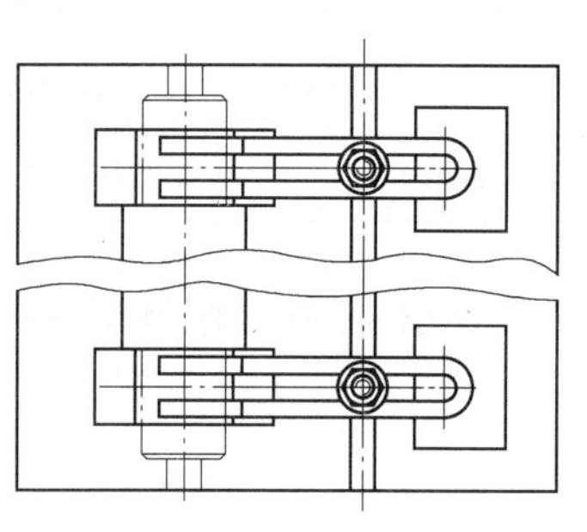

图 6－59　U 形压板

表 6－59　标准件号及名称

4	GB/T 900—1988	双头螺柱
3	JB/T 8010.11—1999	U 形压板
2	GB/T 97.1—2002	平垫圈
1	GB 6176—2000	加厚螺母
序号	标准件号	标准件名称

18. 鞍形压板

工件以下平面定位，在卧式铣床上用盘铣刀铣削两边的槽，用球面带肩螺母、鞍形压板及 T 形槽用螺栓来夹紧工件，鞍形压板相当于以 T 形槽用螺栓为支点的杠杆，拧紧球面带肩螺母 1，将夹紧力传递给鞍形压板 3，从而夹紧工件，如图 6－60 所示。标准件号及名称见表 6－60。

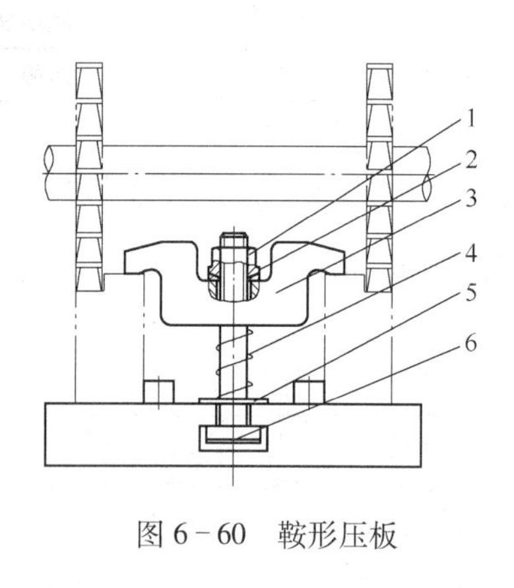

图 6－60　鞍形压板

表 6－60　标准件号及名称

6	GB/T 37—1988	T 形槽用螺栓
5	GB/T 97.1—2002	平垫圈
4	GB/T 2089—2009	圆柱螺旋压缩弹簧
3	JB/T 8010.12—1999	鞍形形压板
2	GB/T 850—1988	锥面垫圈
1	JB/T 8004.2—1999	球面带肩螺母
序号	标准件号	标准件名称

19. 直压板

轴类工件以外圆柱面在 V 形块上定位，直压板相当于支点为双头螺柱 4 的杠杆，拧紧球面带肩螺母 1，通过直压板夹紧工件，如图 6－61 所示。标准件号及名称见表 6－61。

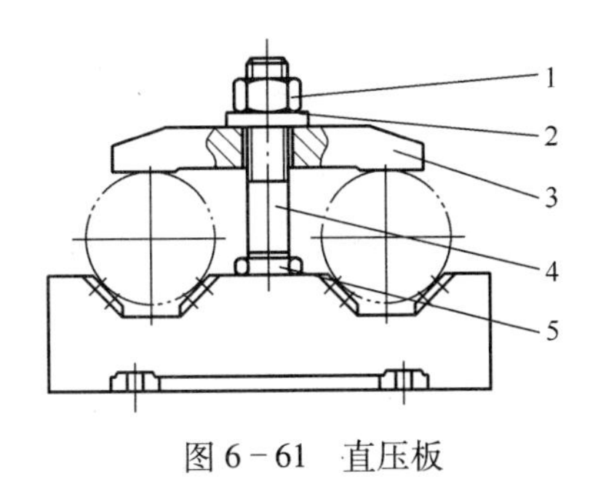

图 6-61　直压板

表 6-61　标准件号及名称

5	GB 6172.1—2000	六角薄螺母
4	GB/T 900—1988	双头螺柱
3	JB/T 8010.13—1999	直压板
2	GB/T 850—1988	锥面垫圈
1	JB/T 8004.2—1999	球面带肩螺母
序号	标准件号	标准件名称

20. 铰链压板

实例 1:铰链压板如图 6-62 所示。标准件号及名称见表 6-62。

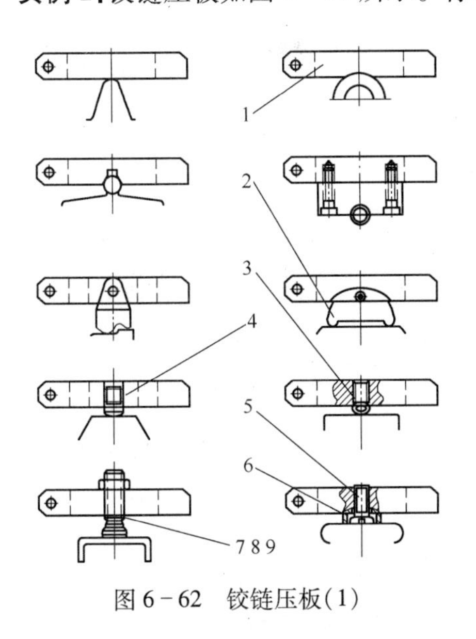

图 6-62　铰链压板(1)

表 6-62　标准件号及名称

9	GB 6172.1—2000	六角薄螺母
8	JB/T 8009.2—1999	槽面压块
7	GB/T 2160—1991	压紧螺钉
6	JB/T 8009.3—1999	圆压块
5	GB/T 830—1988	开槽圆柱头轴位螺钉
4	JB/T 8029.2—1999	支承钉
3	JB/T 8026.1—1999	六角头支承
2	JB/T 8009.4—1999	弧形压块
1	JB/T 8010.14—1999	铰链压板
序号	标准件号	标准件名称

实例 2:铰链压板 4 通过圆柱销与铰链支座 2 连接,另一端圆柱销 5 与活结螺栓 6 连接,铰链压板 4 相当于左端销孔为支点的杠杆,拧紧碟形螺母 8,活节螺栓 6 带动铰链压板 4 绕着左端销孔向上转动,通过圆压块 7 夹紧工件,如图 6-63 所示。标准件号及名称见表 6-63。

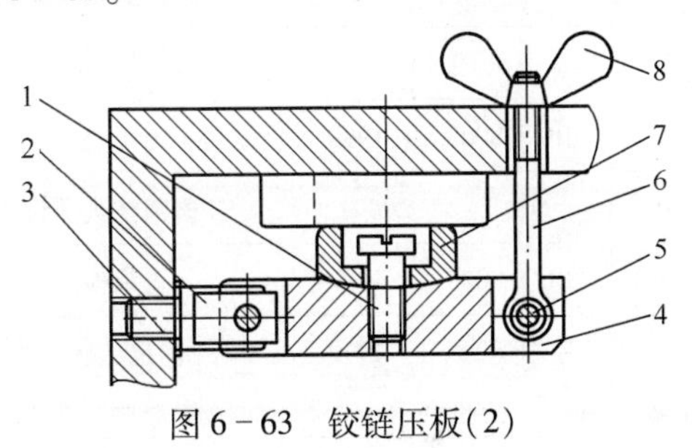

图 6-63　铰链压板(2)

表 6-63　标准件号及名称

8	GB/T 62.1—2004	碟形螺母
7	JB/T 8009.3—1999	圆压块
6	GB/T 798—1988	活节螺栓
5	GB/T 119.1—2000	圆柱销
4	JB/T 8010.14—1999	铰链压板
3	GB/T 97.1—2002	平垫圈
2	JB/T 8034—1999	铰链支座
1	GB/T 830—1988	开槽圆柱头轴位螺钉
序号	标准件号	标准件名称

实例3:铰链压板1用圆柱销8与活节螺栓2和7连接,拧紧带肩六角螺母3,活节螺栓2向上运动,带动铰链压板1及圆压块6向上运动,从而夹紧工件,如图6-64所示。标准件号及名称见表6-64。

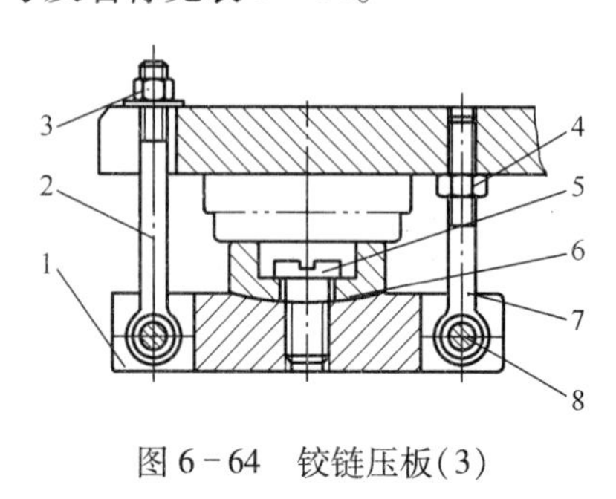

图6-64 铰链压板(3)

表6-64 标准件号及名称

序号	标准件号	标准件名称
8	GB/T 119.1—2000	圆柱销
7	GB/T 798—1988	活节螺栓
6	JB/T 8009.3—1999	圆压块
5	GB/T 830—1988	开槽圆柱头轴位螺钉
4	GB/T 6170—1988	六角螺母
3	JB/T 8004.1—1999	带肩六角螺母
2	GB/T 798—1988	活节螺栓
1	JB/T 8010.14—1999	铰链压板

实例4:铰链压板2右端用圆柱销5与活节螺栓7连接(相当于杠杆支点),拧紧手柄螺母1,铰链压板2左端向下转动,从而夹紧工件,如图6-65所示。标准件号及名称见表6-65。

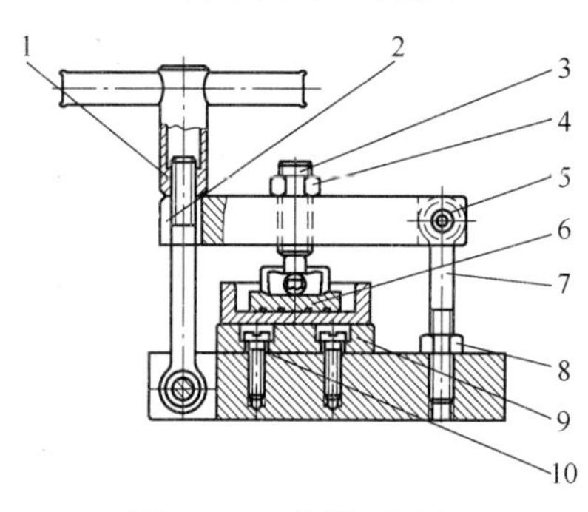

图6-65 铰链压板(4)

表6-65 标准件号及名称

序号	标准件号	标准件名称
10	GB/T 65—2000	开槽圆柱头螺钉
9	JB/T 8029.1—1999	支承板
8	GB 6172.1—2000	六角薄螺母
7	GB/T 798—1988	活节螺栓
6	JB/T 8009.2—1999	槽面压块
5	GB/T 119.1—2000	圆柱销
4	GB 6172.1—2000	六角薄螺母
3	JB/T 8006.1—1999	压紧螺钉
2	JB/T 8010.14—1999	铰链压板
1	JB/T 8004.8—1999	手柄螺母

实例5:铰链压板5与夹具体的槽用圆柱销连接(相当于杠杆支点),拧紧带孔滚花螺母9,活节螺栓7向上移动,铰链压板5绕左边的圆柱销旋转,圆压块向上移动,夹紧工件,如图6-66所示。标准件号及名称见表6-66。

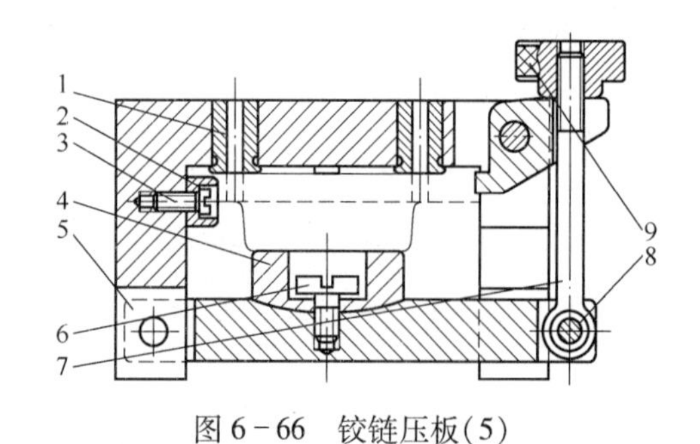

图6-66 铰链压板(5)

表6-66 标准件号及名称

序号	标准件号	标准件名称
9	JB/T 8004.5—1999	带孔滚花螺母
8	GB/T 119.1—2000	圆柱销
7	GB/T 798—1988	活节螺栓
6	GB/T 830—1988	开槽圆柱头轴位螺钉
5	JB/T 8010.14—1999	铰链压板
4	JB/T 8009.3—1999	圆压块
3	GB/T 65—2000	开槽圆柱头螺钉
2	JB/T 8029.1—1999	支承板
1	JB/T 8045.1—1999	固定钻套

实例 6:铰链压板 3 一端用圆柱销与铰链支座 9 连接,一端与六角头支承连接,中间用圆柱销与活节螺栓 12 连接,拧紧带肩六角螺母 7,铰链压板 3 绕圆柱销右转,夹紧工件,如图 6-67 所示。标准件号及名称见表 6-67。

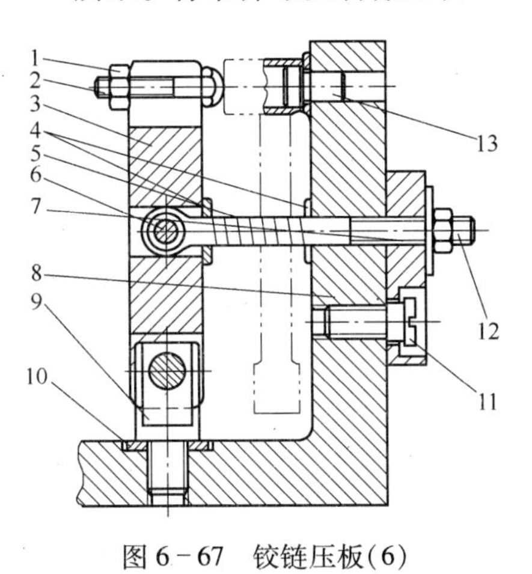

图 6-67 铰链压板(6)

表 6-67 标准件号及名称

序号	标准件号	标准件名称
13	JB/T 8014. 2—1999	固定式定位销
12	GB/T 798—1988	活节螺栓
11	GB/T 830—1988	开槽圆柱头轴位螺钉
10	GB/T 97. 1—2002	平垫圈
9	JB/T 8034—1999	铰链支座
8	JB/T 8008. 4—1999	转动垫圈
7	JB/T 8004. 1—1999	带肩六角螺母
6	GB/T 119. 1—2000	圆柱销
5	GB/T 2089—2009	圆柱螺旋压缩弹簧
4	GB/T 97. 1—2002	平垫圈
3	JB/T 8010. 14—1999	铰链压板
2	JB/T 8026. 1—1999	六角头支承
1	GB 6172. 1—2000	六角薄螺母

21. 回转压板

实例 1:回转压板如图 6-68 所示。标准件号及名称见表 6-68。

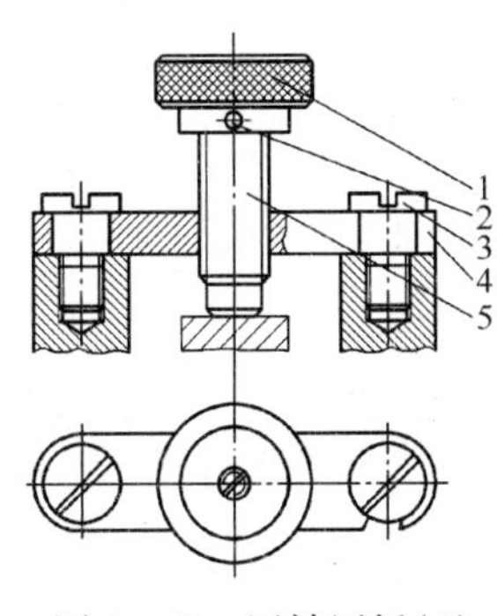

图 6-68 回转压板(1)

表 6-68 标准件号及名称

序号	标准件号	标准件名称
5	JB/T 8006. 1—1999	压紧螺钉
4	JB/T 8010. 15—1999	回转压板
3	GB/T 830—1988	开槽圆柱头轴位螺钉
2	GB/T 119. 1—2000	圆柱销
1	JB/T 8004. 5—1999	带孔滚花螺母

实例 2:回转压板 2 上端与开槽圆柱头轴位螺钉 1 间隙配合,下端用六角头螺栓连接在夹具体上,回转压板 2 可绕开槽圆柱头轴位螺钉 1 旋转,压紧螺钉 3 与工件接触并夹紧工件,如图 6-69 所示。标准件号及名称见表 6-69。

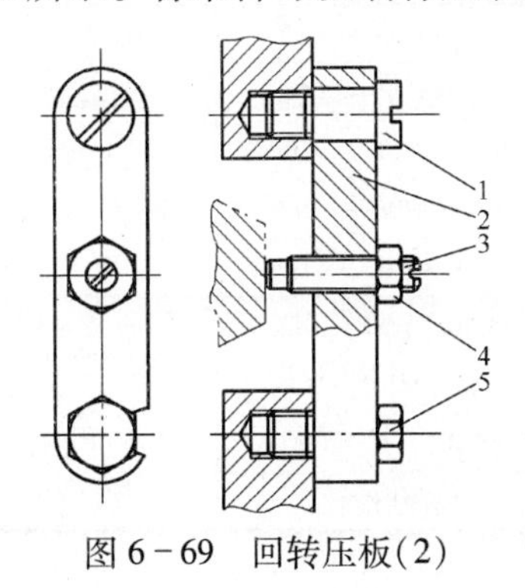

图 6-69 回转压板(2)

表 6-69 标准件号及名称

序号	标准件号	标准件名称
5	GB/T 5782—2000	六角头螺栓
4	GB 6172. 1—2000	六角薄螺母
3	JB/T 8006. 1—1999	压紧螺钉
2	JB/T 8010. 15—1999	回转压板
1	GB/T 830—1988	开槽圆柱头轴位螺钉

实例 3:回转压板 2 两端用开槽圆柱头轴位螺钉 1 分别拧紧在支柱 4 上，松开右端的开槽圆柱头轴位螺钉 1，中间通过压紧螺钉 3 及光面压块 5 与工件接触，回转压板 2 绕左端的开槽圆柱头轴位螺钉旋转，从而夹紧工件，如图 6－70 所示。标准件号及名称见表 6－70。

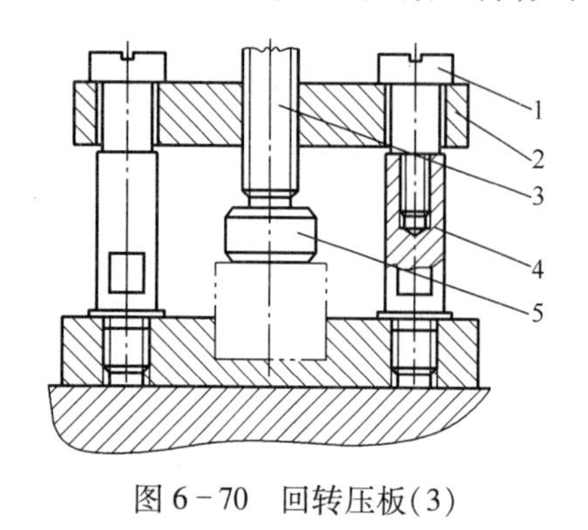

图 6－70　回转压板(3)

表 6－70　标准件号及名称

序号	标准件号	标准件名称
5	JB/T 8009.1—1999	光面压块
4	GB/T 2233—1991	支柱
3	JB/T 8006.1—1999	压紧螺钉
2	JB/T 8010.15—1999	回转压板
1	GB/T 830—1988	开槽圆柱头轴位螺钉

22. 双向压板

工件底面用固定式定位销，双向压板 2 用圆柱销 3 安装在夹具体的槽中，松开固定手柄压紧螺钉 4，双向压板 2 夹紧工件，如图 6－71 所示。标准件号及名称见表 6－71。

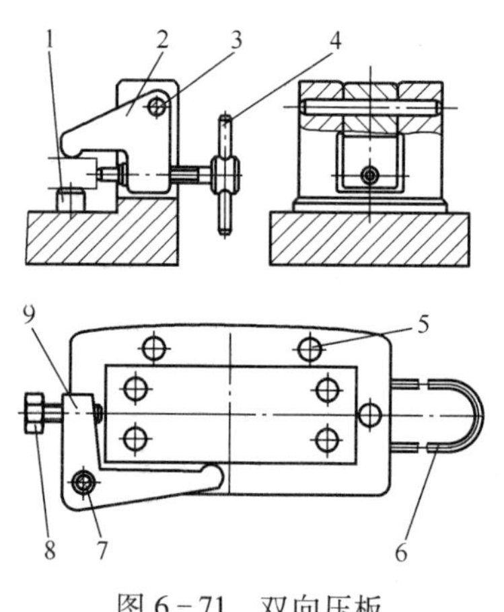

图 6－71　双向压板

表 6－71　标准件号及名称

序号	标准件号	标准件名称
9	JB/T 8010.16—1999	双向压板
8	GB/T 85—1988	方头圆柱端紧定螺钉
7	GB/T 830—1988	开槽圆柱头轴位螺钉
6	JB/T 8024.3—1999	握柄
5	JB/T 8014.2—19949	固定式定位销
4	JB/T 8006.3—1999	固定手柄压紧螺钉
3	GB/T 119.1—2000	圆柱销
2	JB/T 8010.16—1999	双向压板
1	JB/T 8029.1—1999	支承板

23. 钩形压板

实例 1:工件下端面用支承板 6 定位，拧紧或松开加厚螺母 1，钩形压板 4 下移或上移，从而夹紧或松开工，如图 6－72 所示。标准件号及名称见表 6－72。

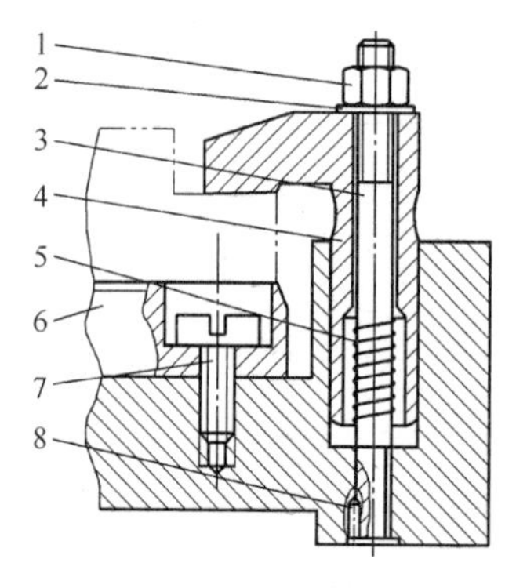

图 6－72　钩形压板(1)

表 6－72　标准件号及名称

序号	标准件号	标准件名称
8	GB/T 71—1985	开槽锥端紧定螺钉
7	GB/T 65—2000	开槽圆柱头螺钉
6	JB/T 8029.1—1999	支承板
5	GB/T 2089—2009	圆柱螺旋压缩弹簧
4	JB/T 8012.2—1999	钩形压板(组合)
3	GB/T 900—1988	双头螺柱
2	GB/T 97.1—2002	平垫圈
1	GB 6176—2000	2 型六角螺母 细牙

实例 2:工件下端面用支承板 5 定位,拧紧或松开内六角螺母 2,钩形压板 1 下移或上移,从而夹紧或松开工件,如图 6－73 所示。标准件号及名称见表 6－73。

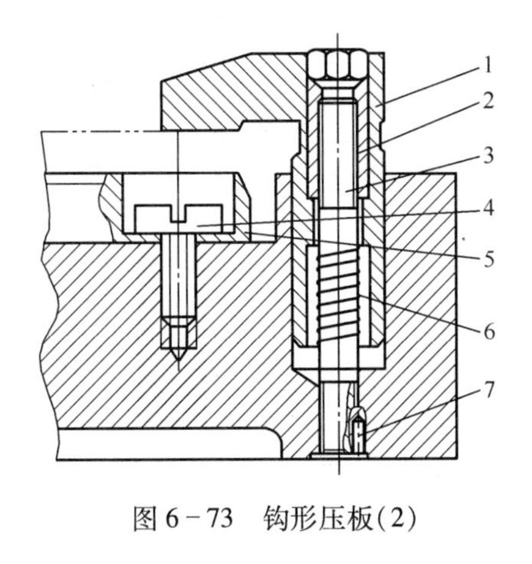

图 6－73　钩形压板(2)

表 6－73　标准件号及名称

序号	标准件号	标准件名称
7	GB/T 71—1985	开槽锥端紧定螺钉
6	GB/T 2089—2009	圆柱螺旋压缩弹簧
5	JB/T 8029. 1—1999	支承板
4	GB/T 65—2000	开槽圆柱头螺钉
3	GB/T 900—1988	双头螺柱
2	JB/T 8004. 7—1999	内六角螺母
1	JB/T 8012. 2—1999	钩形压板(组合)

实例 3:工件下端面及右端面用夹具体定位,拧紧或松开加厚螺母 5,钩形压板 1 左移或右移,从而夹紧或松开工件,如图 6－74 所示,标准件号及名称见表 6－74。

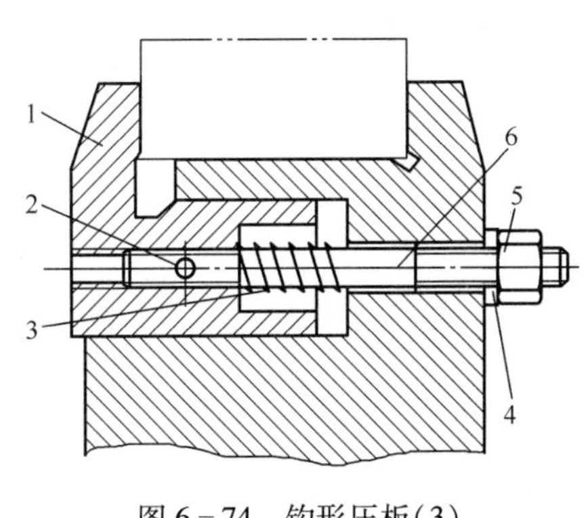

图 6－74　钩形压板(3)

表 6－74　标准件号及名称

序号	标准件号	标准件名称
6	GB/T 900—1988	双头螺柱
5	GB 6176—2000	加厚螺母细牙
4	GB/T 97. 1—2002	平垫圈
3	GB/T 2089—2009	圆柱螺旋压缩弹簧
2	GB/T 119. 1—2000	圆柱销
1	JB/T 8012. 2—1999	钩形压板(组合)

实例 4:钩形压板如图 6－75 所示,标准件号及名称见表 6－75。

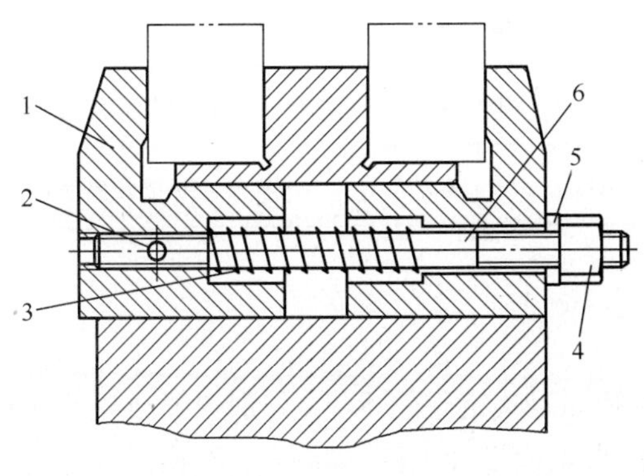

图 6－75　钩形压板(4)

表 6－75　标准件号及名称

序号	标准件号	标准件名称
6	GB/T 900—1988	双头螺柱
5	GB/T 97. 1—2002	平垫圈
4	GB 6176—2000	2 型六角螺母 细牙
3	GB/T 2089—2009	圆柱螺旋压缩弹簧
2	GB/T 119. 1—2000	圆柱销
1	JB/T 8012. 2—1999	钩形压板(组合)

实例 5:工件下端面及侧面分别用支承板 2 及支承钉 1 定位,通过拧紧或松开六角薄螺母 4,拧紧或松开工件,如图 6-76 所示。标准件号及名称见表 6-76。

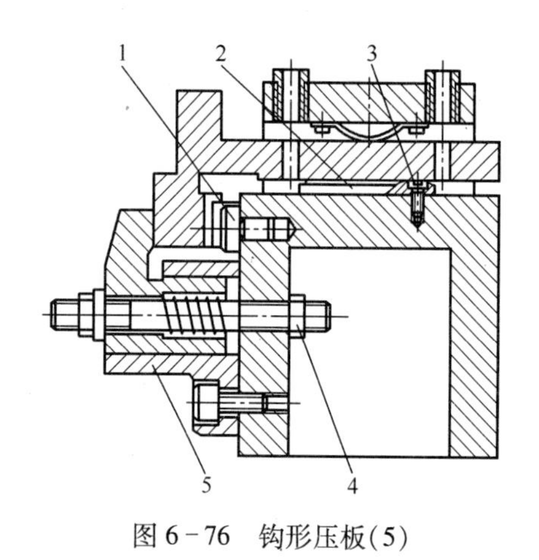

图 6-76 钩形压板(5)

表 6-76 标准件号及名称

5	JB/T 8012.2—1999	钩形压板(组合)
4	GB 6172.1—2000	六角薄螺母
3	GB/T 65—2000	开槽圆柱头螺钉
2	JB/T 8029.1—1999	支承板
1	JB/T 8029.2—1999	支承钉
序号	标准件号	标准件名称

实例 6:工件下端面与支承板 2 定位,拧紧或松开六角薄螺母,立式钩形压板 1 左移或右移,从而夹紧或松开工件,如图 6-77 所示。标准件号及名称见表 6-77。

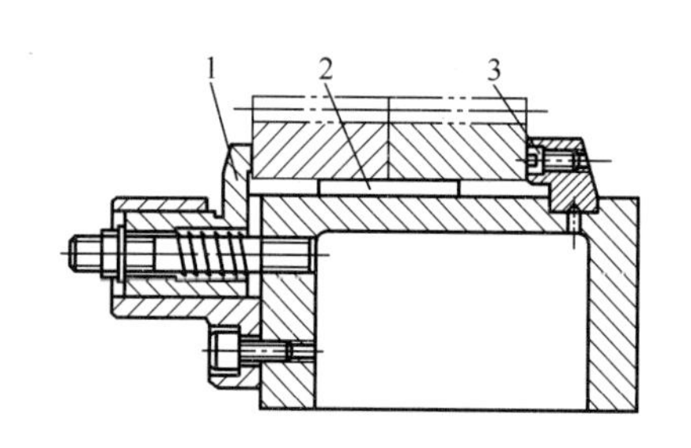

图 6-77 钩形压板(6)

表 6-77 标准件号及名称

3	GB/T 65—2000	开槽圆柱头螺钉
2	JB/T 8029.1—1999	支承板
1	JB/T 8012.2—1999	钩形压板(组合)
序号	标准件号	标准件名称

实例 7:工件下端面与支承钉 2 定位,用侧面钩形压板夹紧工件,如图 6-78 所示。标准件号及名称见表 6-78。

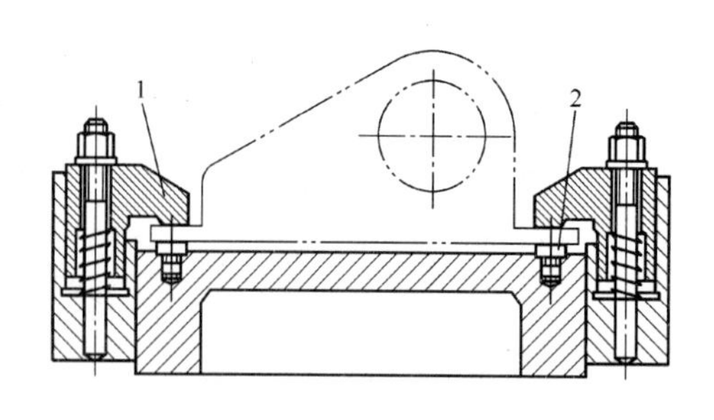

图 6-78 钩形压板(7)

表 6-78 标准件号及名称

2	JB/T 8029.2—1999	支承钉
1	JB/T 8012.5—1999	侧面钩形压板(组合)
序号	标准件号	标准件名称

实例 8:工件以端面和孔分别定位在支承板 6 和固定式定位销 5 上,分别拧紧或松开带肩六角螺母 3 和六角薄螺母 2,钩形压板 1 下移,从而夹紧或松开工件,如图 6-79 所示。标准件号及名称见表 6-79。

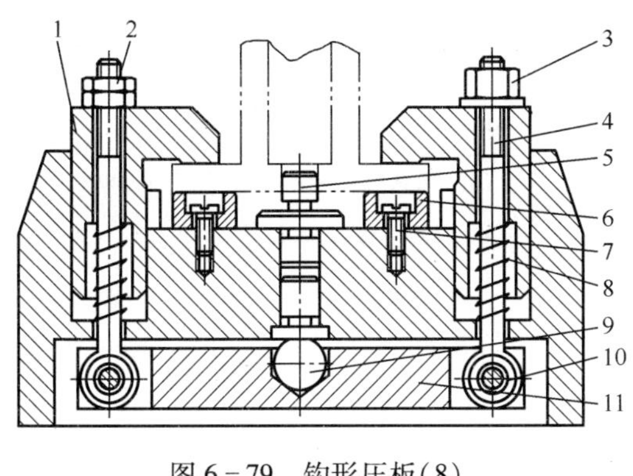

图 6-79　钩形压板(8)

表 6-79　标准件号及名称

序号	标准件号	标准件名称
11	JB/T 8010.14—1999	铰链压板
10	GB/T 119.1—2000	圆柱销
9	JB/T 8026.5—1999	球头支承
8	GB/T 2089—2009	圆柱螺旋压缩弹簧
7	GB/T 65—2000	开槽圆柱头螺钉
6	JB/T 8029.1—1999	支承板
5	JB/T 8014.2—1999	固定式定位销
4	GB/T 798—1988	活节螺栓
3	JB/T 8004.1—1999	带肩六角螺母
2	GB6172.1—2000	六角薄螺母
1	JB/T 8012.1—1999	钩形压板

实例 9:工件以内孔和端面分别定位在支承板上,分别拧紧或松开带肩六角螺母 10 和六角薄螺母 1,钩形压板 9 下移,从而夹紧或松开工件,如图 6-80 所示。标准件号及名称见表 6-80。

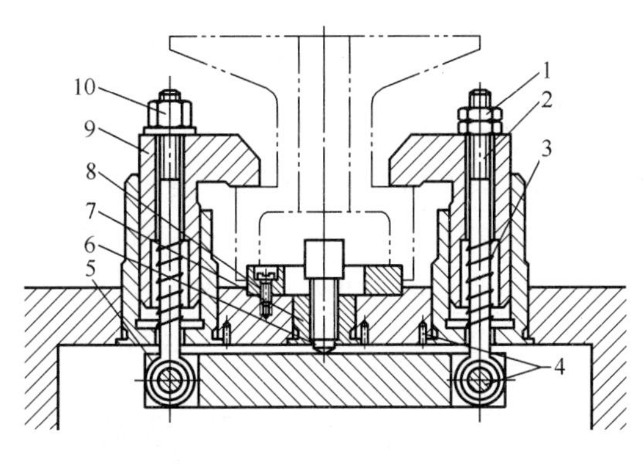

图 6-80　钩形压板(9)

表 6-80　标准件号及名称

序号	标准件号	标准件名称
10	JB/T 8004.1—1999	带肩六角螺母
9	JB/T 8012.2—1999	钩形压板(组合)
8	GB/T 68—2000	开槽沉头螺钉
7	JB/T 8005.1—1999	压入式螺纹衬套
6	GB/T 85—1988	方头长圆柱端紧定螺钉
5	JB/T 8010.14—1999	铰链压板
4	GB/T 119.1—2000	圆柱销
3	GB/T 2089—2009	圆柱螺旋压缩弹簧
2	GB/T 798—1988	活节螺栓
1	GB6172.1—2000	六角薄螺母

实例 10:工件以下端面定位在支承板 5 上,拧紧或松开内六角螺母 1,钩形压板 11 下移,从而夹紧或松开工件,如图 6-81 所示。标准件号及名称见表 6-81。

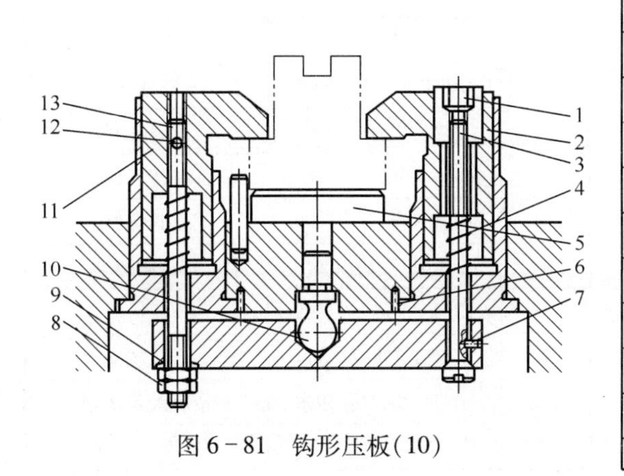

图 6-81　钩形压板(10)

表 6-81　标准件号及名称

序号	标准件号	标准件名称
13	GB/T 900—1988	双头螺柱
12	GB/T 119.1—2000	圆柱销
11	JB/T 8012.2—1999	钩形压板(组合)
10	JB/T 8026.5—1999	球头支承
9	GB/T 849—1988	球面垫圈
8	GB 6172.1—2000	六角薄螺母
7	GB/T 75—1985	开槽长圆柱端紧定螺钉
6	GB/T 119.1—2000	圆柱销
5	JB/T 8029.1—1999	支承板
4	GB/T 2089—2009	圆柱螺旋压缩弹簧
3	JB/T 8007.1—1999	球头螺栓
2	JB/T 8012.2—1999	钩形压板(组合)
1	JB/T 8004.7—1999	内六角螺母

实例 11: 工件以下端面定位在支承板 8 上,拧紧或松开六角薄螺母 1,钩形压板 9 下移,从而夹紧或松开工件,如图 6 - 82 所示。标准件号及名称见表 6 - 82。

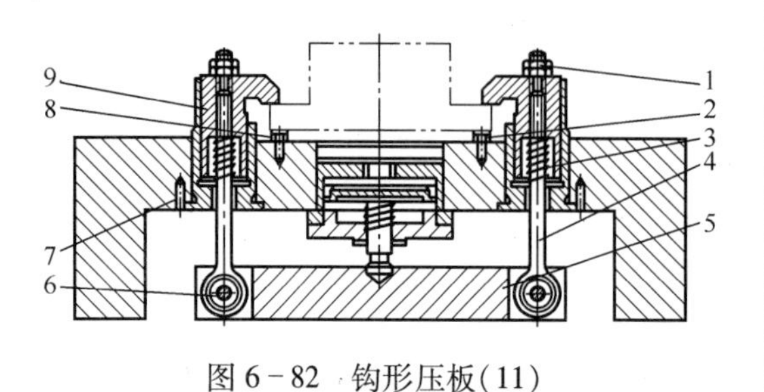

图 6 - 82 钩形压板(11)

表 6 - 82 标准件号及名称

9	JB/T 8012.2—1999	钩形压板(组合)
8	JB/T 8029.1—1999	支承板
6、7	GB/T 119.1—2000	圆柱销
5	JB/T 8010.14—1999	铰链压板
4	GB/T 798—1988	活节螺栓
3	GB/T 2089—2009	圆柱螺旋压缩弹簧
2	GB/T 65—2000	开槽圆柱头螺钉
1	GB 6172.1—2000	六角薄螺母
序号	标准件号	标准件名称

实例 12: 工件以下端面定位在支承钉 1 上,拧紧或松开带肩六角螺母 6,钩形压板 1 下移,从而夹紧或松开工件,如图 6 - 83 所示。标准件号及名称见表 6 - 83。

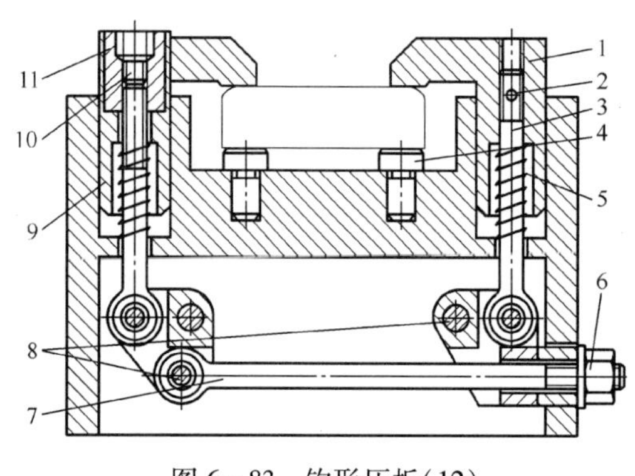

图 6 - 83 钩形压板(12)

表 6 - 83 标准件号及名称

11	JB/T 8004.7—1999	内六角螺母
10	GB/T 71—1985	开槽锥端紧定螺钉
9	JB/T 8012.1—1999	钩形压板
8	GB/T 119.1—2000	圆柱销
7	GB/T 798—1988	活节螺栓
6	JB/T 8004.1—1999	带肩六角螺母
5	GB/T 2089—2009	圆柱螺旋压缩弹簧
4	JB/T 8029.2—1999	支承钉
3	GB/T 798—1988	活节螺栓
2	GB/T 119.1—2000	圆柱销
1	JB/T 8012.1—1999	钩形压板
序号	标准件号	标准件名称

24. 铰链压板

工件以端面定位在夹具体上,拧紧或松开带肩六角螺母 1,槽面压块往中心移动,从而夹紧或松开工件,如图 6 - 84 所示。标准件号及名称见表 6 - 84。

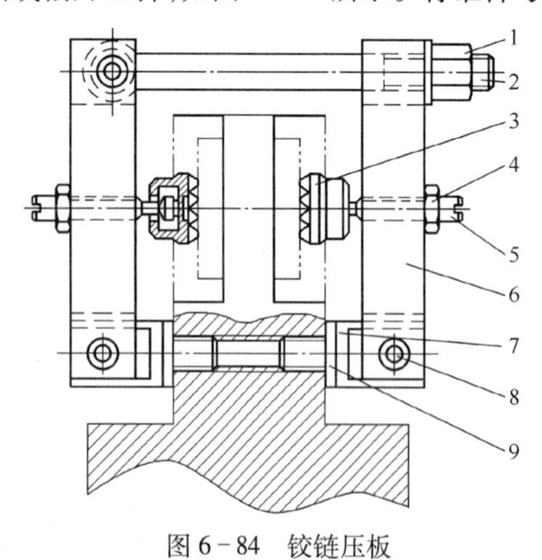

图 6 - 84 铰链压板

表 6 - 84 标准件号及名称

9	GB/T 97.1—2002	平垫圈
8	GB/T 119.1—2000	圆柱销
7	JB/T 8034—1999	铰链支座
6	JB/T 8010.14—1999	铰链压板
5	JB/T 8006.1—1999	压紧螺钉
4	GB 6172.1—2000	六角薄螺母
3	JB/T 8009.2—1999	槽面压块
2	GB/T 798—1988	活节螺栓
1	JB/T 8004.1—1999	带肩六角螺母
序号	标准件号	标准件名称

25. 偏心轮

实例1:偏心轮用压板1与圆偏心轮7用圆柱销8连接,转动锥柱手柄6,圆偏心轮7转动,带动偏心轮用压板1上下运动,从而松开或夹紧工件,如图6-85所示。标准件号及名称见表6-85。

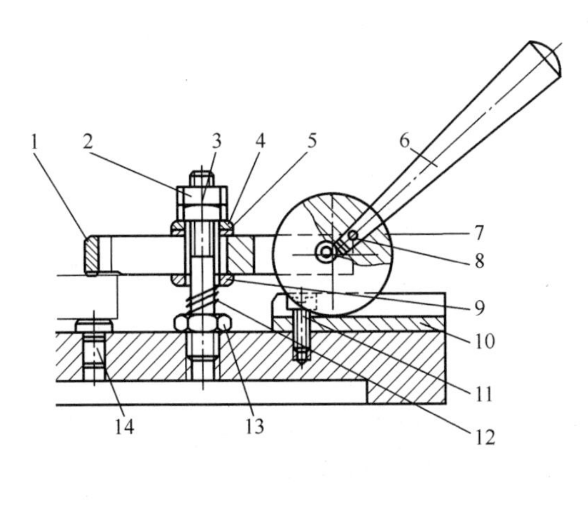

图6-85 偏心轮(1)

表6-85 标准件号及名称

序号	标准件号	标准件名称
14	JB/T 8029. 2—1999	支承钉
13	GB 6172. 1—2000	六角薄螺母
12	GB/T 2089—2009	圆柱螺旋压缩弹簧
11	GB/T 65—2000	开槽圆柱头螺钉
10	JB/T 8011. 5—1999	偏心轮用垫板
9	GB/T 97. 1—2002	平垫圈
8	GB/T 119. 1—2000	圆柱销
7	JB/T 8011. 1—1999	圆偏心轮
6	JB/T 7270. 7—2014	锥柱手柄
5	GB/T 850—1988	锥面垫圈
4	GB/T 849—1988	球面垫圈
3	GB/T 900—1988	双头螺柱
2	GB 6172. 1—2000	六角薄螺母
1	JB/T 8010. 7—1999	偏心轮用压板

实例2:工件在支承板2上定位,活节螺栓3与叉型偏心轮4用圆柱销5连接,转动锥柱手柄6,钩形压板8左右移动,从而松开或夹紧工件,如图6-86所示。标准件号及名称见表6-86。

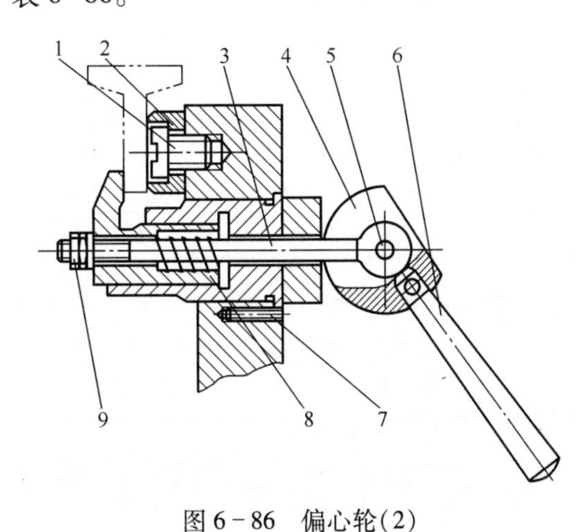

图6-86 偏心轮(2)

表6-86 标准件号及名称

序号	标准件号	标准件名称
9	GB 6172. 1—2000	六角薄螺母
8	JB/T 8012. 2—1999	钩形压板(组合)
7	GB/T 119. 1—2000	圆柱销
6	JB/T 7270. 7—1999	锥柱手柄
5	GB/T 119. 1—2000	圆柱销
4	JB/T 8011. 2—1999	叉形偏心轮
3	GB/T 798—1988	活节螺栓
2	JB/T 8029. 1—1999	支承板
1	GB/T 65—2000	开槽圆柱头螺钉

实例3:工件在夹具体上定位,活节螺栓7与叉形偏心轮5用圆柱销5连接,水平转动锥柱手柄6,钩形压板1左右移动,从而松开或夹紧工件,如图6-87所示。标准件号及名称见表6-87。

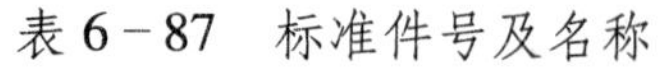
表 6-87　标准件号及名称

8	GB 6172.1—2000	六角薄螺母
7	GB/T 798—1988	活节螺栓
6	JB/T 7270.7—1999	锥柱手柄
5	JB/T 8011.2—1999	叉形偏心轮
4	GB/T 119.1—2000	圆柱销
3	GB/T 65—2000	开槽圆柱头螺钉
2	JB/T 8029.1—1999	支承板
1	JB/T 8012.2—1999	钩形压板(组合)
序号	标准件号	标准件名称

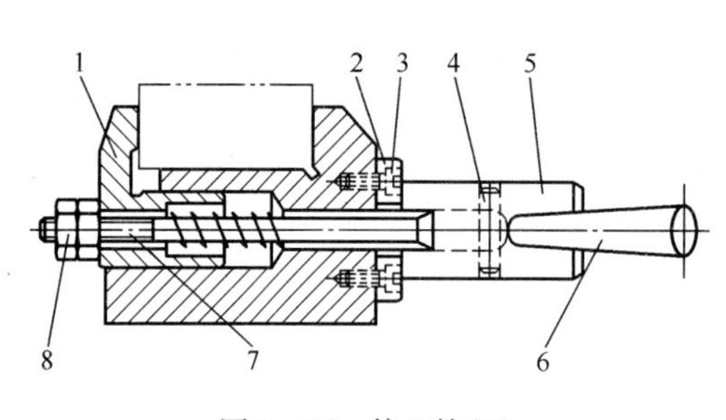

图 6-87　偏心轮(3)

实例 4:工件在支承板 2 上定位,活节螺栓 7 与叉形偏心轮 15 用圆柱销 14 连接,转动锥柱手柄 12,活节螺栓 7 带动移动压板 3 左右移动,从而松开或夹紧工件,如图 6-88 所示。标准件号及名称见表 6-88。

图 6-88　偏心轮(4)

表 6-88　标准件号及名称

15	JB/T 8011.2—1999	叉形偏心轮
13、14	GB/T 119.1—2000	圆柱销
12	JB/T 7270.7—1999	锥柱手柄
11	GB 6172.1—2000	六角薄螺母
10	JB/T 8026.4—1999	调节支承
9	GB/T 97.1—2002	平垫圈
8	GB 6172.1—2000	六角薄螺母
7	GB/T 798—1988	活节螺栓
6	GB/T 850—1988	锥面垫圈
5	GB/T 849—1988	球面垫圈
4	GB/T 2089—2009	圆柱螺旋压缩弹簧
3	JB/T 8010.1—1999	移动压板
2	JB/T 8029.1—1999	支承板
1	GB/T 65—2000	开槽圆柱头螺钉
序号	标准件号	标准件名称

实例 5:工件在支承板 10 上定位,转动手柄,单面偏心轮上下移动,带动圆柱销 6 上下移动,从而使转动压板转动,松开或夹紧工件,如图 6-89 所示。标准件号及名称见表 6-89。

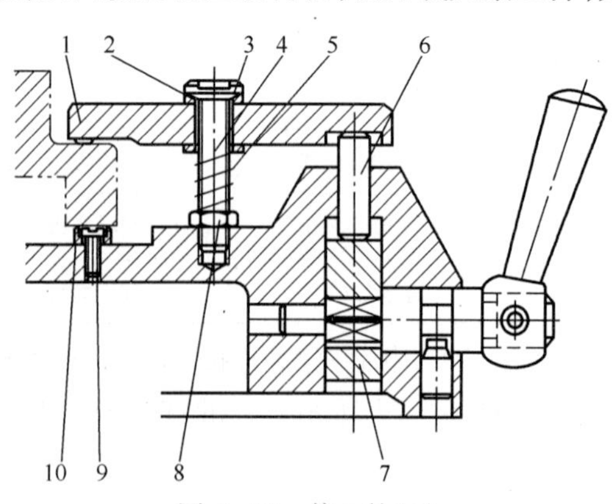

图 6-89　偏心轮(5)

表 6-89　标准件号及名称

10	JB/T 8029.1—1999	支承板
9	GB/T 65—2000	开槽圆柱头螺钉
8	GB 6172.1—2000	六角薄螺母
7	GB/T 2193—1991	单面偏心轮
6	GB/T 119.1—2000	圆柱销
5	GB/T 2089—2009	圆柱螺旋压缩弹簧
4	GB/T 97.1—2002	平垫圈
3	JB/T 8007.1—1999	球头螺栓
2	GB/T 850—1988	锥面垫圈
1	JB/T 8010.2—1999	转动压板
序号	标准件号	标准件名称

实例6：工件在支承板7上定位，转动手柄，单偏心轮12转动，圆柱销上下运动，转动压板2双头绕螺柱10转动，从而夹紧或松开工件，如图6-90所示。标准件号及名称见表6-90。

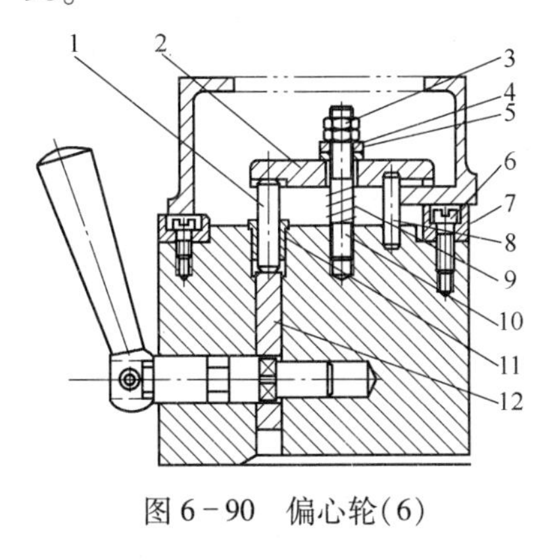

图6-90 偏心轮(6)

表6-90 标准件号及名称

序号	标准件号	标准件名称
12	JB/T 8011.3—1999	单面偏心轮
11	JB/T 8013.1—1999	定位衬套
10	GB/T 900—1988	双头螺柱
9	GB/T 2089—2009	圆柱螺旋压缩弹簧
8	GB/T 119.1—2000	圆柱销
7	JB/T 8029.1—1999	支承板
6	GB/T 65—2000	开槽圆柱头螺钉
5	GB/T 850—1988	锥面垫圈
4	GB/T 849—1988	球面垫圈
3	GB 6172.1—2000	六角薄螺母
2	JB/T 8010.2—1999	转动压板
1	GB/T 119.1—2000	圆柱销

实例7：工件以内孔及下端面做定位基准面，压板中心用圆柱销与夹具体连接，压板下端与弹簧用起重螺栓4连接，弹簧用吊环螺钉3及弹簧拉紧弹簧用起重螺栓4通过压缩弹簧连接，从而夹紧工件，如图6-91所示。标准件号及名称见表6-91。

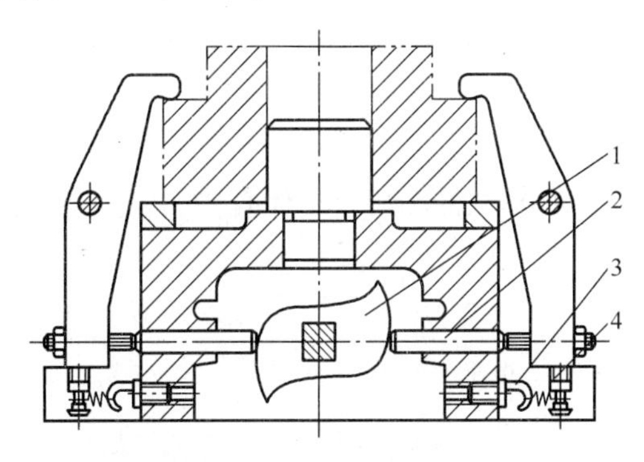

图6-91 偏心轮(7)

表6-91 标准件号及名称

序号	标准件号	标准件名称
4	JB/T 8025—1999	起重螺栓
3	GB 825—1988	吊环螺钉
2	GB/T 119.1—2000	圆柱销
1	JB/T 8011.4—1999	双面偏心轮

实例8：工件以支承钉8及斜面定位，拧紧带肩六角螺母2，弧形压板5夹紧工件，如图6-92所示。标准件号及名称见表6-92。

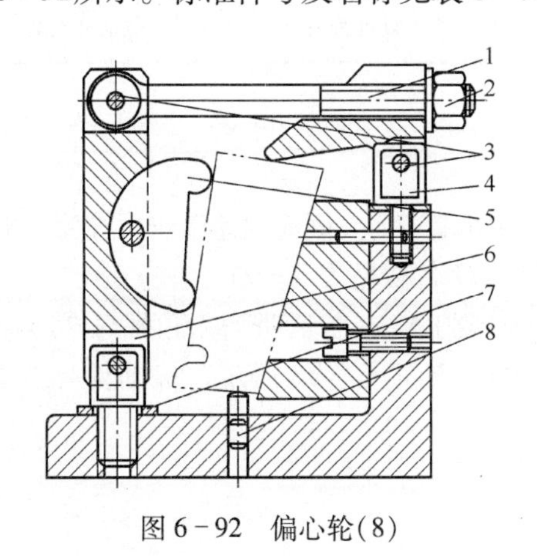

图6-92 偏心轮(8)

表6-92 标准件号及名称

序号	标准件号	标准件名称
8	JB/T 8029.2—1999	支承钉
7	GB/T 97.1—2002	平垫圈
6	JB/T 8010.14—1999	铰链压板
5	JB/T 8009.4—1999	弧形压块
4	JB/T 8034—1999	铰链支座
3	GB/T 119.1—2000	圆柱销
2	JB/T 8004.1—1999	带肩六角螺母
1	GB/T 798—1988	活节螺栓

6.5 其他元件应用

1. 万能支柱和挡块

工件用厚(薄)挡块4(8)定位,万能支柱3(9)上有螺孔,下端插入机床工作台T型槽定位,拧紧或松开螺钉,将工件夹紧或松开,如图6-93所示。标准件号及名称见表6-93。

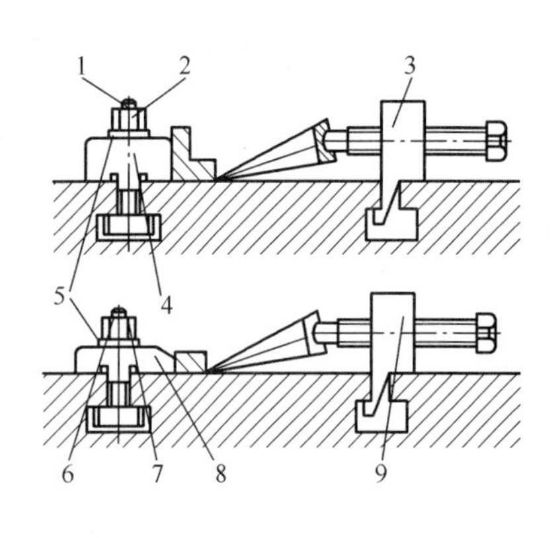

图6-93 万能支柱和挡块

表6-93 标准件号及名称

序号	标准件号	标准件名称
9	JB/T 8027.2—1999	万能支柱
8	JB/T 8020.1—1999	薄挡块
7	GB/T 6176—2000	2型六角螺母 细牙
6	GB/T 37—1988	T型槽用螺栓
5	GB/T 97.1—2002	平垫圈
4	JB/T 8020.2—1999	厚挡块
3	JB/T 8027.2—1999	万能支柱
2	GB/T 6176—2000	2型六角螺母 细牙
1	GB/T 37—1988	T型槽用螺栓

2. 螺钉支座

工件用侧面和底面在支承钉4上定位,螺钉支座3下端插入到夹具体孔中,拧紧(活动)固定手柄螺钉2(1)夹紧工件,如图6-94所示。标准件号及名称见表6-94。

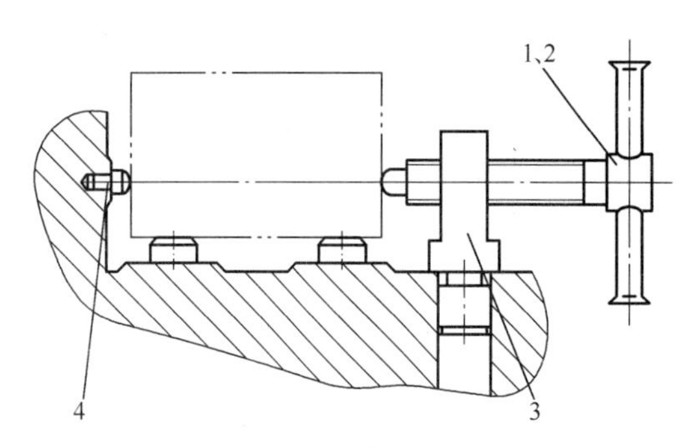

图6-94 螺钉支座

表6-94 标准件号及名称

序号	标准件号	标准件名称
4	JB/T 8029.2—1999	支承钉
3	JB/T 8036.1—1999	螺钉支座
2	JB/T 8006.4—1999	活动手柄压紧螺钉
1	JB/T 8006.3—1999	固定手柄压紧螺钉

3. 钻模支脚、钻套及锁扣(1)

实例1:工件以内孔及端面分别定位在定位销和支承钉2上,固定钻套导向,拧紧星形把手6,槽面压块4夹紧工件,如图6-95所示。标准件号及名称见表6-95。

实例2:工件以内孔及端面分别定位在定位销和支承钉5上,拧紧带肩六角螺母7,夹紧工件。钻削结束后,松开螺母7,取出开口垫圈9,取出工件,如图6-96所示。标准件号及名称见表6-96。

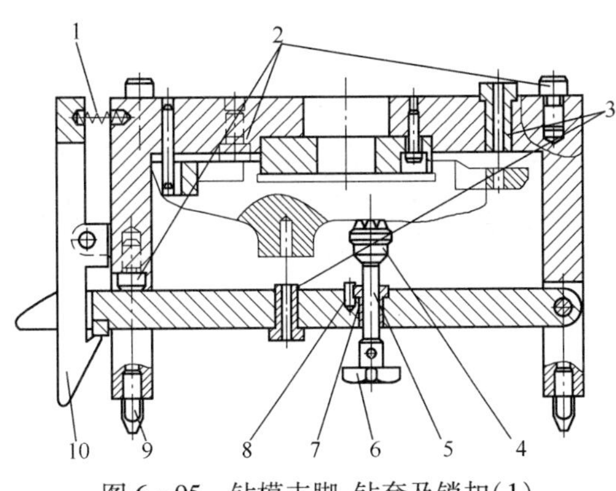

图 6-95　钻模支脚、钻套及锁扣(1)

表 6-95　标准件号及名称

序号	标准件号	标准件名称
10	JB/T 8038—1999	锁扣
9	JB/T 8028.1—1999	低支脚
8	GB/T 119.1—2000	圆柱销
7	JB/T 8005.2—1999	旋入式螺纹衬套
6	JB/T 8023.2—1999	星形把手
5	JB/T 8006.1—1999	压紧螺钉
4	JB/T 8009.2—1999	槽面压块
3	JB/T 8045.1—1999	固定钻套
2	JB/T 8029.2—1999	支承钉
1	GB/T 2089—2009	圆柱螺旋压缩弹簧

图 6-96　钻模支脚、钻套及锁扣(2)

表 6-96　标准件号及名称

序号	标准件号	标准件名称
9	GB/T 851—1988	开口垫圈
8	GB/T 901—1988	等长双头螺柱
7	JB/T 8004.1—1999	带肩六角螺母
6	GB/T 119.1—2000	圆柱销
5	JB/T 8029.2—1999	支承钉
4	JB/T 8028.2—1999	高支脚
3	GB/T 68—2000	开槽沉头螺钉
2	JB/T 8045.1—1999	固定钻套
1	GB 6172.1—2000	六角薄螺母

实例 3:工件以下端面和侧面分别定位在支承钉 7 上,拧紧螺钉 1,在弹簧 5 作用下工件夹紧,钻套 2 导引麻花钻钻削加工工件孔。钻削完成后,松开螺钉 1,锁扣 4 旋转,旋转钻模板,取出工件,如图 6-97 所示。标准件号及名称见表 6-97。

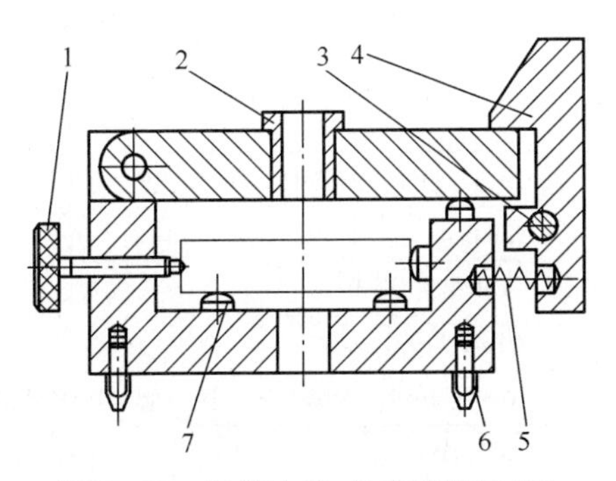

图 6-97　钻模支脚、钻套及锁扣(3)

表 6-97　标准件号及名称

序号	标准件号	标准件名称
7	JB/T 8029.2—1999	支承钉
6	JB/T 8028.1—1999	低支脚
5	GB/T 2089—2009	圆柱螺旋压缩弹簧
4	JB/T 8038—1999	锁扣
3	GB/T 119.1—2000	圆柱销
2	JB/T 8045.1—1999	固定钻套
1	GB/T 835—1988	滚花平头螺钉

实例 4:工件以外圆柱面、端面及小孔分别与夹具体孔、夹具体平面及菱形销上定位,锁扣 3 左移将钻模板和夹具体锁紧后,钻套 2 导引麻花钻钻削加工工件孔,钻削完成后,锁扣 3 右移松开钻模板和夹具体,钻模板通过铰链轴 8 绕夹具体逆时针转动,取出工件,如图 6-98 所示。标准件号及名称见表 6-98。

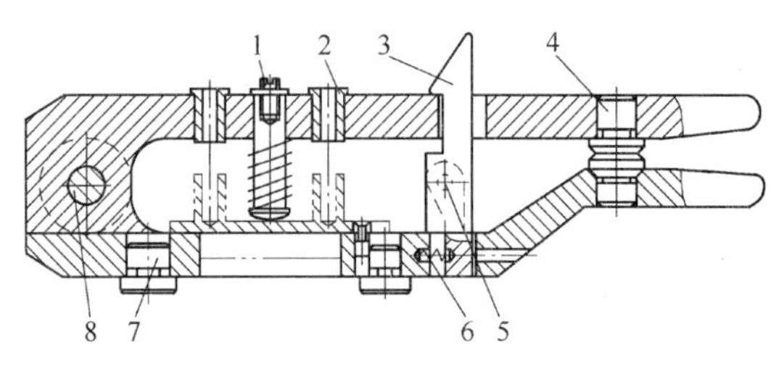

图 6-98　钻模支脚、钻套及锁扣(4)

表 6-98　标准件号及名称

序号	标准件号	标准件名称
8	JB/T 8033—1999	铰链轴
7	JB/T 8029.2—1999	支承钉
6	GB/T 2089—2009	圆柱螺旋压缩弹簧
5	GB/T 119.1—2000	圆柱销
4	JB/T 8029.2—1999	支承钉
3	JB/T 8038—1999	锁扣
2	JB/T 8045.1—1999	固定钻套
1	GB/T 65—2000	开槽圆柱头螺钉

4. 铰链轴

说明:工件以侧面及下端面分别定位在支承钉 2 上,用片形弹簧和滚花平头螺钉 3 夹紧工件,如图 6-99 所示。标准件号及名称见表 6-99。

图 6-99　铰链轴

表 6-99　标准件号及名称

序号	标准件号	标准件名称
6	GB/T 895.2—1986	轴用钢丝挡圈
5	GB/T 97.1—2002	平垫圈
4	JB/T 8033—1999	铰链轴
3	GB/T 835—1988	滚花平头螺钉
2	JB/T 8029.2—1999	支承钉
1	GB/T 119.1—2000	圆柱销

5. 切向夹紧套

拧紧带肩六角螺母或锥柱手柄 11,切向夹紧套轴向移动,从而夹紧或松开轴类工件,如图 6-100 所示。标准件号及名称见表 6-100。

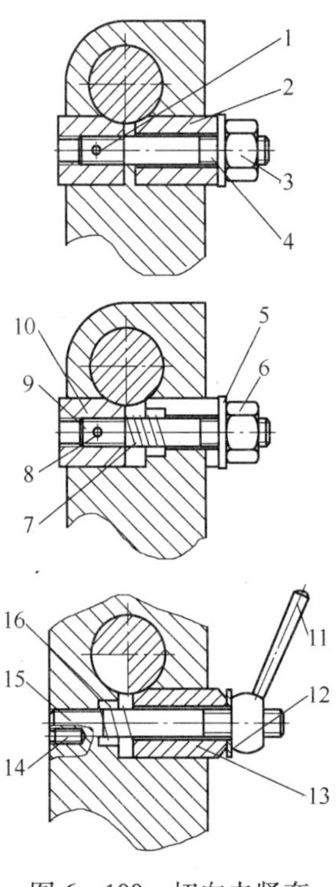

图 6-100　切向夹紧套

表 6-100　标准件号及名称

序号	标准件号	标准件名称
16	GB/T 2089—2009	圆柱螺旋压缩弹簧
15	GB/T 901—1988	等长双头螺柱
14	GB/T 71—1985	开槽锥端紧定螺钉
13	JB/T 8039—1999	切向夹紧套
12	GB/T 97.1—2002	平垫圈
11	JB/T 7270.7—1999	锥柱手柄
10	JB/T 8039—1999	切向夹紧套
9	GB/T 901—1988	等长双头螺柱
8	GB/T 119.1—2000	圆柱销
7	GB/T 2089—2009	圆柱螺旋压缩弹簧
6	JB/T 8004.1—1999	带肩六角螺母
5	GB/T 97.1—2002	平垫圈
4	GB/T 900—1988	双头螺柱 $b_m = 2d$
3	JB/T 8004.1—1999	带肩六角螺母
2	JB/T 8039—1999	切向夹紧套
1	GB/T 119.1—2000	圆柱销

6. 内涨器

工件以端面及内孔定位，分别与钻模板端面及内涨器外圆面接触，拧紧滚花螺钉，直到内涨器与工件孔过盈配合，钻套2导引麻花钻钻削加工工件孔，松开滚花螺钉，取出工件，如图6-101所示。标准件号及名称见表6-101。

表6-101 标准件号及名称

1	JB/T 8022.1—1999	内涨器
序号	标准件号	标准件名称

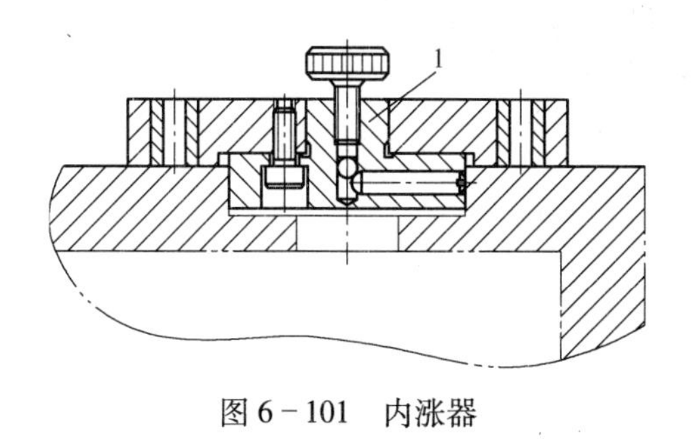

图6-101 内涨器

7. 镗套及起重螺栓

镗套外圆面与镗套用衬套内孔间隙配合，用镗套螺钉轴向压紧镗套，镗套损坏后，开镗套螺钉，更换新镗套即可，如图6-102所示。标准件号及名称见表6-102

表6-102 标准件号及名称

4	JB/T 8025—1999	起重螺栓
3	JB/T 8046.1—1999	镗套
2	JB/T 8046.3—1999	镗套螺钉
1	JB/T 8046.2—1999	镗套用衬套
序号	标准件号	标准件名称

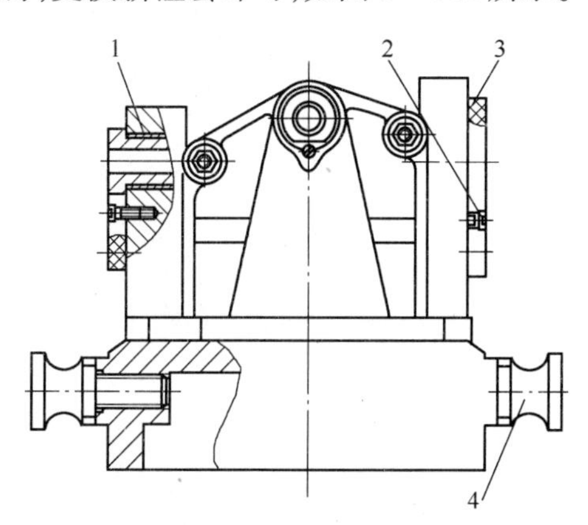

图6-102 镗套及起重螺栓

参考文献

[1] 关月华 . 机械制造工艺与夹具设计 . 南京:南京大学出版社,2014.
[2] 李名望 . 简明机床夹具设计手册 . 北京:化学工业出版社,2012.
[3] 吴拓 . 现代机床夹具设计 . 北京:化学工业出版社,2011.
[4] 吴雄彪 . 机械制造技术课程设计 . 杭州:浙江大学出版社,2011.
[5] 郭彩芬 . 机械制造技术课程设计指导书 . 北京:机械工业出版社,2010.
[6] 吴拓 . 简明机床夹具设计手册 . 北京:化学工业出版社,2010.